Beispielaufgabe

Berechnen Sie den Materialpreis inkl. MwSt. für eine zweifache allseitige Lackierung von 7 rechteckigen Platten mit den Maßen l = 1,75 m, b = 80 cm und d = 24 mm. Der Materialpreis beträgt netto 6,50 € für 0,500 ℓ Lackfarbe, der Verbrauch 180 ml/m^2.

> Bei komplexen Aufgaben sind mehrere, teils unterschiedliche Berechnungen durchzuführen, um das geforderte Ergebnis zu erhalten.
> Von großer Bedeutung ist eine klare Struktur für die Berechnung. Um einen Überblick zu erhalten, empfiehlt es sich, eine bemaßte Skizze anzufertigen. Des Weiteren sollten Ansätze notiert werden, bevor mit der eigentlichen Ausrechnung begonnen wird.

Wie werden komplexe Aufgaben berechnet?

Zunächst ist ein Überblick nötig: Welche Berechnungen sind durchzuführen? Danach sind die Rechenansätze für jede einzelne Berechnung zu notieren. Wenn alle Rechenwege klar sind, erfolgt die Ausrechnung. Dabei die Teilergebnisse der einzelnen Rechenwege notieren und erst zum Schluss, in einem Extra-Rechengang, zusammenfassen.

Rechenhilfe mit Beispiellösung

Komplexe Aufgaben berechnen

Zunächst Maße in gleiche Maßeinheiten umrechnen:

l = 1,75 m, b = 80 cm = 0,80 m,
d = 24 mm = 0,024 m, 180 ml = 0,180 ℓ

Anschließend eine bemaßte Skizze anfertigen und die gegebenen Werte antragen (hier: Maße, Anzahl der Beschichtungen, Stückzahl):

7 Stück

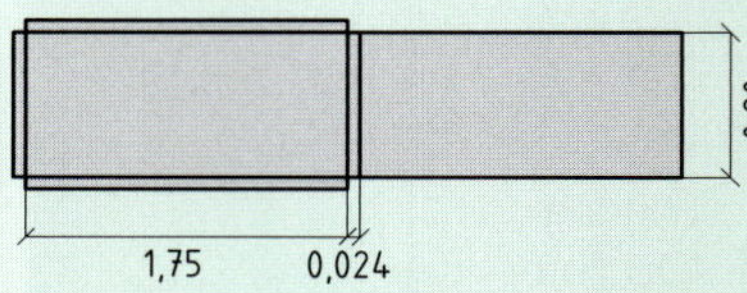

2x

Dann die Ansätze für die einzelnen Berechnungen aufstellen:

Beschichtungsfläche (siehe Abwicklung):
7 · [(1,75 m + 0,024 m) · 2 · 0,80 m + 1,75 m · 0,024 m · 2] · 2

Verbrauch für 1 m^2 0,180 ℓ
Gesamtverbrauch: Beschichtungsfläche · 0,180 ℓ/m^2

Preis: wenn 0,500 ℓ für 6,50 €
dann kostet 1 ℓ 6,50 € · 2 = 13 €
Gesamtpreis: Gesamtverbrauch · 13 €/ℓ

Die Rechenansätze anhand der Aufgabenstellung überprüfen, danach berechnen und als Teilergebnisse notieren:

Beschichtungsfläche:
7 · [(1,75 m + 0,024 m) · 2 · 0,80 m + 1,75 m · 0,024 m · 2] · 2 =
40,91 m^2

Gesamtverbrauch:
40,91 m^2 · 0,180 ℓ/m^2 = **7,364 ℓ**

Bei der abschließenden Formulierung des Antwortsatzes nochmals die Aufgabenstellung prüfen (Stückzahl, Anzahl Beschichtungen):

Geamtpreis:
7,364 ℓ x 13 €/ℓ = **95,73 €**
+ 19 % MwSt. = **18,19 €**

Antwortsatz:
Die zweifache, allseitige Beschichtung von 7 Platten kostet **113,92 €**.

1 12 rechteckige Holzplatten (l = 1,68 m, b = 94 cm, d = 18 mm) sind zweifach umseitig mit Holzlasur zu beschichten. Berechnen Sie den Brutto-Materialpreis für den max. Verbrauch. 750 ml kosten netto 12,70 €.

2 Was kostet der HS-Universal-Klarlack für die zweifache Beschichtung der Seitenwände eines Lkw-Aufliegers, wenn 500 ml 24,50 € kosten und die Schichtdicke 100 µm betragen soll?

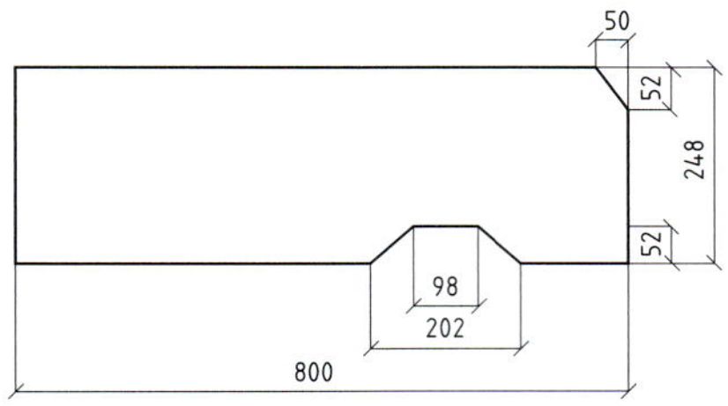

3 Ermitteln Sie den Angebotspreis für das Material zur Renovierung der Fassade. Rechnen Sie beim Putzgrund mit dem Mindestverbrauch und mit einer zweifachen Beschichtung bei der Silicon-Fassadenfarbe.
Netto-Preise: 125,00 € für 50 ℓ Putzgrund und 75,50 € für 25 ℓ Silicon-Fassadenfarbe.

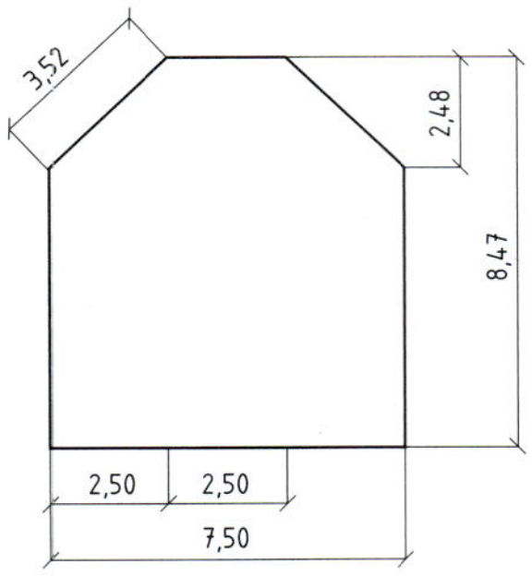

4 Berechnen Sie jeweils die Brutto-Materialpreise für die allseitige Beschichtung der Stahlbleche mit HS-Universal-Klarlack in einer Schichtdicke von 80 µm bei Netto-Preisen von 142,50 € für 5 ℓ Stammlack, 73,50 € für 2,500 ℓ Härter und 285,00 € für 30 ℓ Verdünnung.

a) 13 Stück b) 30 Stück

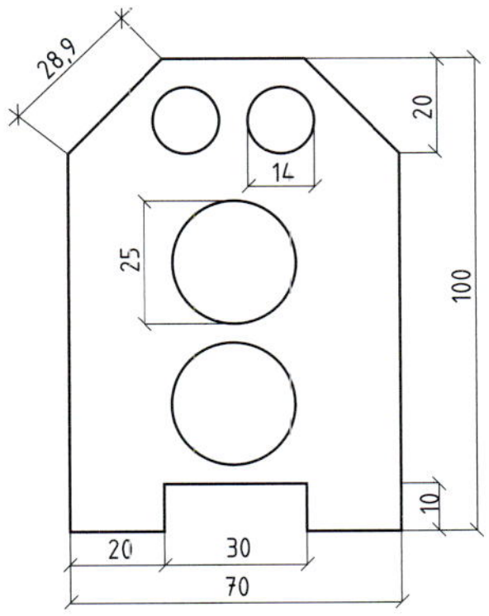

Kantenhöhe: 5 cm

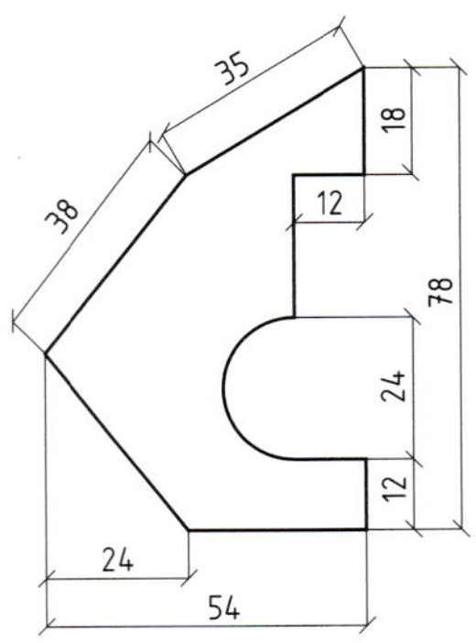

Kantenhöhe: 5 cm

5 Die Lkw-Silo-Aufbauten sind von außen allseitig zu beschichten.

a) Berechnen Sie die Lackierflächen für Typ I und für Typ II getrennt (in m²).
b) Welcher Lkw (Typ I oder Typ II) fasst mehr Inhalt?
c) Wie hoch ist der Brutto-Materialpreis für die zweifache Lackierung, wenn je m² 190 ml Lackfarbe nötig sind und die Netto-Materialkosten für 750 ml Lackfarbe 31,75 € betragen.

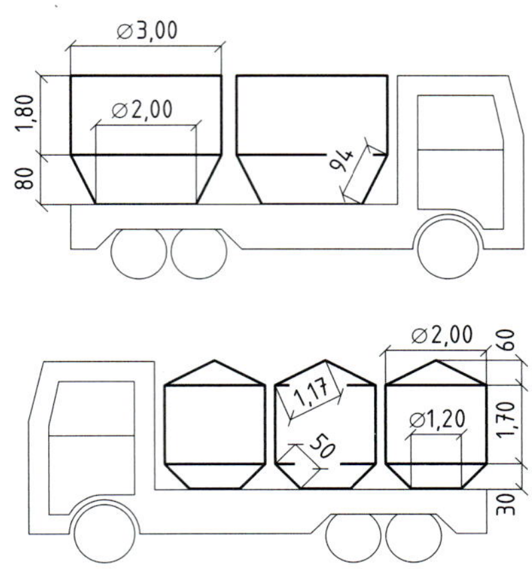

Typ I

Typ II

Lkw-Siloaufbauten Maße in m

6 Von den unten offenen Maschinenabdeckungen sind 15 Stück allseitig zu beschichten.

a) Berechnen Sie die gesamte Lackierfläche (in dm²).
b) Welches Volumen hat eine Maschinenabdeckung?
c) Berechnen Sie den Brutto-Angebotspreis für die Beschichtung, wenn zwei Airless-Spritzgänge nötig sind mit jeweils 130 ml/m² Verbrauch. Ein dreiviertel Liter Lackfarbe kostet 21,75 €. Die Beschichtung dauert 30 Stunden, davon 4,5 Überstunden. Der Stundenverrechnungssatz beträgt 52,00 €.

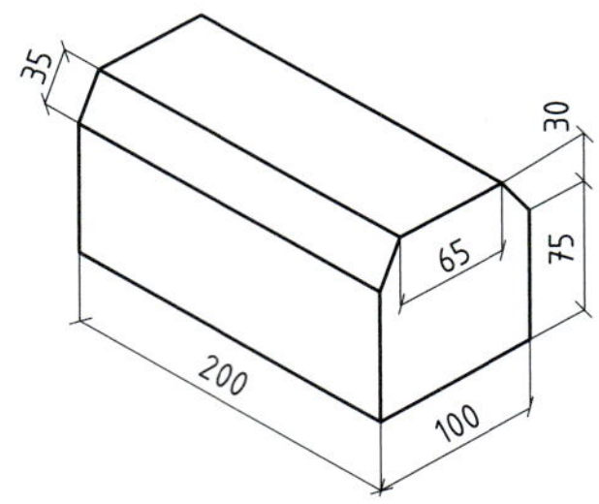

Maschinenabdeckung Maße in cm

7

a) Berechnen Sie den Brutto-Wochenlohn für einen Gesellen im 1. Jahr, wenn folgende Überstunden geleistet wurden: Montag 1,2 Std., Dienstag 2 ¼ Std., Mittwoch 55 Minuten, Donnerstag 0,7 Std., Freitag 1 Std. 10 Min. Zusätzlich wurden 3,4 Std. mit Schutzmaske gearbeitet.
b) Welcher Netto-Monatslohn ergäbe sich – nach Abzug von Steuern und Sozialabgaben – aus dem Wochenlohn? Rechnen Sie mit dem 4,4-Fachen des Wochenlohns.

Beispielaufgabe

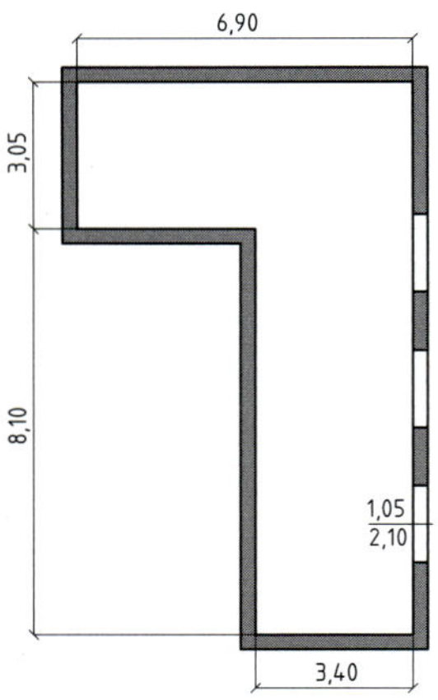

In einem Wohnraum sollen Renovierungsarbeiten entsprechend der Leistungsbeschreibung durchgeführt werden.
Folgende Malerarbeiten sind auszuführen:

Pos. 1 Deckenfläche mit Raufaser bekleben und mit Dispersionsfarbe beschichten

Objektbeschreibung

Deckenfläche Mit Raufaser beklebt, mehrfach gestrichen, verschmutzt

Leistungsbeschreibung des Kundenauftrags:

Pos. 1 Deckenfläche mit Raufaser bekleben und mit Dispersionsfarbe beschichten
Alte Raufaser entfernen, Risse und Putzschäden ..., Raufaser tapezieren und mit Dispersionsfarbe DIN 13300, Nassabriebklasse 2, zweimal beschichten.

Aufgaben zu Pos. 1:

a) Zum Kleben ist Spezialkleister mit einem Zusatz an Dispersionskleber nötig.
- Wie viel Liter verarbeitungsfertiger Kleister können aus einer 200-g-Packung Spezialkleister hergestellt werden?
- Wie viel Quadratmeter können mit der verarbeitungsfähigen Kleistermenge bei einem Verbrauch von 150 g/m² tapeziert werden?
- Wie viele 200-g-Päckchen sind zum Tapezieren der Deckenfläche nötig?

b) Wie viele Rollen Raufaser sind nötig beim Rollenmaß von 33,50 m x 50 cm bzw. bei 17,00 m Länge und 53 cm Breite?

c) Die Deckenfläche ist mit Dispersionsfarbe zu beschichten. Wie viel ...?

Betriebe benötigen Aufträge von Kunden zur Erwirtschaftung von Gewinn.
Kunden erwarten vom Betrieb ein Angebot über die Leistungen – mit Materialien und Gewährleistung – sowie den Preis.
Eine gute **betriebliche Kalkulation** umfasst alle Positionen und entspricht dem tatsächlichen Rechnungspreis.

Was ist bei der Berechnung eines Kundenauftrags zu beachten?

Nötig ist eine klare Struktur, nach der Bearbeitungsflächen, Materialverbrauch und Arbeitszeiten ermittelt sowie der Einsatz von Geräten, Maschinen und Gerüsten und weitere Gemeinkosten abgerechnet werden.

Rechenhilfe

Zur Berechnung eines Kundenauftrags sind Sachkenntnisse und grundlegende Rechenfähigkeiten nötig. Diese können unter Einbeziehung von Informationen aus Technischen Merkblättern und weiteren Unterlagen im Anhang des Buches erarbeitet bzw. mithilfe der jeweiligen Kapitel im Buch nachgearbeitet werden.

Rechenregeln mit Beispiellösung

Für jede Position einen Ansatz für den Rechenweg beschreiben und ausrechnen.

zu Pos. 1a) Kleisteransatz	siehe Seite 98 f., 110 f. 1 : 20 = 200 g : x x = 4,000 kg (ℓ) Wasser
+ 20 % Disp.-Kleber Gesamtmenge:	20 % = 0,800 kg Dispersionskleber **4,800 kg Kleister**
Ergiebigkeit bei einem Verbrauch von 150 g/m²	siehe Seite 84 f., 88 f. = 4800 g : 150 g/m² = **32 m²**
Bearbeitungsfläche	siehe Seite 14 ff., 19, 120 = 8,10 · 3,40 + 3,05 · 6,90 = **48,59 m²**
Kleister-Pakete: Bearb.-fläche : Ergiebigkeit	siehe Seite 84 f., 88 f. = 48,59 m² : 32 m² = 1,5 also **2 Päckchen**
zu Pos. 1b) Bearbeitungsfl. : Rollenfl.	siehe Seite 84 f., 88 f. = 48,59 m² : (33,50 m · 0,50 m) = 2,9 also **3 Rollen** = 48,59 m² : (17,00 m · 0,53 m) = 5,4 also **6 Rollen**

Kundenauftrag Nr. 1

Der Aufenthaltsraum eines Handwerksbetriebes wird neu gestaltet. Im Zuge der Renovierung wird die Decke herabgezogen und mit Gipsfaserplatten verkleidet, die Wände sind mit Gipsputz gespachtelt, die Rückwand erhält eine Verkleidung mit Fichten-Profilholz.

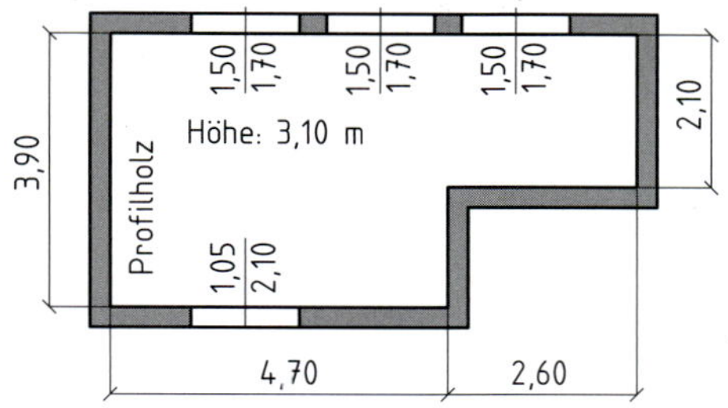

Auftragspositionen

Pos. 1: Deckenfläche beschichten
Pos. 2: Wandflächen beschichten
Pos. 3: Holzverkleidung lasieren
Pos. 4: Fußleisten beschichten
Pos. 5: Fensterinnenseiten beschichten
Pos. 6: Tür lackieren

Zu Pos. 1

a) Berechnen Sie die zu beschichtende Deckenfläche.
b) Berechnen Sie den Werkstoffbedarf (mittlere Werte) für
   - Putzgrund,
   - Dispersionsfarbe.

Zu Pos. 2

a) Berechnen Sie die Fläche der Wände.
b) Berechnen Sie den Bedarf an Dispersionsfarbe für die Wände bei zweimaligem Anstrich nach Techn. Merkblatt – Mindestverbrauch.
c) Berechnen Sie die Werkstoffkosten bei einem Preis von 3,65 € je Liter.

Zu Pos. 3

a) Berechnen Sie die Fläche der Holzverkleidung.
b) Berechnen Sie den Bedarf für den zweimaligen Auftrag der Holzlasur, wenn der Inhalt einer 750-ml-Dose für 9,50 m² reicht.

Zu Pos. 4

a) Berechnen Sie die Länge der Fußleisten.
b) Wie lange braucht ein Auszubildender für die zweimalige Beschichtung, wenn er in der Stunde 12,00 m bearbeiten kann?

Zu Pos. 5

Für ein Fenster benötigt ein Geselle:
- 20 Min. Altanstrichteile entfernen
- 10 Min. schleifen
- 15 Min. verkitten
- 10 Min. imprägnieren
- 20 Min. Grundbeschichtung
- 20 Min. Lackierung

Berechnen Sie den Zeitbedarf für die Bearbeitung der drei Fenster.

Zu Pos. 6

Die Tür hat insgesamt eine Fläche von 6,58 m².

a) Berechnen Sie den Verbrauch an Glanzlack Plus für die Tür (mittlerer Wert nach Techn. Merkblatt) und die Werkstoffkosten bei einem Literpreis von 16,03 € plus 28 % Gemeinkosten.
b) Der Geselle benötigt für die Lackierung 50 Min. Berechnen Sie die Lohnkosten bei einem Stundensatz von 13,78 € plus 130 % Gemeinkosten.

Kundenauftrag Nr. 2

5 Stück verzinkte Stahlschilder sind beidseitig zu lackieren (Abb. links),
auf jeder der Platten soll mit Blattgold der Buchstabe „L" aufgebracht werden (Abb. rechts).

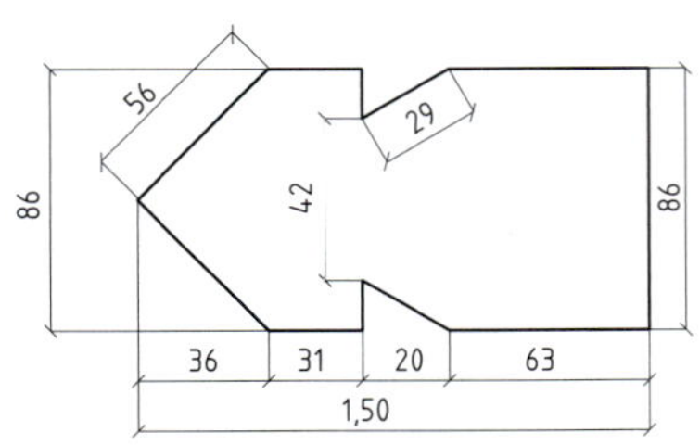

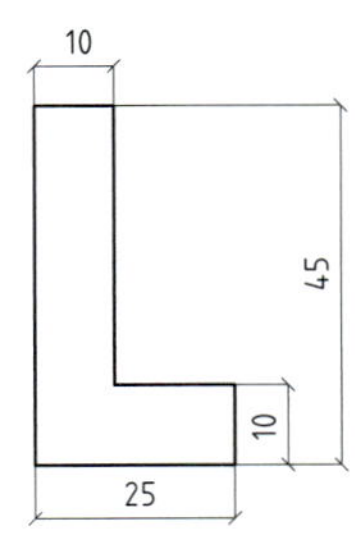

Auftragspositionen

Pos. 1: Verzinkte Stahlschilder vorbereiten, mit Vorlack und mit Glanzlack Plus lackieren
Pos. 2: Buchstabe „L" in Vergoldetechnik aufbringen

Aufgaben: S. 8

Zu Pos. 1

1 Zur Netzmittelwäsche ist eine Mischung aus Wasser, Ammoniakwasser und Netzmittel (Spülmittel) herzustellen. Mischungsverhältnis:
10 Teile Wasser
5 Teile Ammoniakwasser (Salmiakgeist)
1 Teelöffel Netzmittel
Berechnen Sie die Mengen für 4 Liter Mischung.

2 Berechnen Sie die Gesamtfläche der Schilder.

3 Berechnen Sie die benötigten Werkstoffmengen für die Gesamtfläche für
- Grundiermittel, 120 ml
- Vorlack HS, 240 ml
- Glanzlack Plus. 220 ml

4 Berechnen Sie den Zeitaufwand, wenn jeder Arbeitsgang pro m² 12 Minuten dauert.

15,36 €

5 Der Geselle bekommt für das Arbeiten mit Netzmittel einen Zuschlag zum Ecklohn.
a) Wie hoch ist sein Bruttolohn für den gesamten Auftrag?
b) Wie hoch ist der Nettolohnpreis bei 130 % lohnabhängigen Gemeinkosten und 12 % Gewinn und Wagnis?

Zu Pos. 2

1 Berechnen Sie die Vergoldefläche.

2 Ein Blatt Gold hat die Maße 80 x 80 mm und wird in Heftchen zu 25 Blatt geliefert. Berechnen Sie den Bedarf an Blättchen bei einem Verschnitt von 20 %.

3 Wie viele Heftchen werden gebraucht?

Kundenauftrag Nr. 3

In einem Neubau sind 12 Türen (Abb. links) beidseitig zu beschichten sowie Futter und Bekleidung von 4 Durchgängen (Abb. rechts) zu gestalten.

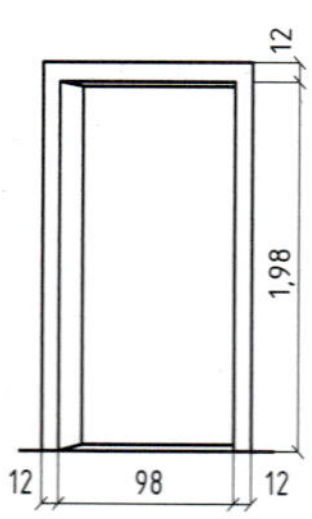

Futtertiefe: 0,22 m

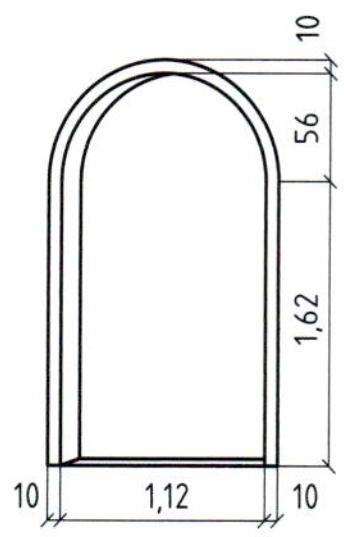

Futtertiefe: 0,42 m

Auftragspositionen

Pos. 1: Neue Holztüren grundieren, spachteln, vorlackieren und weiß lackieren

Pos. 2: Holzverkleidungen der Durchgänge vorbereiten (vgl. Pos. 1) und mit einer farbigen Spachteltechnik gestalten

Zu Pos. 1

1 Berechnen Sie die Gesamtfläche der Türen.

2 Errechnen Sie den Werkstoffverbrauch für
a) Grundiermittel,
b) Lackspachtel,
c) Vorlack HS,
d) Glanzlack Plus.

3 Berechnen Sie die Ausführungszeit für 12 Türen. Ein Geselle benötigt für 1 m²:
a) Grundanstrich 8 Min.
b) Spachtel 12 Min.
c) Vorlackieren 10 Min.
d) Lackieren 10 Min.

4 Wie hoch sind die Lohnkosten bei einem Stundenlohn für einen Gesellen im 1. Jahr und einem Lohnmalnehmer von 2,53?

Zu Pos. 2

1 Berechnen Sie die Gesamtfläche der Durchgangsverkleidungen.

2 Errechnen Sie den Werkstoffbedarf entsprechend Pos. 1.

3 Berechnen Sie die Ausführungszeit für 4 Durchgänge entsprechend Pos. 1, Aufgabe **3** a-d, zuzüglich 30 Minuten je m² Spachteltechnik.

4 Wie hoch sind die Lohnkosten bei einem Stundenlohn von 115 % des Ecklohns und einem Lohnmalnehmer von 2,53?

5 Wie hoch sind die Lohnkosten für den gesamten Auftrag?

Kundenauftrag Nr. 4

In einer Etagenwohnung sollen Renovierungsarbeiten durchgeführt werden. Wände und Decken sind mit gut erhaltener Raufasertapete beklebt. Der Kunde wünscht einen Kostenvoranschlag.

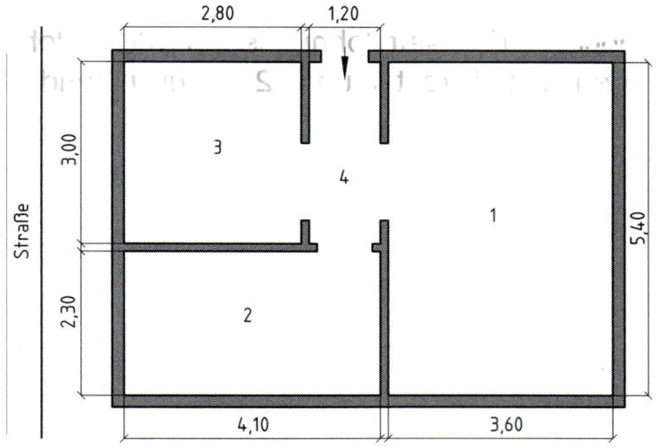

Auftragspositionen

Pos. 1: Beschichtung der Deckenflächen mit Dispersionsfarbe
Pos. 2: Beschichtung der Wandflächen mit Dispersionsfarbe
Pos. 3: Hochglanzlackierung der Türflächen
Pos. 4: Beschichtung der Heizkörper

Zu Pos. 1

a) Berechnen Sie die Deckenflächen.
b) Wie hoch sind die Kosten für die Deckenbeschichtung (m^2-Preis 4,12 €)?

Zu Pos. 2

a) Berechnen Sie die Wandflächen (Wandhöhe: 2,60 m).
b) Wie hoch sind die Kosten für die Wandbeschichtung (m^2-Preis 5,24 €)?

Zu Pos. 3

a) Berechnen Sie die Flächen der Innentüren:
3 Stück beidseitig
0,81 m x 1,97 m i.L.
Futter 0,12 m
Bekleidung 0,05 m
b) Wie hoch sind die Kosten für die Türbeschichtung (m^2-Preis 26,30 €)?

Zu Pos. 4

a) Berechnen Sie die Lackierfläche folgender Flach-Heizkörper:

Stück	Baulänge, mm	Bauhöhe, mm
3	800	300
5	1400	500
2	1200	700

b) Wie hoch sind die Kosten für die Lackierung der Heizkörper bei einem m^2-Preis von 17,45 €?

Kostenvoranschlag/Finanzierung

1
a) Wie hoch ist der Netto-Rechnungspreis?
b) Wie hoch ist der Brutto-Rechnungspreis?

2 Der Kunde müsste für die Malerarbeiten einen Bankkredit zu 4,5 % Zinsen aufnehmen.
a) Wie viel Zinsen müsste er für 30 Monate zahlen?
b) Wie teuer würde dadurch die Renovierung?

Kundenauftrag Nr. 5

Zwei Räume einer Wohnung sollen renoviert werden. In beiden Räumen werden Tapezierarbeiten ausgeführt, Decken beschichtet, Fenster- und Heizkörperanstriche erneuert sowie ein neuer Bodenbelag eingebracht.

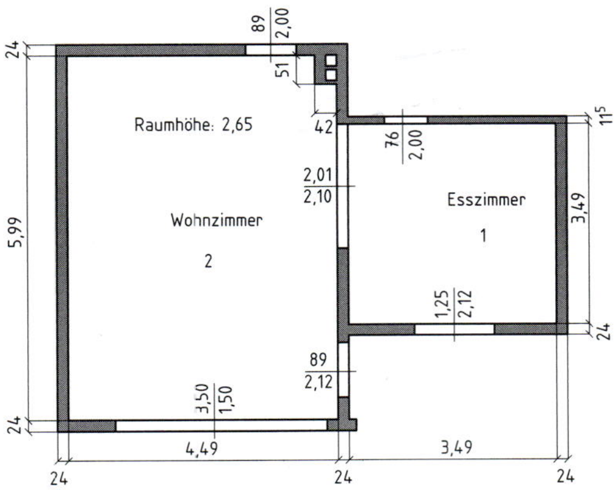

Auftragspositionen

Pos. 1: Wände im Esszimmer mit Mustertapete tapezieren
Pos. 2: Deckenfläche mit Dispersionsfarbe beschichten
Pos. 3: Decke und Wände im Wohnzimmer mit Raufaser tapezieren und mit Dispersionsfarbe beschichten
Pos. 4: Renovierungsbeschichtung der Heizkörper
Pos. 5: Fenster und Terrassentür mit beidseitigem Erhaltungsanstrich versehen
Pos. 6: Teppichfliesen in beiden Räumen verlegen

Aufgaben: S. 10

Zu Pos. 1
Das Esszimmer erhält eine gemusterte Tapete ohne Ansatz (schwere Papiertapete).
a) Wie viele Rollen werden benötigt?
b) Wie viel Kleister wird benötigt, wenn zusätzlich die Wände vorgekleistert werden?

Zu Pos. 2
Berechnen Sie die Deckenfläche und die Werkstoffmenge für einen zweimaligen Dispersionsfarbanstrich.

Zu Pos. 3
Im Wohnzimmer werden Decke und Wände mit Raufaser tapeziert und anschließend mit einer getönten Dispersionsfarbe beschichtet.
a) Wie viele Rollen Raufaser werden benötigt bei Großrollen à 33,00 m?
b) Wie viel Kleister muss angesetzt werden?
c) Wie viel Dispersionsfarbe wird für einen einmaligen Anstrich benötigt?

Zu Pos. 4
Drei Gussradiatoren werden beschichtet. Berechnen Sie die Beschichtungsfläche nach Tabelle S. 43 f.:
a) 2 Stück mit je 12 Rippen, Bauhöhe 580 mm, Bautiefe 150 mm.
b) 1 Stück mit 18 Rippen, Bauhöhe 580 mm, Bautiefe 200 mm.
c) Wie hoch ist der Verbrauch an Heizkörperlack?

Zu Pos. 5
Es werden 2 Fenster (Dreiflügel mit Kämpfer) und eine Terrassentür (einfach) mit einem beidseitigen Erhaltungsanstrich versehen.
a) Ermitteln Sie die Anstrichfläche (Faktoren siehe S. 37).
b) Errechnen Sie die voraussichtliche Arbeitszeit, wenn ein Geselle 22 Minuten für 1 m² benötigt.

Zu Pos. 6
Die Fußböden werden mit Teppichfliesen 50 x 50 cm belegt.
a) Berechnen Sie den Fliesenbedarf.
b) Wie viel % Verschnitt ergeben sich?
c) Wie hoch ist der Werkstoffpreis, wenn 1 m² 34,50 € kostet?
d) Wie hoch ist der Lohnpreis, wenn ein Geselle für 1 m² 9 Minuten braucht und der Stundensatz bei 35,40 € liegt?

Kundenauftrag Nr. 6

Die Frontseite eines Geschäftshauses ist mit Silicon-Fassadenfarbe zu beschichten.
Die Fenster und die Ladentür sowie die Dachrinne erhalten einen Renovierungsanstrich.

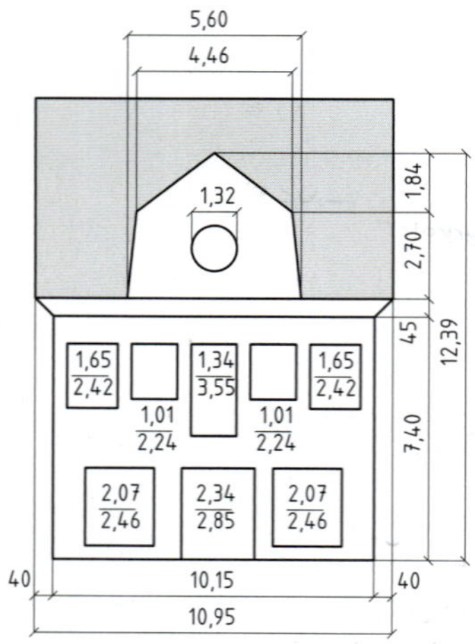

Leibungstiefe:
0,12 m

Auftragspositionen

Pos. 1: Fassadenbeschichtung mit Silicon-Fassadenfarbe
Pos. 2: Renovierungsanstrich der Fenster
Pos. 3: Renovierungsanstrich der Ladentür
Pos. 4: Renovierungsanstrich der Dachrinne

Zu Pos. 1

1 Berechnen Sie die Fassadenfläche nach VOB.

2 Wie viel ℓ Silicon-Fassadenfarbe werden für 2 Anstriche benötigt (siehe Techn. Merkblatt, schwach saugender Untergrund)?

3 Berechnen Sie den Brutto-Rechnungsendpreis für die Ausführung:
- Arbeitszeit: 24 Min. je m²
- Ecklohn/West, Tabelle
- Lohnabhängige Gemeinkosten: 112 %
- Materialpreis je Liter: 10,50 €
- Gewinn und Wagnis: 10 %
- zuzüglich gesetzliche Mehrwertsteuer

Zu Pos. 2

1 Errechnen Sie die Bearbeitungspreise für die Fensterrenovierungen bei einem Preis von 20,65 € je m². Berücksichtigen Sie die Faktoren S. 37:
a) 2 Schaufenster im Erdgeschoss, Einfachfenster,
b) 5 Fenster im Obergeschoss, Zweiflügelfenster.

2 Wie hoch ist der Gesamtbetrag einschließlich Mehrwertsteuer?

Zu Pos. 3

1 Berechnen Sie die Fläche der Ladentür.

2 Welche Werkstoffmengen werden voraussichtlich verbraucht (mittlerer Verbrauch):
a) Grundiermittel?
b) Vorlack HS?
c) High-Solid-Alkydharzlack?

Zu Pos. 4

1 Berechnen Sie die Länge der Dachrinne und des Fallrohrs.

2 Berechnen Sie den Zeitaufwand für einen zweimaligen Anstrich. Für 1,00 m werden pro Anstrich 12 Min. angesetzt.

Kundenauftrag Nr. 7

Die Bus-Seitenwand ist außenseitig mit HS-Universal-Klarlack zu lackieren und ein Signet ist aufzubringen.

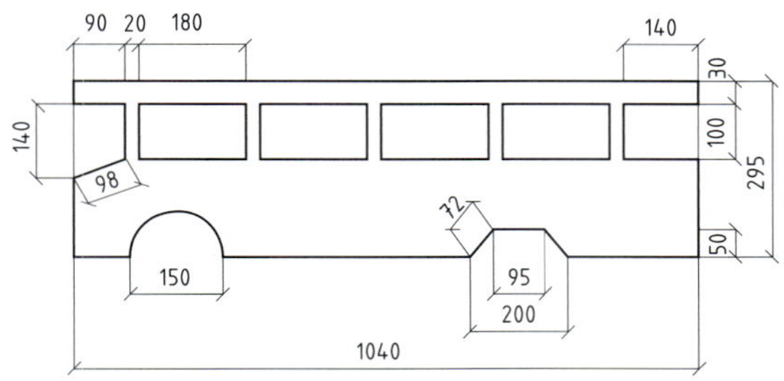

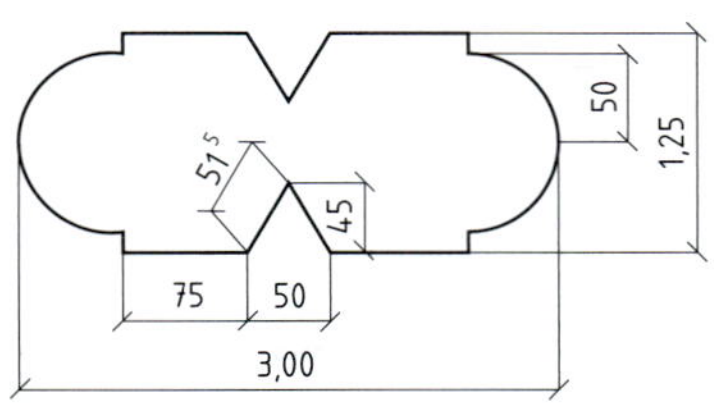

Auftragspositionen

Pos. 1: Seitenwand links beschichten

Pos. 2: Signet applizieren

Zu Pos. 1

1 Berechnen Sie die Lackierfläche in m².

2
a) Wie viel m Klebeband sind zum Abkleben der Kanten inkl. Fenster, zzgl. 15 % Verschnitt, nötig?
b) Wie groß ist die abzuklebende Fensterfläche?

3 Wie viel ℓ HS-Universal-Klarlack und wie viel ml der Komponenten werden bei 2 Spritzgängen (60 µm) benötigt? Rechnen Sie mit 8 % Spritzverlust.

4 Berechnen Sie die Werkstoffkosten anhand des Verbrauchs. Für Abklebe- und Verbrauchsmaterial wird ein Zuschlag von 6,5 % berechnet.

Materialkosten:

0,500 ℓ Härter	15,78 €
1 ℓ Verdünnung	13,50 €
2,500 ℓ HS-Universal-Klarlack	62,62 €

Berücksichtigen Sie werkstoffabhängige Gemeinkosten in Höhe von 35 %, außerdem 15 % für Gewinn und Wagnis sowie die Mehrwertsteuer.

Zu Pos. 2

1 Das Signet ist im Maßstab M 1 : 2,5 verkleinert zu applizieren.
a) Welche Maße (in cm) ergeben sich für das Signet?
b) Wie groß ist die Fläche des Signets in dm²?
c) In welchem Abstand in cm zum Fenster ist das Signet aufzubringen, wenn das Verhältnis des Goldenen Schnitts zu berücksichtigen ist?
d) Wie viel m Klebeband sind für die Applikation des Signets, zzgl. 25 % Verschnitt, nötig?

2 Für die Lackierung des Signets wird eine 1-ℓ-Dose (d = 9,8 cm, h = 15,2 cm) eingesetzt. Nach den Lackierungsarbeiten beträgt die Füllhöhe noch 10,7 cm nach anfangs 12,5 cm. Wie viel Lackfarbe (in ml und in Prozent) wurde verbraucht?

Kostenvoranschlag/Finanzierung

1 Die jährlichen betrieblichen Stromkosten in Höhe von 8 275,00 € werden hauptsächlich verursacht durch:
- 15-kW-Kompressor mit einer Laufzeit von täglich 6 Stunden an 225 Tagen im Jahr,
- 2 Stück 8-kW-IR-Strahler an 170 Tagen, täglich 2,5 Std.,
- 73 Stück 58-W-Leuchten an 190 Tagen täglich 10 Std.,
- 3 PC mit je 300 W an 250 Tagen, täglich 10 Stunden.

Den Rest verursachen weitere Geräte und Verbraucher.

a) Wie hoch sind die Stromkosten der weiteren Geräte und Verbraucher, wenn 1 kWh 0,21 € netto kostet?

b) Welchen prozentualen Anteil an den gesamten Stromkosten haben die einzelnen Verbraucher?

c) Welche Ersparnis in Euro und Prozent ergäbe ein Austausch der 58-W- durch 54-W-Leuchten?

d) Wie viel Euro Ersparnis ergäbe ein Stromanbieterwechsel, wenn 1 kWh um 17 % günstiger wäre?

e) In welcher Höhe fallen für den Kundenauftrag anteilig Stromkosten an, wenn die Arbeitszeit insgesamt 8¾ Stunden dauert? Rechnen Sie mit den jährlichen Stromkosten, die an 250 Arbeitstagen mit jeweils 9 Arbeitsstunden verursacht werden.

2 Entsorgungsreste werden in einem Fass (d = 37 cm und Höhe ein drei viertel Meter) gesammelt.

a) Welches Volumen hat das Fass?

b) Wie viel ℓ sind bei einem Füllstand von 0,19 m im Fass?

c) Wie viel ℓ können noch bis zur max. Füllhöhe von 65 cm eingefüllt werden?

d) Die Entsorgung des Inhaltes kostet 1,15 € netto je ℓ. Wie teuer wird die Entsorgung des max. Fassinhalts?

e) Welche Maße in cm sollte eine 20 cm hohe Auffangwanne, in der das Fass steht, mindestens aufweisen?

3 In einem Destilliergerät können 85 % Verdünnungs- und Lösemittel zurückgewonnen werden.
Ein Hersteller gewährt auf den Angebotspreis von 3 750,00 € netto für ein Ausstellungsstück einen Nachlass von 15 % auf den Brutto-Preis und 2 % Skonto bei Zahlung innerhalb von 7 Tagen.
Das Destilliergerät fasst 12 Liter bei 3,5 kW elektrischer Leistungsaufnahme. Ein Destillierdurchgang dauert ca. 4 Stunden. Das Gewicht beträgt 75 kg.

a) Welcher Zahlungspreis ergibt sich für das Destilliergerät nach Abzug von Nachlass und Skonto?

b) Wie hoch sind die Betriebskosten, wenn das Destilliergerät an 140 Tagen durchschnittlich 0,75 mal zu 4/5 befüllt eingesetzt wird und 1 kWh 21,5 Cent netto kostet?

c) Nach welcher Zeit (Jahre, Monate) hat sich das Destilliergerät amortisiert, wenn 20 ℓ Verdünnungs- und Lösemittel im Mittel 35,50 € netto kosten?

d) Welcher Brutto-Betrag ist im Jahr für frische Verdünnungs- und Lösemittel zu veranschlagen?

Kundenauftrag Nr. 8

Die Fahrzeugteile sind außenseitig mit 2-Schicht-Decklack und HS-Universal-Klarlack zu lackieren.

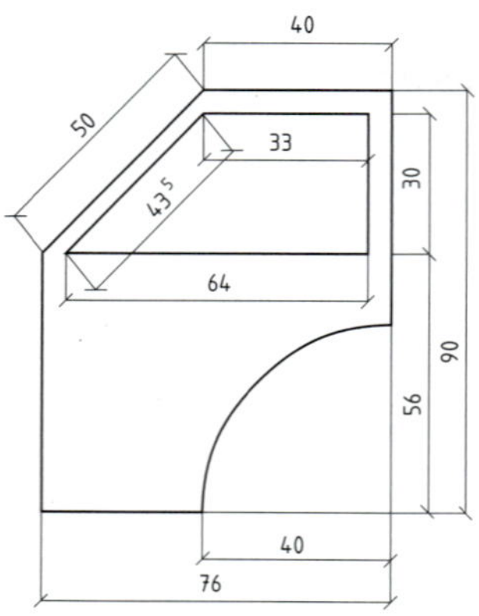

Auftragspositionen

Pos. 1: Tür vorn links instand setzen
- Außenspiegel aus- und einbauen
- Tür aus- und einbauen
- Türlackierung
- Beschichtungsaufbau nach Lackierstufe III

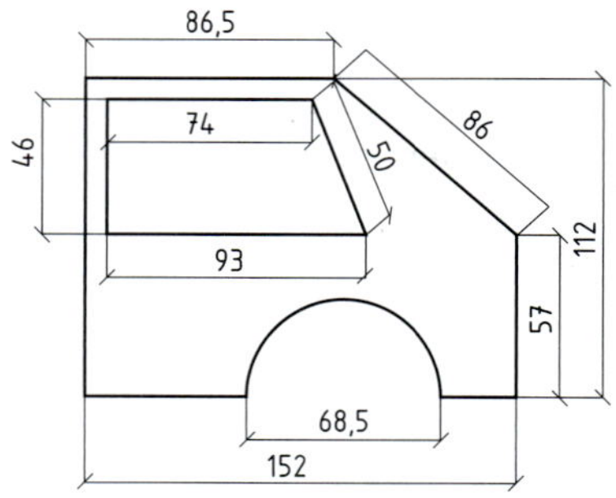

Pos. 2: Seitenwand hinten links Farbtonangleichung durchführen
- Beschichtungsaufbau nach Lackierstufe II

Zu Pos. 1

1 Berechnen Sie die Lackierfläche in dm².

2

a) Wie viel m Klebeband werden zum Abkleben der umlaufenden Kanten, einschließlich Fensterrahmen, zzgl. 15 % Verschnitt, benötigt?

b) Wie groß ist die abzuklebende Fensterfläche in dm²?

3

a) Wie dick muss der HS-Grundfüller mit einem Festkörpergehalt von 72,5 % aufgetragen werden, um eine Trockenfilmschichtdicke von 120 µm zu erhalten?

b) Wie viel ℓ HS-Grundfüller insgesamt sind mit wie viel ml von den Komponenten anzusetzen?

4 Welche Menge 2-Schicht-Decklack wird bei 2,5 Spritzgängen (Schichtdicke oberer Wert lt. Techn. Merkblatt) und einem Spritzverlust von 7 % benötigt?

5 Welche Menge HS-Universal-Klarlack wird bei 2,5 Spritzgängen (Schichtdicke oberer Wert lt. Techn. Merkblatt) und einem Spritzverlust von 8 % benötigt?

6 Berechnen Sie die Lohnkosten (West) für einen Gesellen im vierten Jahr für insgesamt 4 ¾ Std. Vorarbeit und Lackierung, zuzüglich lohnabhängige Gemeinkosten in Höhe von 170 %.

7 Berechnen Sie die Werkstoffkosten anhand des tatsächlichen Verbrauchs. Für Abklebe- und Verbrauchsmaterial wird ein Zuschlag von 35 % berechnet. Materialkosten:

25 kg HS-Grundfüller (ϱ = 1,47 g/cm³)	498,75 €
½ ℓ 2-Schicht-Decklack	38,75 €
2,500 ℓ Härter	70,75 €
5 ℓ Verdünnung	63,00 €
1 ℓ HS-Universal-Klarlack	25,85 €

Zu Pos. 2

1 Berechnen Sie die Lackierfläche in dm².

2

a) Wie viel m Klebeband werden zum Abkleben der umlaufenden Kanten ohne Fenster, zzgl. 15 % Verschnitt, benötigt?

b) Wie groß ist die abzuklebende Fensterfläche?

3 Es wird Ersatz für eine Spritzpistole benötigt, als ein Messeangebot kommt: Geräte 8 % unter Netto-Neupreis und zusätzlich 7 % Mengenrabatt bei Abnahme von zwei Geräten. Bei Barzahlung werden 3 % Skonto vom Brutto-Betrag gewährt.
Was kostet eine Spritzpistole, die außerhalb der Messe brutto 398,00 € kosten würde, im günstigsten Fall, wenn insgesamt zwei gekauft werden?

4 Welche Menge 2-Schicht-Decklack wird bei 2,5 Spritzgängen (Schichtdicke oberer Wert lt. Techn. Merkblatt) benötigt?

5 Welche Menge HS-Universal-Klarlack wird bei 2,5 Spritzgängen (Schichtdicke oberer Wert lt. Techn. Merkblatt) benötigt?

6 Welche Lohnkosten (West) fallen für einen Gesellen im ersten Jahr für insgesamt 3 ¼ Std. Vorarbeit und Lackierung zuzüglich 170 % für lohnabhängige Gemeinkosten an?

7

a) Wie viel Liter frische Reinigungsverdünnung werden im Jahr im Pistolen-Reinigungsgerät verbraucht, wenn zur Reinigung der Geräte jeweils 130 ml nötig sind und an 5 Tagen in 48 Arbeitswochen täglich 20 Lackiervorgänge stattfinden?

b) Wie hoch sind die Brutto-Kosten, wenn 15 ℓ Reinigungsverdünnung netto 24,75 € kosten?

8 Berechnen Sie die Werkstoffkosten anhand des jeweiligen Verbrauchs und berechnen Sie für Abklebe- und Verbrauchsmaterial einen Zuschlag von 37,5 % (Materialkosten wie in Aufgabe 7 zu Pos. 1).

Kostenvoranschlag/Finanzierung

Ermitteln Sie den Rechnungsbetrag für den Lackierauftrag, inkl. Mehrwertsteuer. Berücksichtigen Sie dabei lohnabhängige Gemeinkosten in Höhe von 170 %, werkstoffabhängige Gemeinkosten in Höhe von 35 %, 15% für Gewinn und Wagnis sowie die Mehrwertsteuer.

Grundlagen

Beispielaufgabe

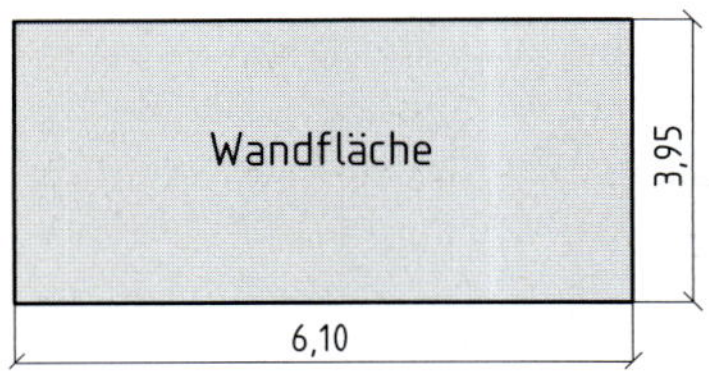

Eine beschichtete Wandfläche soll nach Abschluss der Arbeiten zur Berechnung der Leistung aufgemessen werden.

Um eine Berechnung durchschaubar und einheitlich darzustellen, sind fachlich bindende Vorschriften erarbeitet worden, nach denen sich in der Regel alle Beteiligten (Unternehmer und Auftraggeber) zu richten haben.

Welche Vorschriften hat der Maler und Lackierer bei den Berechnungen zu beachten?

Der Maler und Lackierer hat bei seinen Berechnungen die **VOB Vergabe- und Vertragsordnung für Bauleistungen – Teil C: Allgemeine Technische Vertragsbedingungen für Bauleistungen (ATV), Maler- und Lackierarbeiten – DIN 18363** zu beachten.

Welche Schritte sind vor der Berechnung zu tun?

Um Beschichtungsflächen berechnen zu können, muss vor der Berechnung das **Aufmaß** erstellt werden.

Was beinhaltet der Begriff **Aufmaß?**

Beim Aufmessen werden die Maße der Beschichtungsobjekte ermittelt und im **Maßansatz** zur Berechnung niedergeschrieben.

Rechenregeln

Zum Aufmessen am Beschichtungsobjekt benutzt der Maler und Lackierer den **Gliedermaßstab**, das **Bandmaß** oder **Entfernungsmessgeräte.**

Den Gliedermaßstab stets zu einer Geraden aufklappen!

Messrichtung stets parallel zur Wand bzw. im rechten Winkel zur Grundlinie.

Grundlage für das Aufmaß ist das **Meter,** Dezimeter und Zentimeter erscheinen als Dezimalstellen nach dem Komma, Millimeter werden auf- bzw. abgerundet.

Das Wort **Meter** wird innerhalb des Aufmaßes **gesprochen,** aber **nicht geschrieben.**

z. B. schreibe: 3,00 sprich: drei Meter

Dezimalstellen werden **einzeln von links nach rechts** gelesen.

z. B. 0,12 null-Komma-eins-zwei Meter
11,50 elf-Komma-fünf-null Meter

Beispiellösung

Die Wandmaße betragen: 6,10 · 3,95
sechs-Komma-eins-null Meter mal drei-komma-neun-fünf Meter

Maße aus Zeichnungen entnehmen

Beispielaufgabe

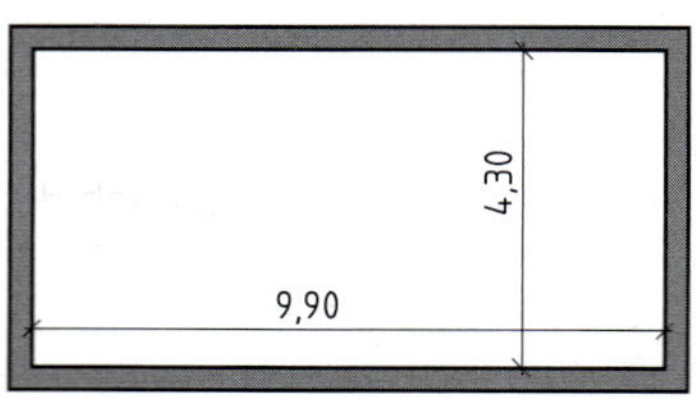

Aus einer Bauzeichnung soll das Aufmaß zur Berechnung eines Raumes entnommen werden.
Der Maßansatz ist danach aufzustellen.

Vielfach wird vom Maler und Lackierer verlangt, dass er Beschichtungsflächen berechnet, bevor diese überhaupt vorhanden sind.
In diesen Fällen müssen die Maße aus den Bauzeichnungen entnommen werden, was voraussetzt, dass der Maler und Lackierer eine Zeichnung lesen kann.
Bei den Maßen aus der Zeichnung handelt es sich um die **Konstruktionsmaße,** während beim Aufmessen am Objekt die **Fertigmaße** ermittelt werden.

Über welche Kenntnisse sollte der Maler und Lackierer im Lesen von Zeichnungen verfügen?

In der **DIN 1356-1** sind die Grundlagen für Bauzeichnungen enthalten. Der Maler und Lackierer sollte für die Aufmaßtechnik insbesondere die **Bemaßung** von Zeichnungen beherrschen.

Rechenregeln mit Beispiellösung

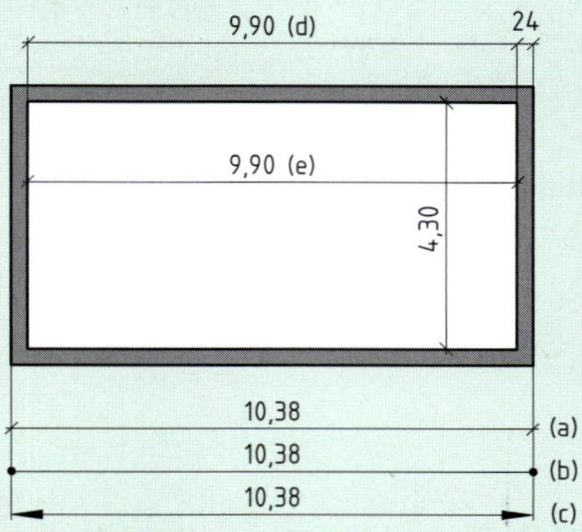

Maße werden mit **Maßlinien,** die durch 45°-Striche (a), Punkte (b) oder Pfeile (c) begrenzt sind, angegeben, **Maßzahlen** werden in der Regel als Dezimalzahlen in m geschrieben, Werte unter 1,00 m als cm.

Das **lichte Maß** von Räumen kann außen (d) oder innen (e) angegeben werden.

$A = 9{,}90 \cdot 4{,}30$

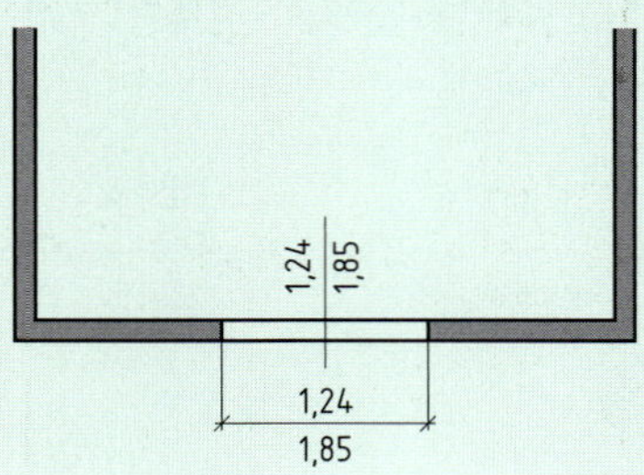

Maße von **Öffnungen** (Fenster, Türen) können auf 2 Arten angegeben werden. Dabei steht das **Breitenmaß oben** und das **Höhenmaß unten.**

Es gelten die kleinsten Lichtmaße.

Fenster: $A = 1{,}24 \cdot 1{,}85$

Maßfolge im Ansatz nach VOB schreiben

Beispielaufgaben In einer Wohnung sollen die Flächen der Decken und Wände sowie die Türen berechnet werden.

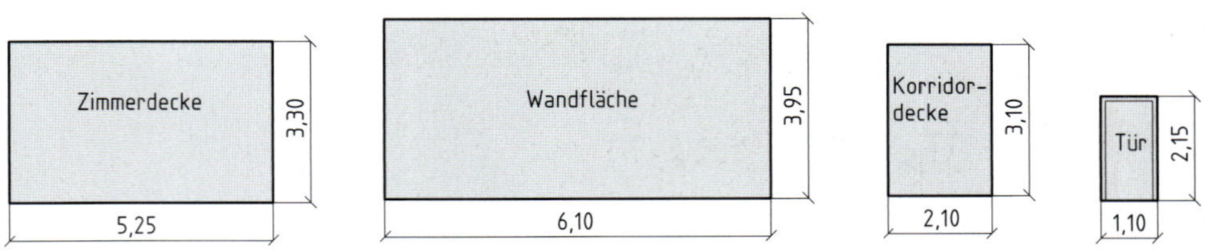

Um eine Berechnung nach Aufmaß durchführen zu können, muss nach den Grundlagen der mathematischen Regeln eine Aufgabe gebildet werden, die in diesem Falle **Maßansatz** genannt wird (kurz: **Ansatz**). Dieses ist die Niederschrift des Aufmaßes.

Aufmaße berechnen

Welche mathematischen Grundsätze sind beim Aufstellen von Maßansätzen zu beachten?	Der Maßansatz (Aufmaßniederschrift) muss nach den Regeln der Flächen- und Körperoberflächenberechnung sowie des Klammerrechnens aufgestellt werden.
Welcher Zusammenhang besteht zwischen Aufmaß und Maßansatz?	Aus dem geschriebenen Maßansatz muss die Reihenfolge des Aufmessens erkennbar sein.
Welche Regeln sind beim Schreiben des Ansatzes zu beachten?	Die Vorschriften der VOB für das Aufmaß müssen beim Schreiben des Ansatzes beachtet werden.

Rechenregeln mit Beispiellösungen

Beim Ansatz für rechteckige **liegende Flächen** wird das **längere Maß zuerst** geschrieben (Fußböden, Decken, Tischplatten, Schilder usw.)

Zimmerdecke: $A = 5{,}25 \cdot 3{,}30$

Korridordecke: $A = 3{,}10 \cdot 2{,}10$

Beim Ansatz für **stehende Flächen** wird das **waagerechte, untere Maß** zuerst geschrieben (Wände, Türen, Fassaden, Fenster usw.)

Wandfläche: $A = 6{,}10 \cdot 3{,}95$

Türfläche: $A = 1{,}10 \cdot 2{,}15$

Aufgaben

1 Schreiben Sie die Ansätze für folgende Flächen:

1. Fußboden

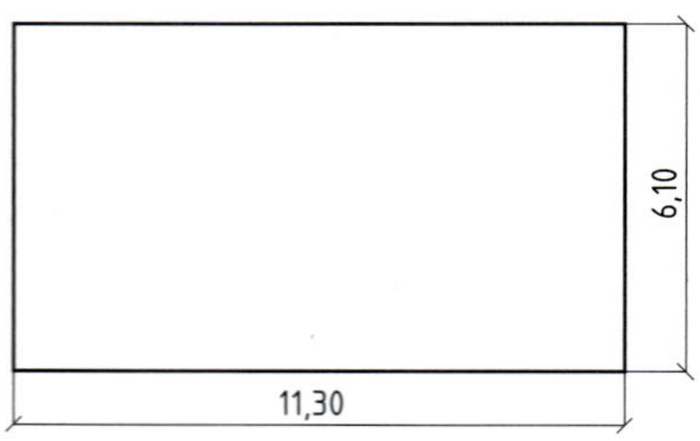

2. Fenster

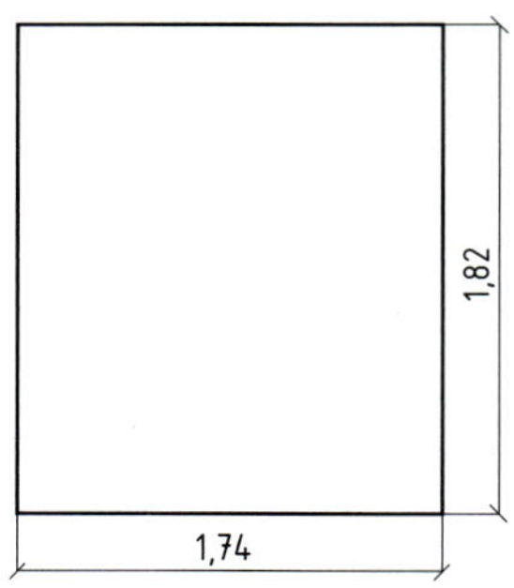

3. Decke

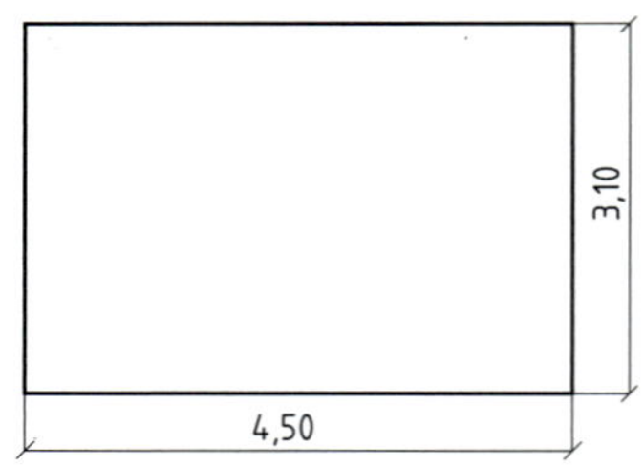

4. Hinweisschild

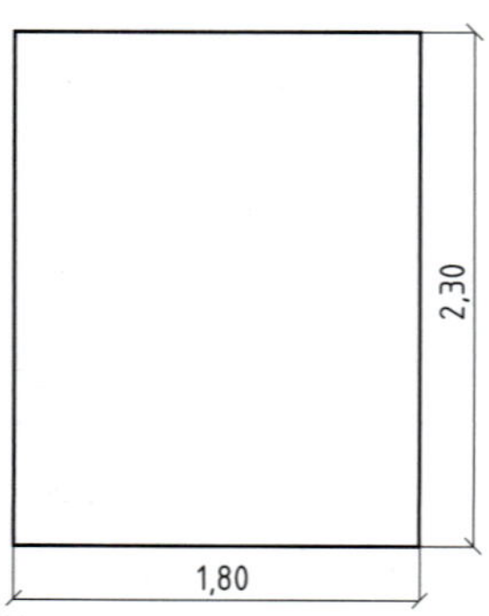

5. Hallenwand

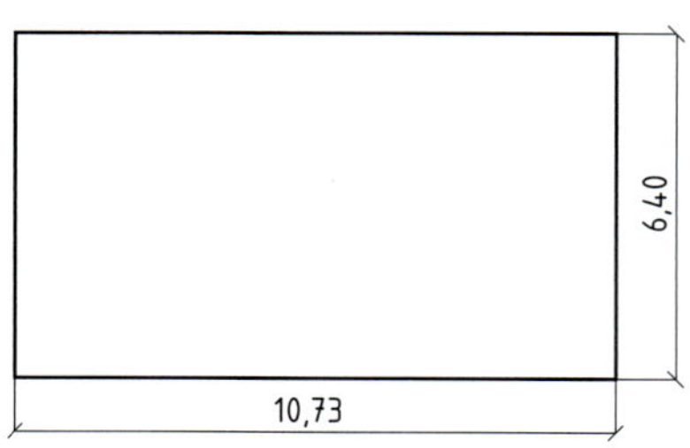

6. Tischplatte

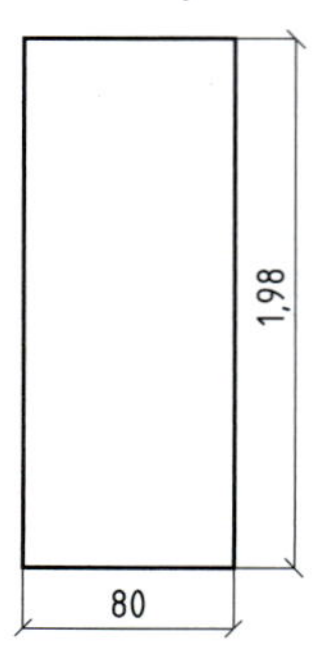

Maße und Faktoren nach VOB schreiben

Beispielaufgaben

a) 6 Stück Tischplatten mit den Maßen 2,45 · 1,25 wurden lackiert;
b) ein Türblatt mit den Maßen 1,01 · 2,04 wurde beidseitig beschichtet;
c) 5 Garagentore mit den Maßen 2,15 · 1,98 wurden beidseitig beschichtet.
Die Ansätze für diese Objekte sind zu schreiben.

> Neben den ermittelten Maßen müssen im Ansatz die Faktoren für die Stückzahl von gleichen Beschichtungsobjekten sowie eine beidseitige Beschichtung geschrieben werden.

Rechenregel mit Beispiellösungen

Die **Stückzahl** wird immer **vor** die Maßzahlen der Objekte gesetzt (a).

Die **Seitenzahl** steht immer **hinter** den Maßzahlen des Objektes (b).

Beispiel a) $A = \mathbf{6} \cdot 2{,}45 \cdot 1{,}25$

Beispiel b) $A = 1{,}01 \cdot 2{,}04 \cdot \mathbf{2}$

Beispiel c) $A = \mathbf{5} \cdot 2{,}15 \cdot 1{,}98 \cdot \mathbf{2}$

Aufgaben

Schreiben Sie die Ansätze und berechnen Sie die Flächen:

1 3 Deckflächen dieser Größe sind zu streichen.

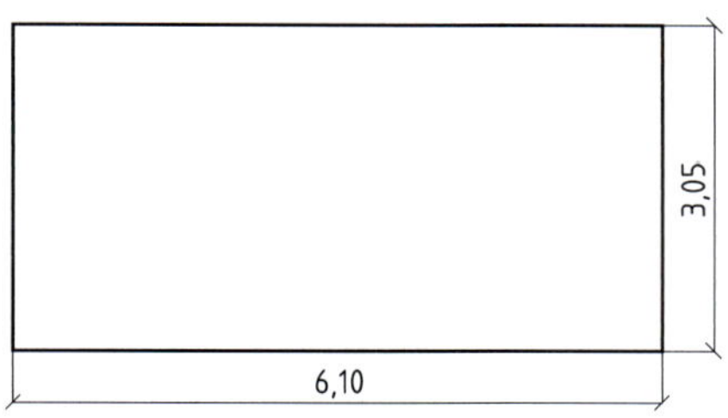

2 8 Türen werden beidseitig lackiert.

3 5 Hinweisschilder mit den Maßen 2,07 · 1,85 werden beidseitig lackiert.

4 22 Fensterläden, 0,85 · 1,85, werden von außen beschichtet.

5 Ein Raumteiler, 4,12 m breit und 2,95 m hoch, wird beidseitig mit Korkplatten beklebt.

6 12 Stück Blechschilder, Maße 2340 mm · 4570 mm, werden zur Beschriftung beidseitig vorbereitet.

7 12 Doppelfenster, 2,12 m breit und 1,86 m hoch werden von allen 4 Seiten gestrichen und lackiert.

8 3 würfelförmige Behälter mit den Seitenmaßen 2,84 m · 2,84 m erhalten an 5 gleichen Flächen innen und außen eine neue Beschichtung.

9 5 Türen mit den Maßen 1,01 m · 2,02 m und 3 Türen mit den Maßen 1,12 m · 2,24 m werden einseitig beschichtet.

10 Boden und Deckel von 2 runden Silos mit dem Durchmesser von 3,44 m werden beidseitig beschichtet.

Raumumfang errechnen

Beispielaufgabe

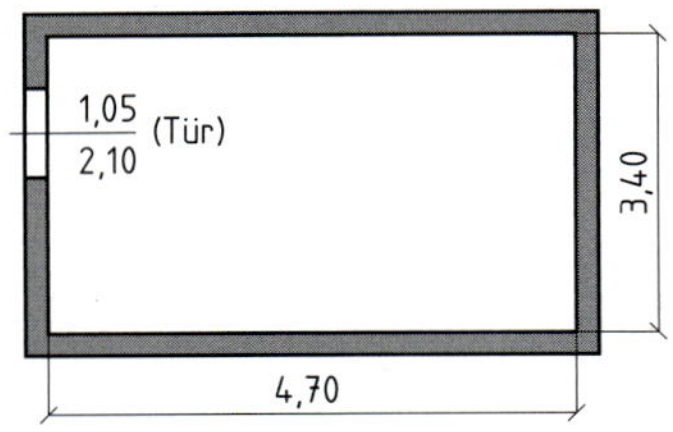

In einem Raum ist die Länge der Fußleiste zu ermitteln. Schreiben Sie den Ansatz.

Wenn die Abrechnung der Leistung nach VOB erfolgen soll, ist der **Umfang** von Flächen, Räumen und anderen Körpern immer in Metern zu ermitteln. Das gilt auch für Fußleisten, Abschlüsse an Decken und Wänden, Umrahmungen, Geländer usw.

Wie werden Längen ermittelt?

Fortlaufende Längen werden durch Messen ermittelt, Umfänge von Räumen und Körpern werden durch Abwicklung errechnet.

Was schreibt die VOB vor?

Bei Fußleisten, Sockelfliesen u. dgl. bis 10 cm Höhe werden Unterbrechungen bis zu 1,00 m übermessen, d. h. von der Länge nicht abgezogen.

Rechenregel mit Beispiellösung

Umfang = Summe der Seiten der Fläche ./. Unterbrechungen über 1,00 m.

$U = (4{,}70 + 3{,}40) \cdot 2 - 1{,}05 = \mathbf{15{,}15\ m}$

Aufgaben

1 Die Fußleiste dieses Raumes wurde gestrichen. Wie viel m sind zu berechnen?

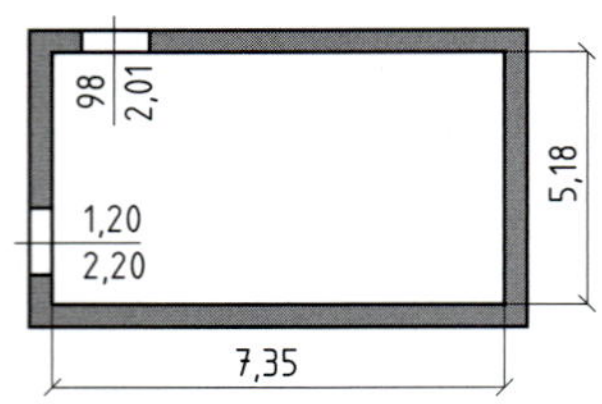

2 Dieses Grundstück ist mit einem Jägerzaun eingefriedet. Berechnen Sie die Länge des Zaunes.

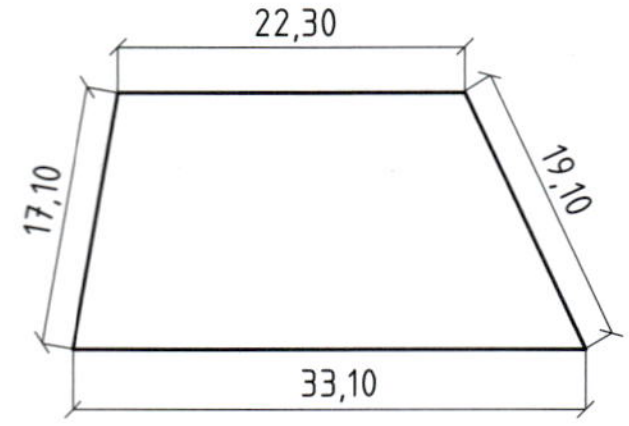

3 Ein Kinderspielplatz erhält ein Rohrgeländer, dieses wird gestrichen. Wie viel m ist das Geländer lang?

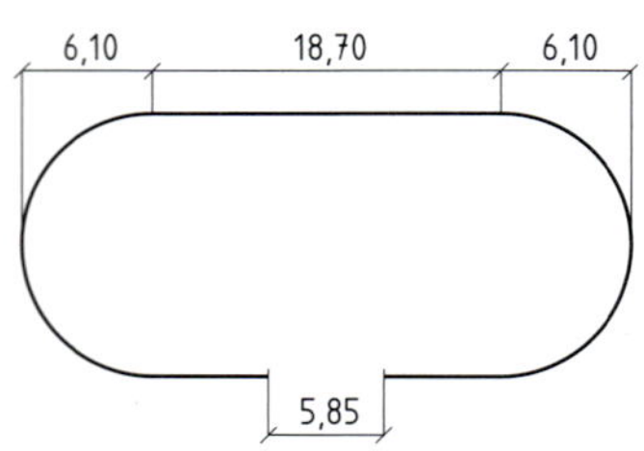

4 Eine Raumdecke mit 2 Oberlichten wurde mit Platten beklebt. Zum Abschluss werden Decke und Oberlicht mit Kordel eingefasst. Wie viel m sind nötig?

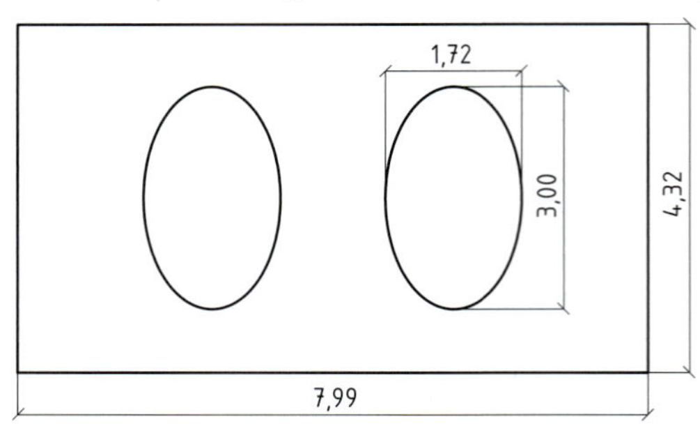

5 8 Türen, 1,02 · 2,04 m, werden beidseitig mit einer Dekorleiste rundum versehen. Wie viel m Leiste sind zu beschaffen? (Schwellen sind ausgenommen!)

6 Ein kreisrunder Raum, ∅14,60 m, mit 2 Türen 0,98 m breit und einer Tür 2,02 m breit erhält eine PVC-Fußleiste. Wie viel m sind zu verlegen?

Zusammengesetzte Flächen berechnen

Beispielaufgabe

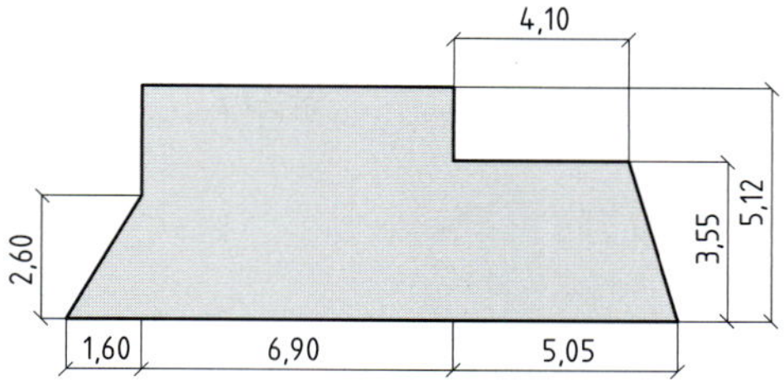

Für die abgebildete Fläche ist der Ansatz zu schreiben und die Fläche zu berechnen.

Viele Flächen, die der Maler und Lackierer zu bearbeiten hat, bestehen nicht aus einer einfachen geometrischen Form, sondern sind aus mehreren Einzelflächen zusammengesetzt.

Rechenregel mit Beispiellösung

Zusammengesetzte Flächen werden zur Berechnung in **berechenbare Einzelflächen** zerlegt, die im Ansatz addiert bzw. subtrahiert werden.

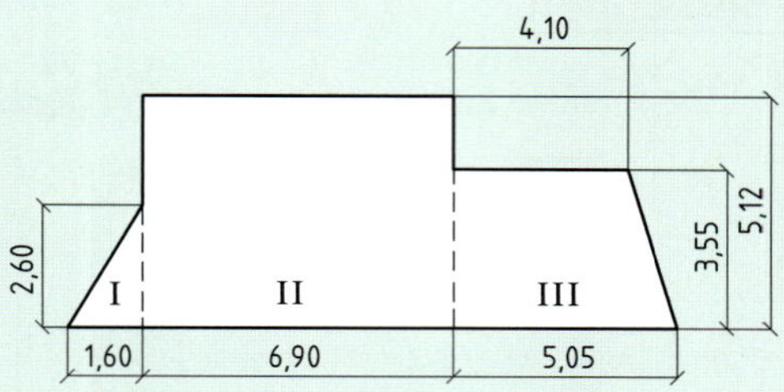

$$A = \frac{1{,}60 \cdot 2{,}60}{2} + 6{,}90 \cdot 5{,}12 + \frac{5{,}05 + 4{,}10}{2} \cdot 3{,}55 = \mathbf{53{,}65\ m^2}$$

In mehrteiligen Ansätzen können aus Gründen der Übersichtlichkeit die Flächenteile **untereinander** geschrieben werden.

$$\begin{aligned} A = \frac{1{,}60 \cdot 2{,}60}{2} & = 2{,}08 \\ + 6{,}90 \cdot 5{,}12 & = 35{,}33 \\ + \frac{5{,}05 + 4{,}10}{2} \cdot 3{,}55 & = 16{,}24 \\ & \overline{\mathbf{53{,}65\ m^2}} \end{aligned}$$

Aufgaben

1 Stellen Sie die Ansätze für folgende Flächen auf und berechnen Sie diese:

a) Deckenfläche eines Wohnzimmers

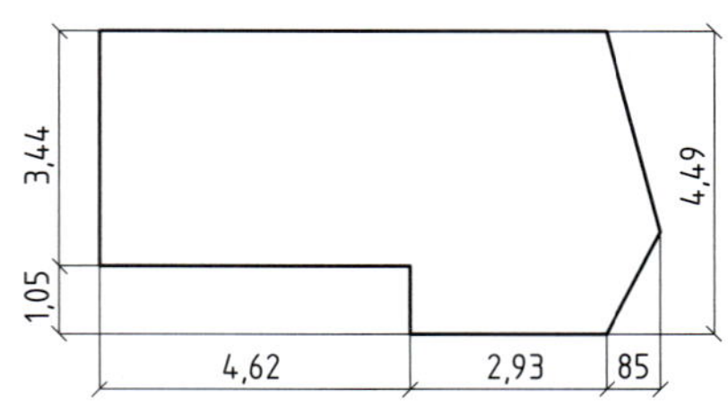

b) Einfamilienhausfassade

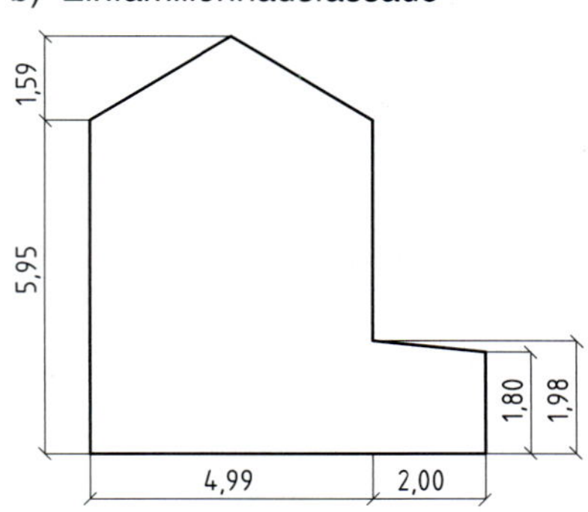

c) Fassade eines Bürohauses

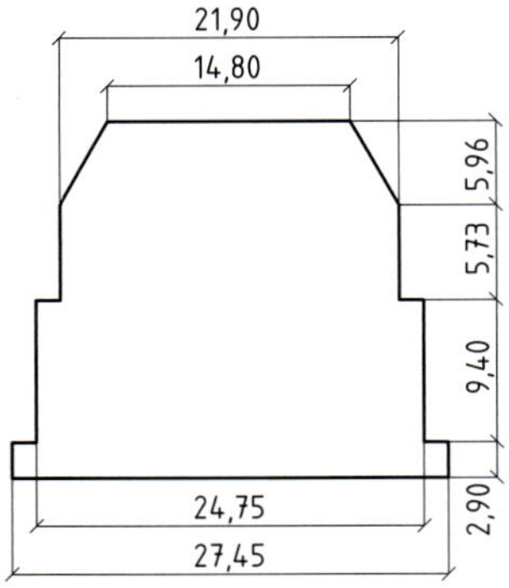

d) Zimmerdecke

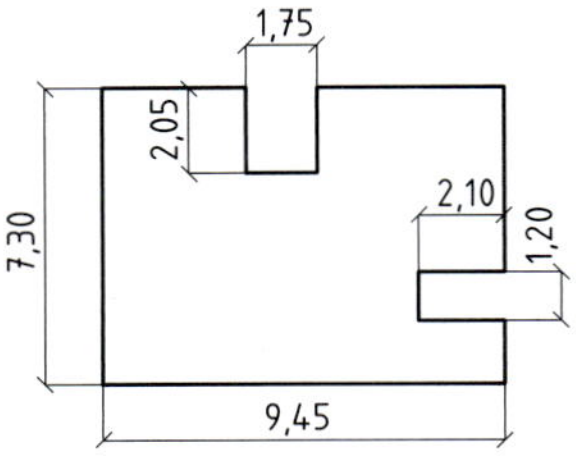

e) Terrasse

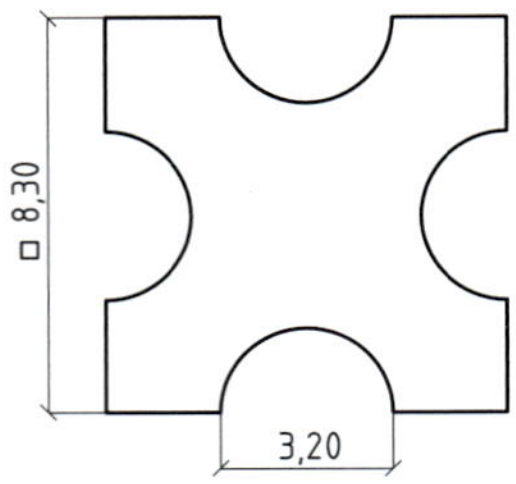

f) Treppenhauswand

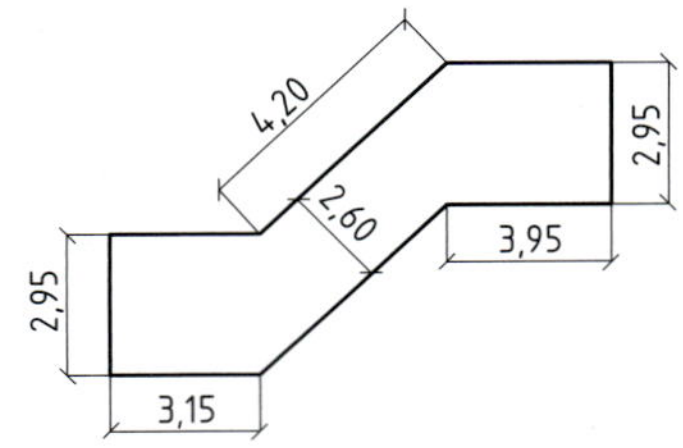

Einzelne Räume berechnen

Beispielaufgaben Die Ansätze zur Berechnung dieser beiden Deckenflächen sind aufzustellen:

a)

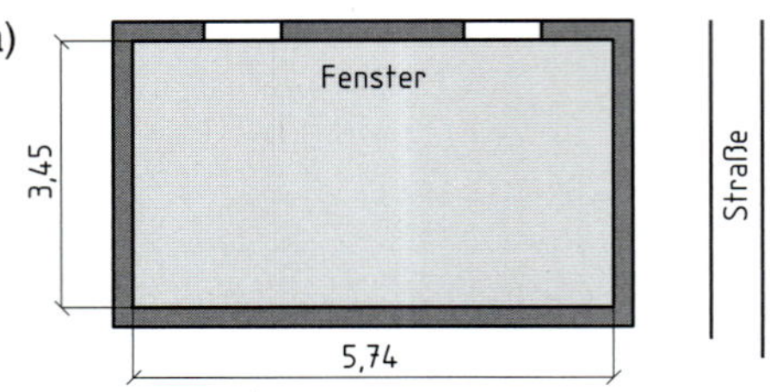

b)

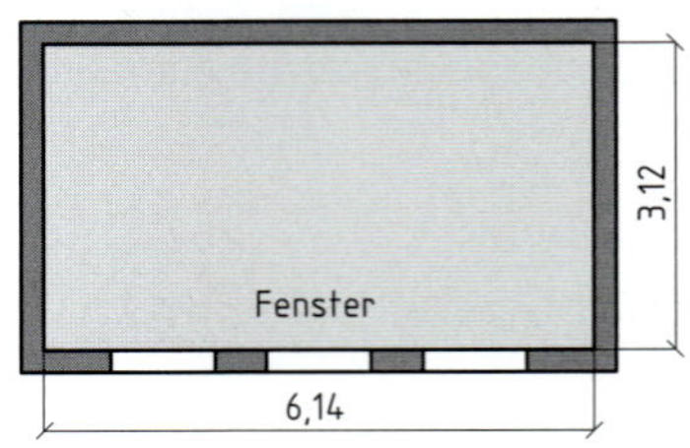

Beim Aufmessen einzelner Räume ist die Lage des Raumes in seiner Umgebung zu berücksichtigen, denn sie bestimmt die Zahlenfolge im Maßansatz.

Rechenregeln mit Beispiellösungen

Im Aufmaß von Einzelräumen wird das Maß zur **Straßenseite** zuerst geschrieben (a).

Beispiel a) $A = 3{,}45 \cdot 5{,}74$

Ohne Straßenlage wird die **Fensterseite** zuerst genannt (b).

Beispiel b) $A = 6{,}14 \cdot 3{,}12$

Aufgaben

1 Schreiben Sie die Ansätze für folgende Deckenflächen:

a)

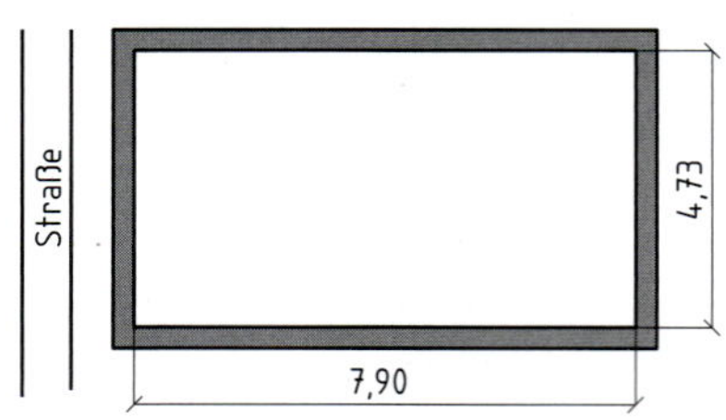

b)

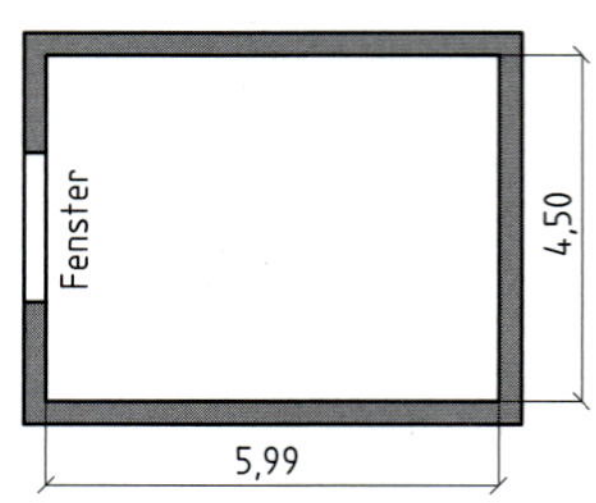

c)

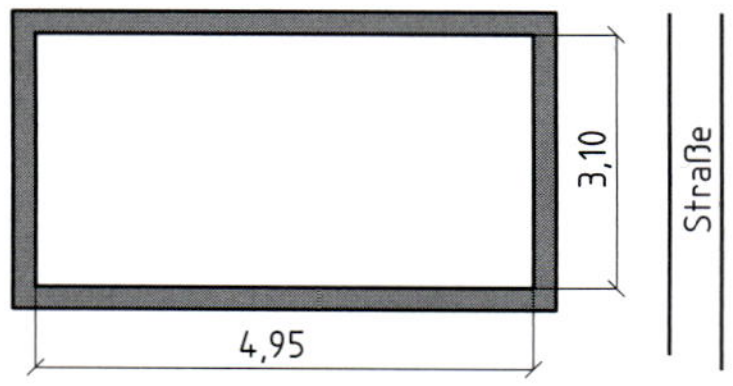

d)

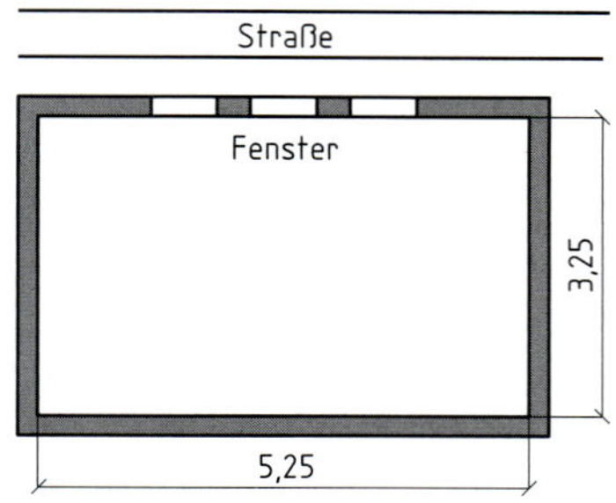

e)

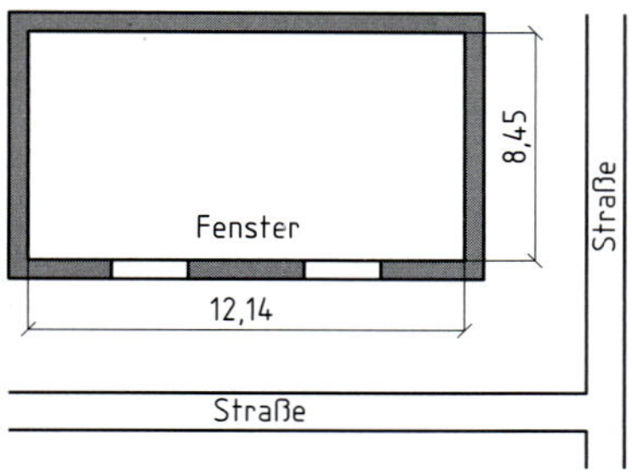

f)

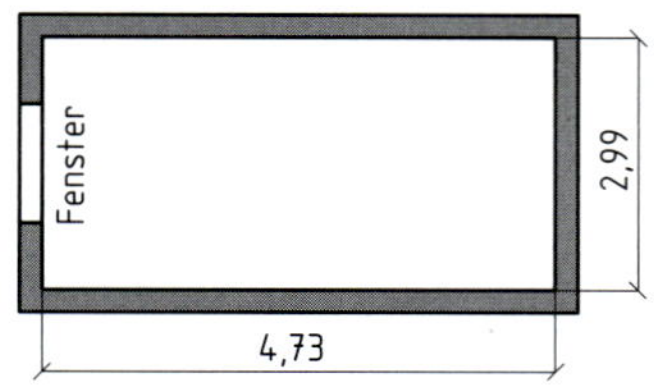

Wohnungen berechnen

Beispielaufgabe

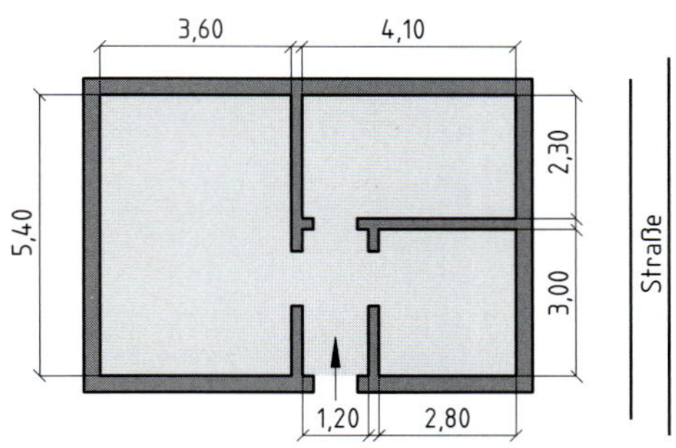

Die Deckenflächen dieser Wohnung sollen gestrichen werden.
Schreiben Sie den Ansatz, berechnen Sie die Flächen.

Beim Schreiben von Ansätzen für vollständige Wohnungen müssen die einzelnen Räume kenntlich gemacht werden, damit der Auftraggeber das Aufmaß nachvollziehen kann. Man kann die Räume nach ihrer Nutzung benennen, steht diese noch nicht fest, so werden sie nummeriert.

Rechenregeln mit Beispiellösung

Bei mehreren Räumen in einer Etage werden die Räume fortlaufend nummeriert.

Man beginnt in dem Raum **links vom Eingang** und folgt im **Uhrzeigersinn.**

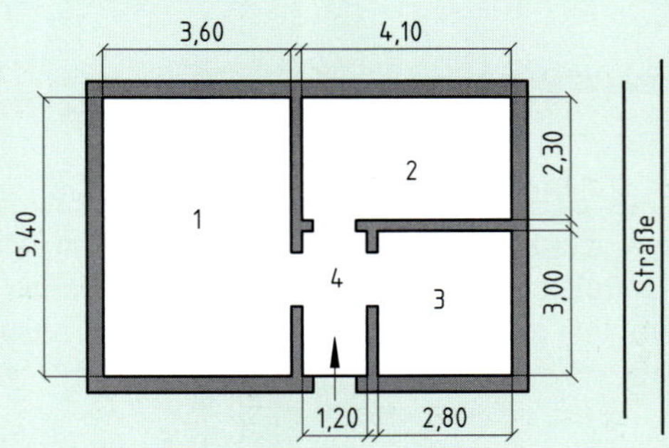

$A_1 = 5{,}40 \cdot 3{,}60 = 19{,}44\ m^2$
$A_2 = 2{,}30 \cdot 4{,}10 = 9{,}43\ m^2$
$A_3 = 3{,}00 \cdot 2{,}80 = 8{,}40\ m^2$
$A_4 = 3{,}00 \cdot 1{,}20 = 3{,}60\ m^2$
gesamt: $40{,}87\ m^2$

Aufgaben

1 Schreiben Sie die Ansätze für die Berechnung der Deckenflächen und berechnen Sie die Gesamtfläche:

a)

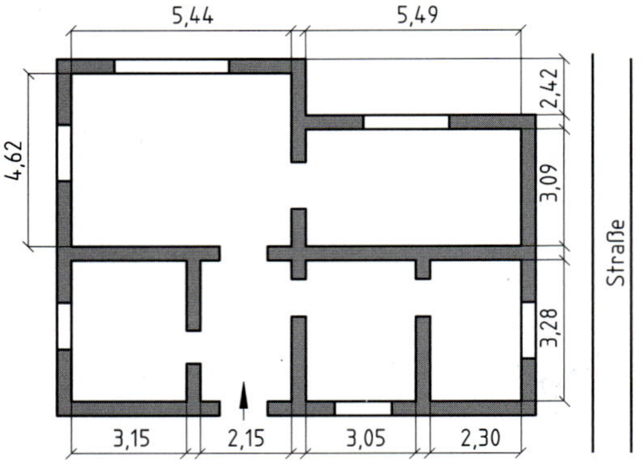

b) Stärke der Innenwände: 0,10 m

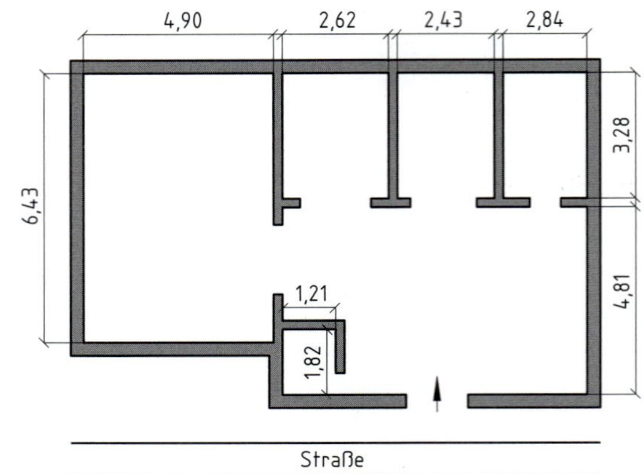

c)

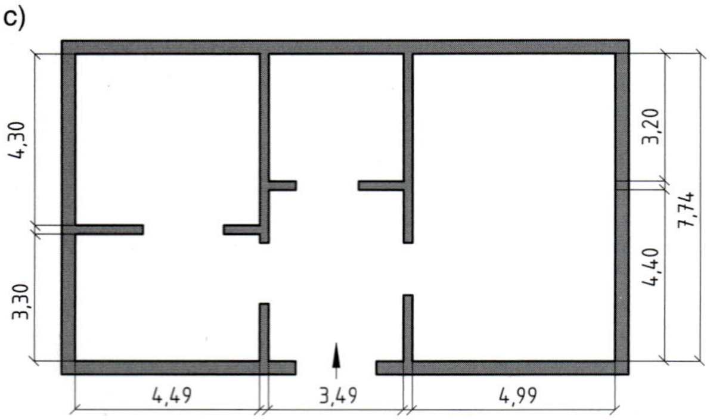

Wandflächen durch Abwicklung berechnen

Beispielaufgabe

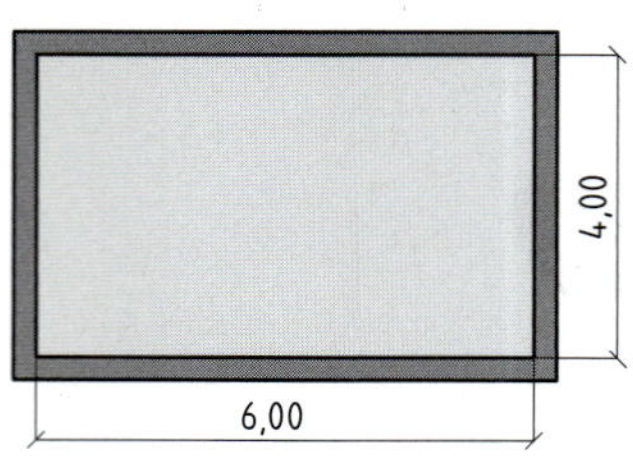

Die Wandflächen eines Raumes mit dem abgebildeten Grundriss wurden gestrichen. Der Ansatz zur Flächenberechnung ist zu schreiben und die Fläche zu berechnen (ohne Öffnungen).

Wandhöhe: 3,00 m

Beschichtungsflächen entsprechen oft den Oberflächen von Körpern.
Werden Flächen in der gleichen Technik bearbeitet, so müssen sie auch gemeinsam aufgemessen werden, das gilt besonders für Räume und Fassaden.

Wie werden die Wandflächen eines Raumes berechnet?

Wie bei der Berechnung von Körperoberflächen, vgl. S. 123, werden bei der Wandflächenberechnung die Flächen wie ein Mantel **abgewickelt.**

Rechenregel mit Beispiellösung

Zeichnerische Abwicklung

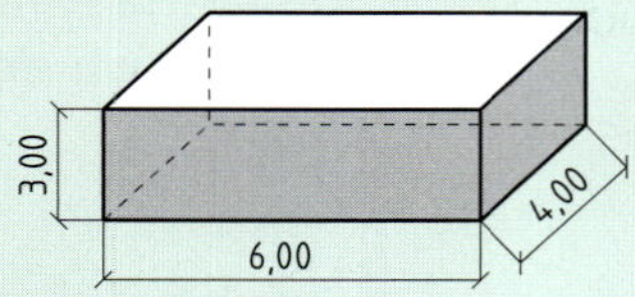

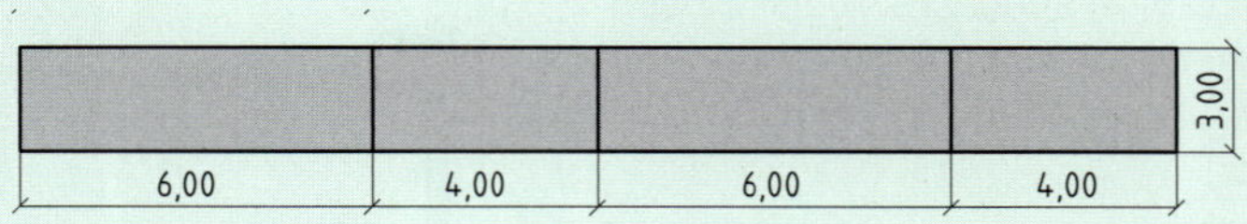

Rechnerische Abwicklung

Raumumfang · Raumhöhe = Wandfläche
bzw. (Länge + Breite) · 2 · Raumhöhe = Wandfläche
bzw. Summe der Wandlängen · Raumhöhe = Wandfläche

$A = (6{,}00 + 4{,}00) \cdot 2 \cdot 3{,}00 = \mathbf{60{,}00\ m^2}$

Räume mit Erkern berechnen

Beispielaufgabe

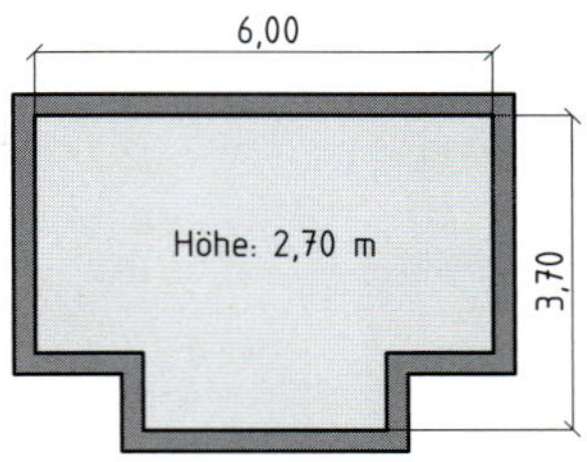

Schreiben Sie das Aufmaß für die Abwicklung eines Raumes mit Erker und berechnen Sie die Fläche der Wände.

Rechenregel mit Beispiellösung

Erker, Nischen, Mauervorsprünge u. Ä. können bereits durch das Aufmaß der größten Länge und Breite einbezogen werden, die Einzelmaße erscheinen so nicht im Ansatz.

$A = (6{,}00 + 3{,}70) \cdot 2 \cdot 2{,}70 = \mathbf{52{,}38\ m^2}$

Sind nur Einzelmaße angegeben, so müssen sie im Ansatz erscheinen, denn:

Im Ansatz dürfen keine zuvor ausgerechneten Werte stehen!

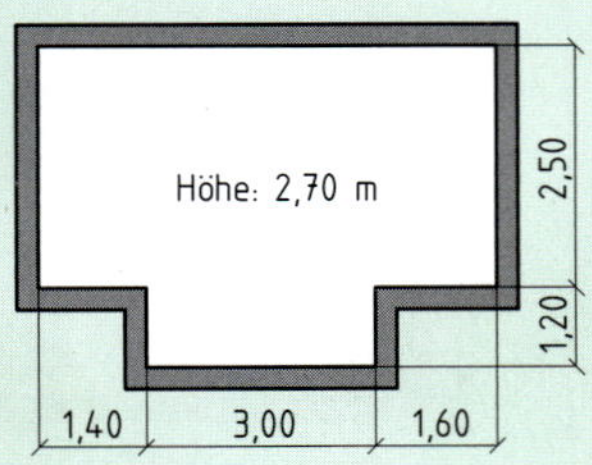

$(1{,}40 + 3{,}00 + 1{,}60 + 1{,}20 + 2{,}50) \cdot 2 \cdot 2{,}70 = \mathbf{52{,}38\ m^2}$

Rundungen und bogenförmige Wandstücke werden als nicht ausgerechnete Werte in die Klammer gesetzt.

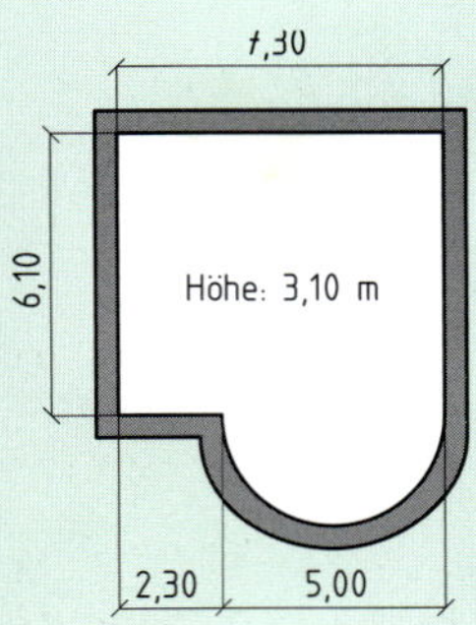

$$A = \left(6{,}10 \cdot 2 + 7{,}30 + 2{,}30 + \frac{5{,}00 \cdot 3{,}14}{2}\right) \cdot 3{,}10 = \mathbf{91{,}92\ m^2}$$

Aufgaben

1 Die Wandflächen zu diesen Grundrissen sind zu berechnen. Zu jeder Berechnung gehört der Ansatz:

a)

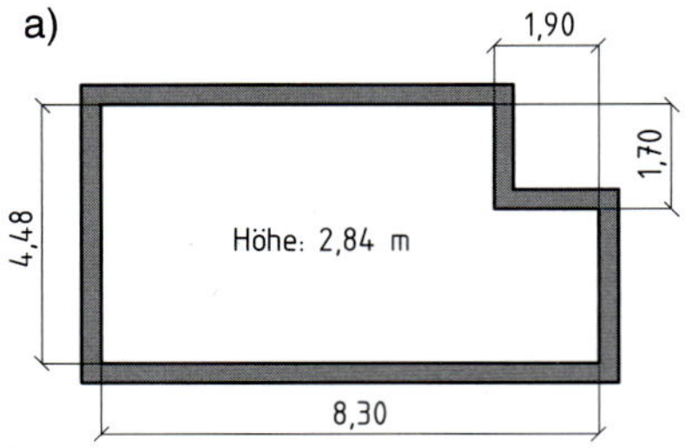

b)

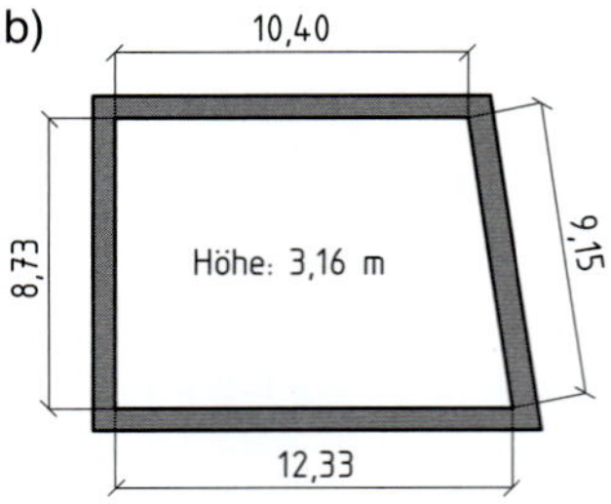

c)

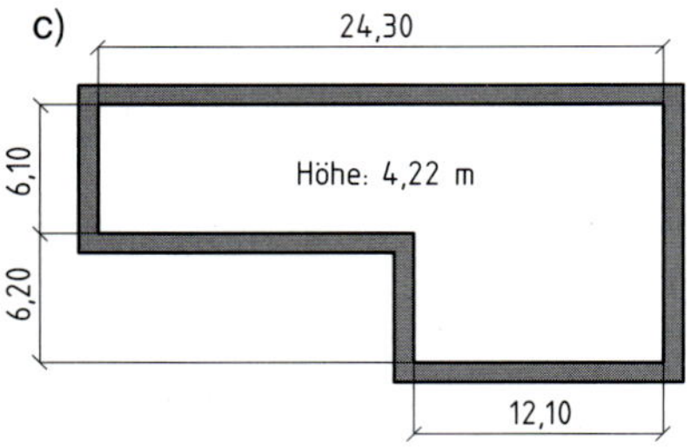

d)

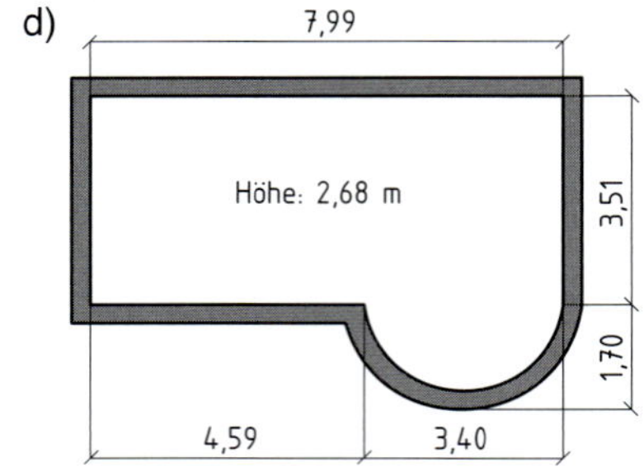

e)

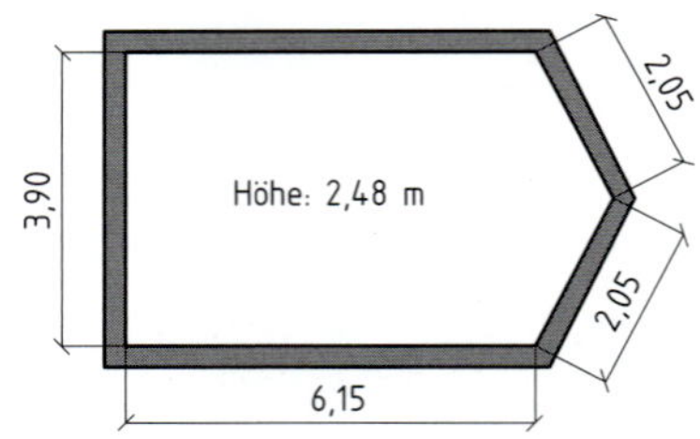

2 Berechnen Sie die Wandflächen dieser Räume:

a)

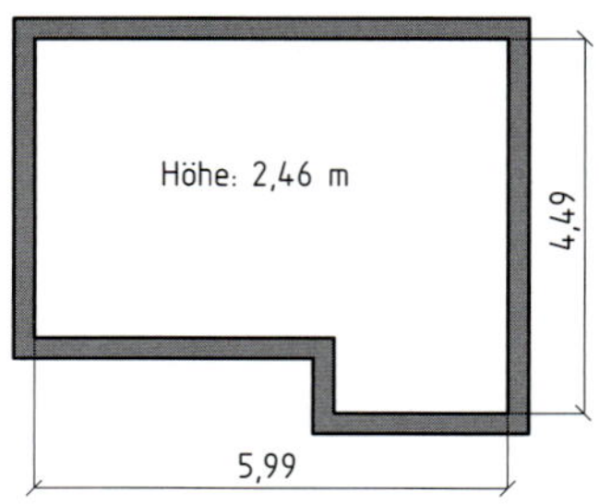

b)

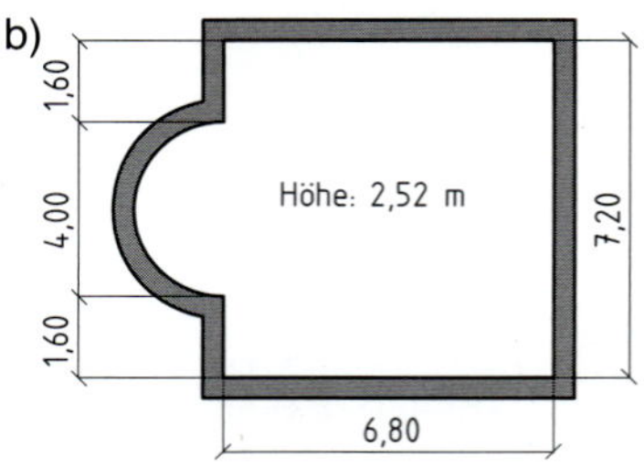

c)

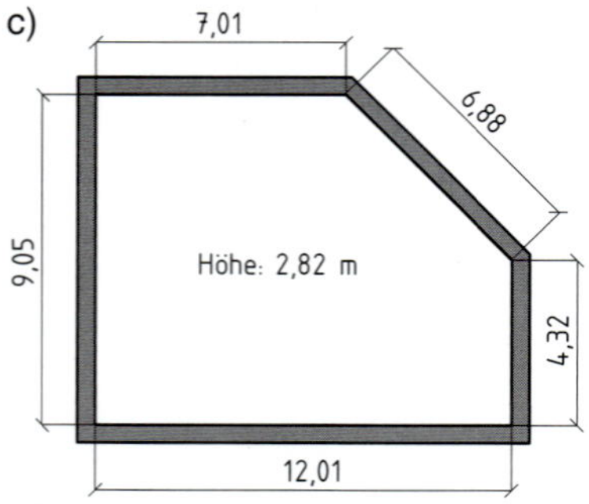

d)

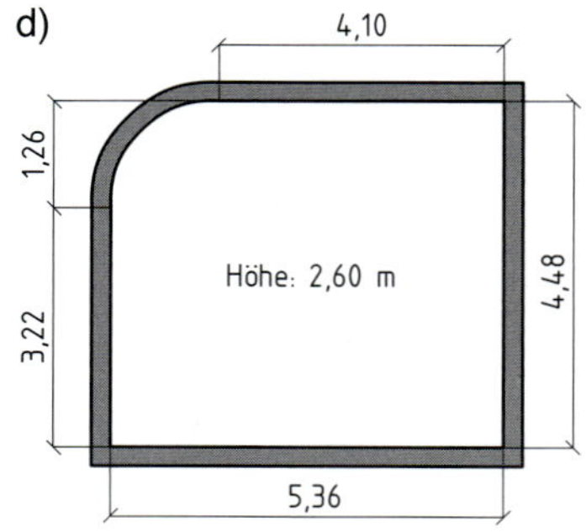

e)

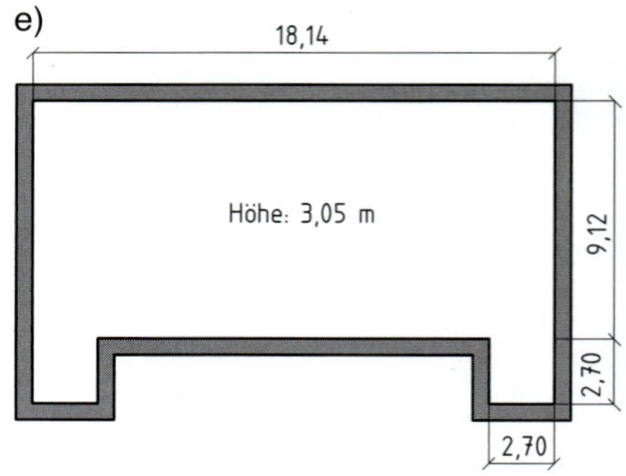

f)

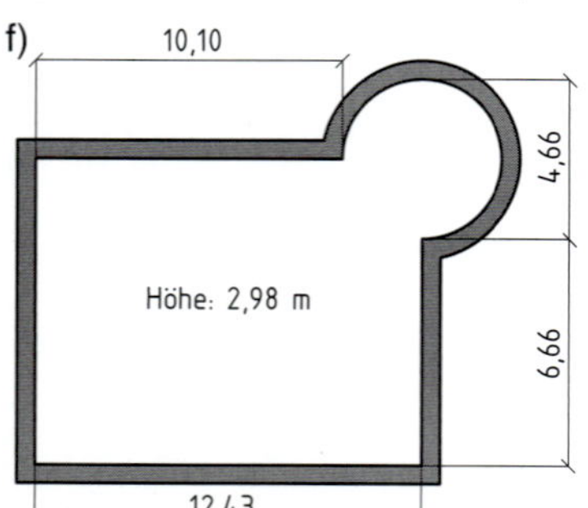

g)

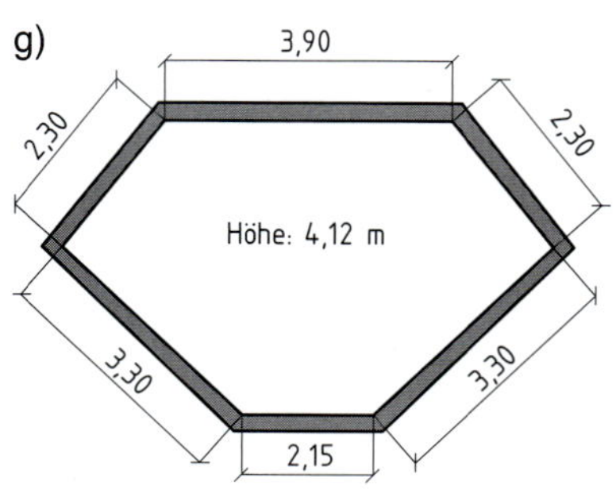

Durchgänge und Passagen berechnen

Beispielaufgabe

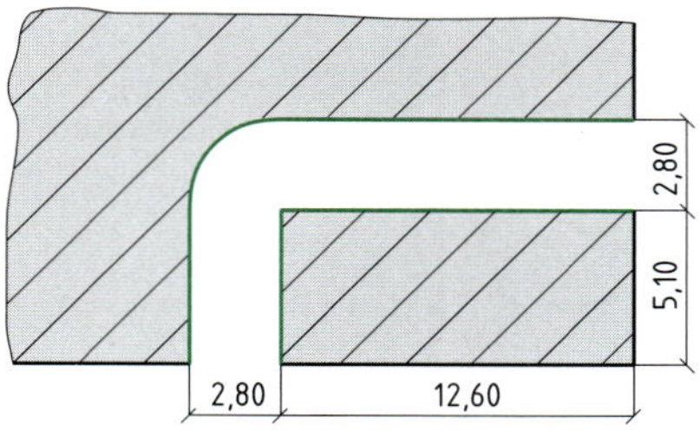

Die Wandflächen einer Ladenpassage sind zu berechnen (s. Grundriss). Die Wände sind bis zur Höhe von 2,40 m mit Schaufensterflächen rundum versehen – die Höhe der zu streichenden Oberwand beträgt 1,12 m.

Passagen und Durchgänge können in unterschiedlichen Grundrissen auftreten, die meistens als lang gestreckte Flächen erscheinen. Für die Berechnung der Wandflächen ist ebenfalls eine Abwicklung nötig.

Rechenregel mit Beispiellösung

Beim Aufmaß von Passagen werden alle Wandlängen in einer Klammer addiert – gleiche Maße multipliziert.
Der Klammerwert wird mit der Wandhöhe multipliziert.

$$A = \left(12{,}60 \cdot 2 + 5{,}10 \cdot 2 + \frac{2{,}80 \cdot 2 \cdot 3{,}14}{4}\right) \cdot 1{,}12 = \mathbf{44{,}57\ m^2}$$

Aufgaben

1 Schreiben Sie die Maßansätze zur Berechnung der Wände der Passagen und ermitteln Sie die Größe der Wandflächen:

a)

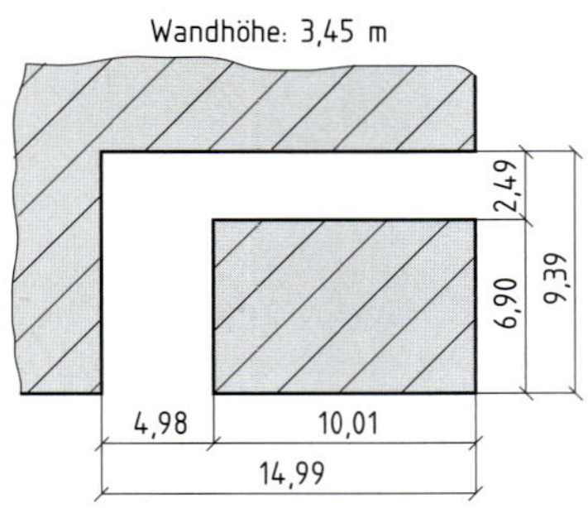

b)

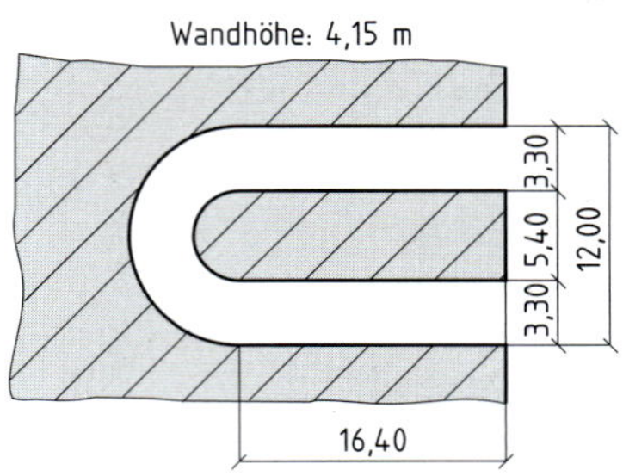

c)

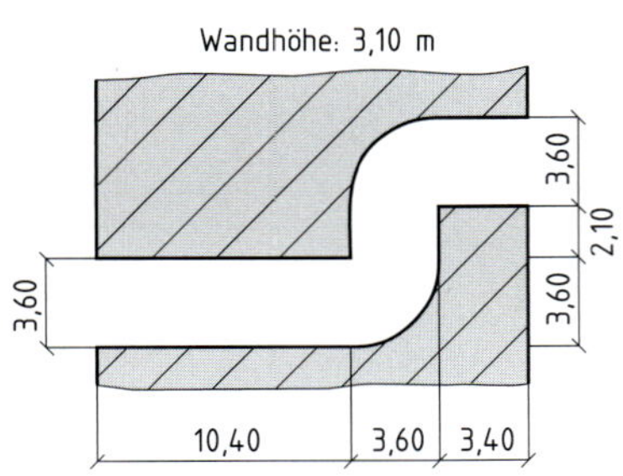

d)

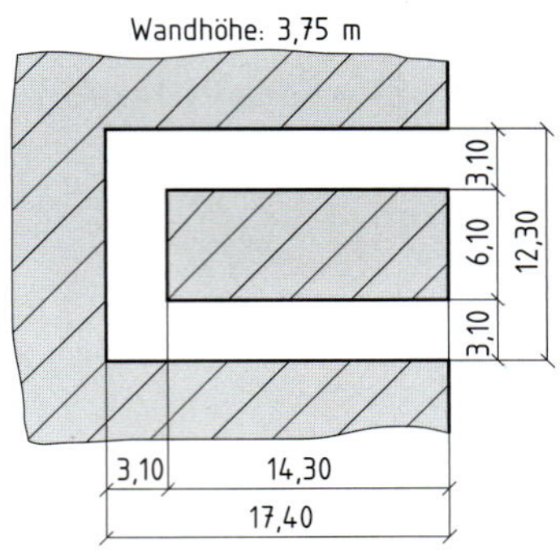

Fassadenflächen berechnen

Beispielaufgaben

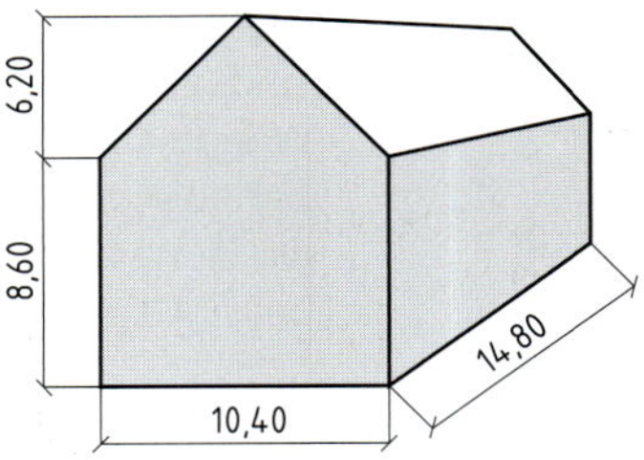

Die Fassade dieses Einfamilienhauses wurde gestrichen, der Ansatz zur Berechnung der Fläche ist zu schreiben, die Fläche zu berechnen (Fenster- und Türflächen werden nicht berücksichtigt).

Für das Aufmessen und Berechnen von Fassadenflächen gelten grundsätzlich die gleichen Regeln wie für Raumberechnungen. Werden Fassaden rundum beschichtet, so müssen sie beim Aufmaß abgewickelt werden.

Rechenregel mit Beispiellösung

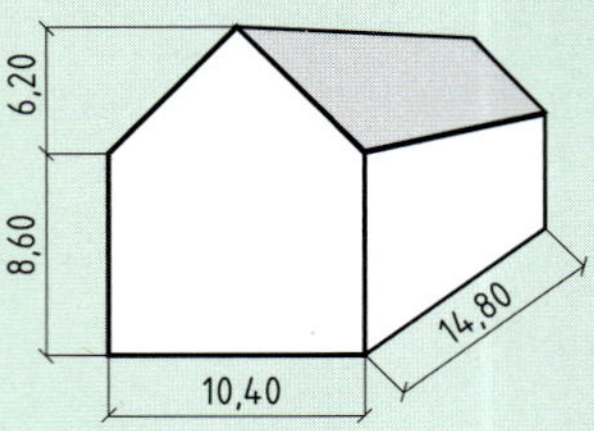

Zeichnerische Abwicklung

Einzelne Fassadenflächen werden wie normale Wandflächen berechnet. Mehrteilige Fassadenflächen werden abgewickelt.
Zusammengesetzte Flächen werden in berechenbare Einzelflächen zerlegt und addiert.

Rechnerische Abwicklung

$$A = (14{,}80 + 10{,}40) \cdot 2 \cdot 8{,}60 + 2 \cdot \frac{10{,}40 \cdot 6{,}20}{2} = \mathbf{497{,}92\ m^2}$$

Aufgaben

1 Ordnen Sie die Abwicklungen den Gebäudezeichnungen auf Seite 27 zu.

2 Stellen Sie die Maßansätze für diese Fassaden auf und errechnen Sie die Flächen:

a)

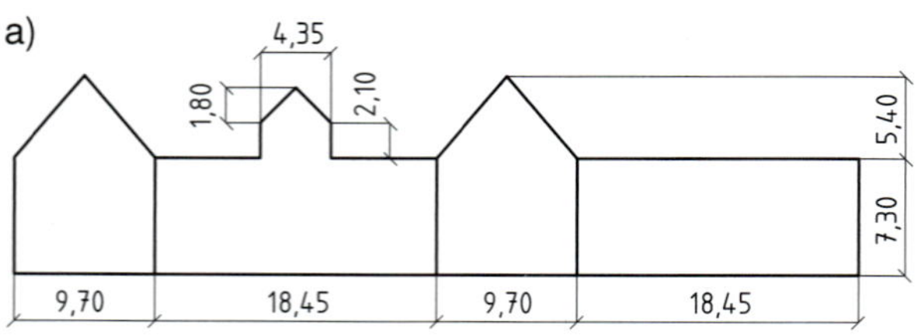

b)

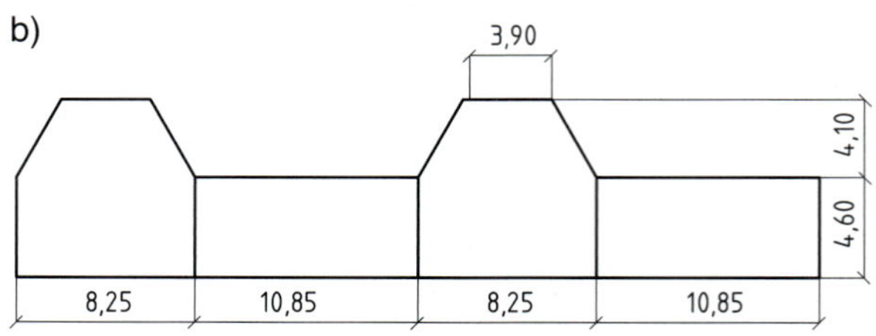

c)

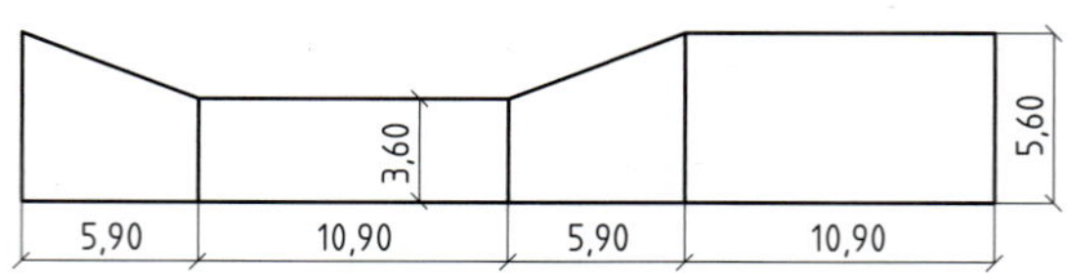

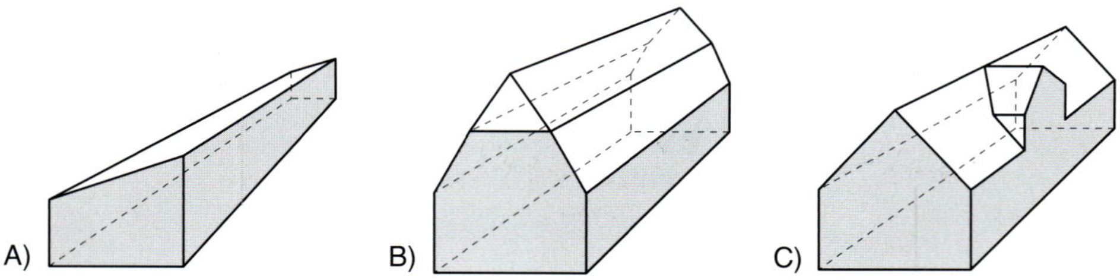

3 Schreiben Sie die Maßansätze für die Fassadenflächen und berechnen Sie diese:

a)

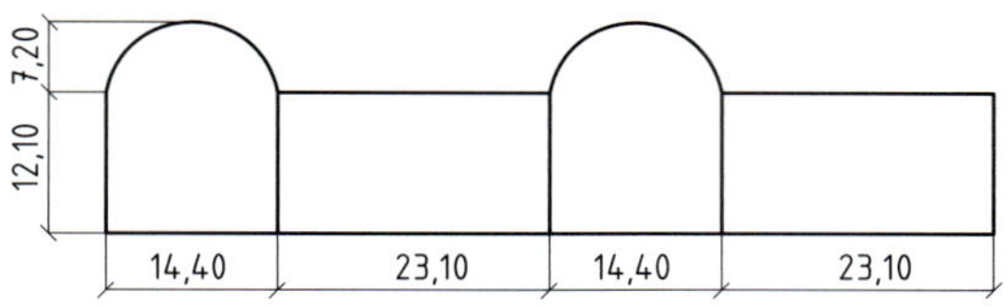

b)

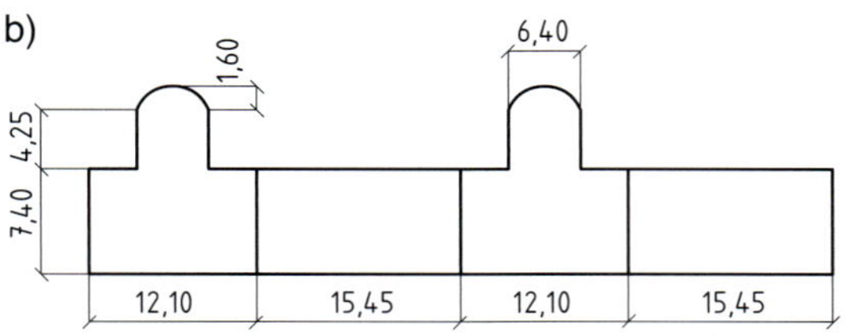

c)

d)

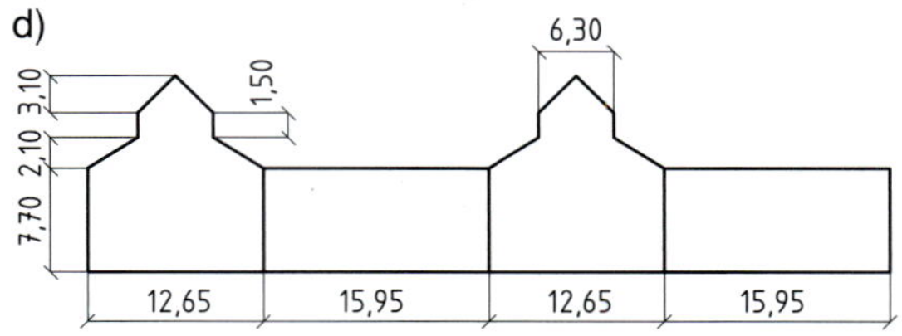

Leibungen durch Abwicklung berechnen

Beispielaufgabe

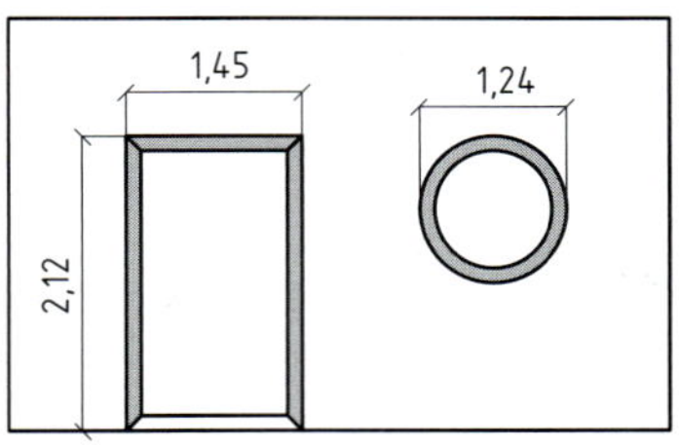

Die Leibungen eines Durchganges und eines runden Durchbruchs (Abb.) wurden in Schleiflacktechnik gestaltet. Wie groß ist die abzurechnende Fläche?

Leibungstiefe: 0,38

Leibungen an Fenstern, Türen (als Futter), Nischen und Durchgängen werden meistens im Wandton mitgestrichen oder farblich abgesetzt. Zur Berechnung sind sie abzuwickeln. Bei den meisten Leibungen werden nur 3 Seiten behandelt, Türen haben unten eine Schwelle, Fenster meistens eine Fensterbank.

Rechenregel mit Beispiellösung

Die **Seitenlängen** und die **Breite** der Leibung werden zu einer Länge **addiert** und mit der **Tiefe multipliziert.**
Bei bogenförmigen oder elliptischen Formen wird der Umfang nach Formel berechnet und mit der Tiefe multipliziert.

$A_1 = (1{,}45 + 2{,}12 \cdot 2) \cdot 0{,}38 = \mathbf{2{,}16\ m^2}$

$A_2 = 1{,}24 \cdot 3{,}14 \cdot 0{,}38 = \mathbf{1{,}48\ m^2}$

***A* = Umfang · Leibungstiefe**

Aufgaben

1 Die Leibung einer Tür mit Schwelle ist zu berechnen.

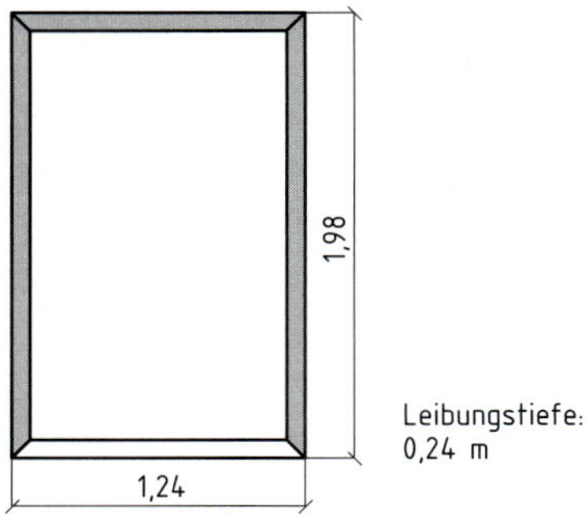

2 Die Leibung einer Rundbogentür ist aufzumessen.

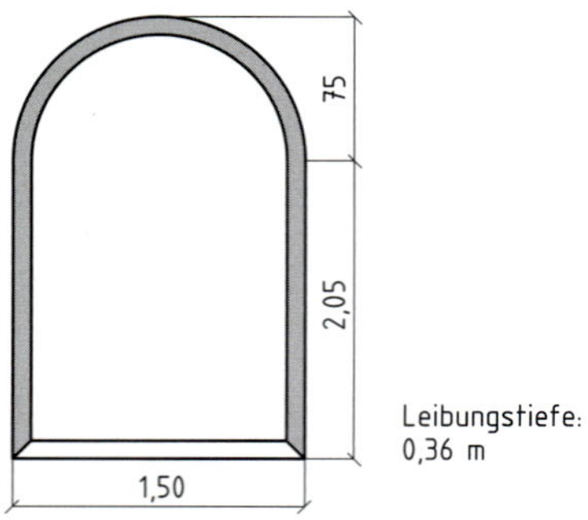

3 Wie groß ist die Fläche der Leibung des Oberlichts?

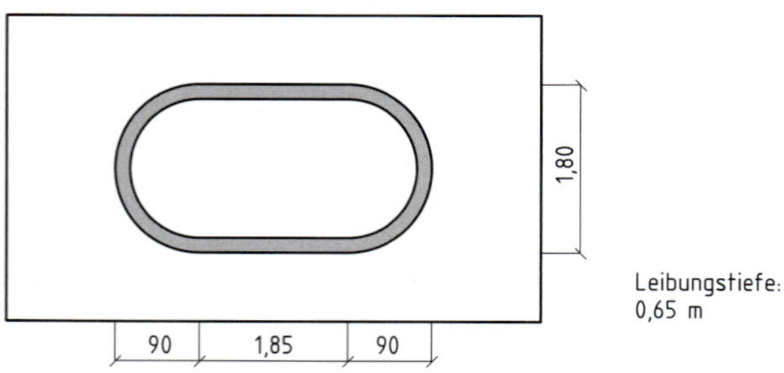

4 Die Leibungen von 5 Türen sind zu berechnen, schreiben Sie den Ansatz.

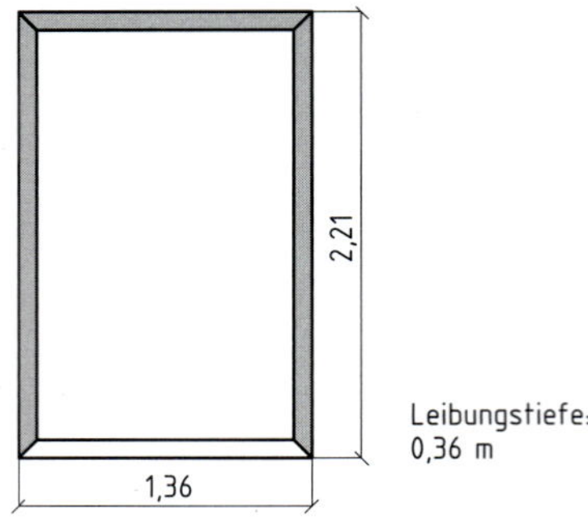

5 Die Leibung eines bogenförmigen Durchgangs wird verkleidet, schreiben Sie den Ansatz zur Berechnung.

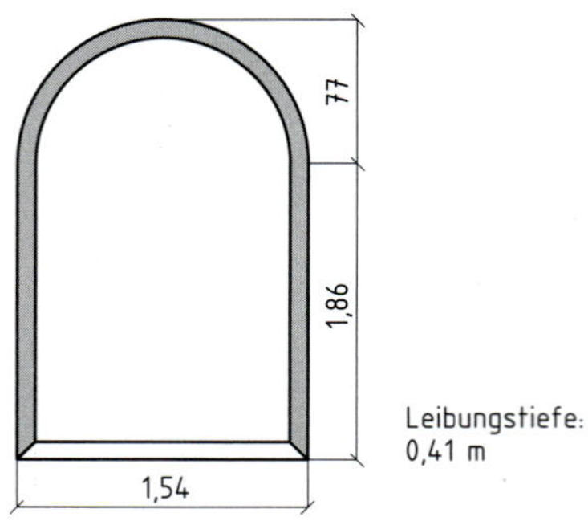

6 Eine Decke mit elliptischem Oberlicht wird gestrichen.
Schreiben Sie den Ansatz für die Oberlichtleibung.

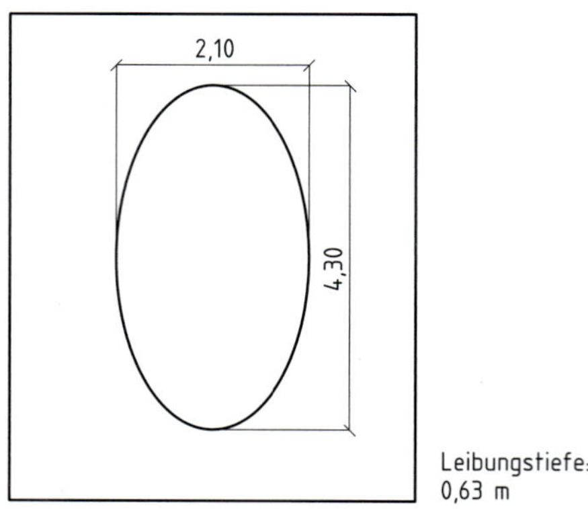

Öffnungen nach VOB abziehen

Beispielaufgabe

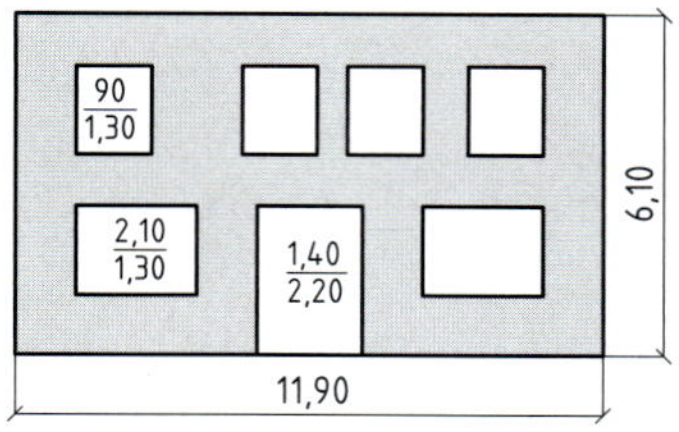

Die Anstrichfläche einer Fassade mit Fenster- und Türöffnungen ist zu ermitteln.
Der Ansatz ist nach VOB aufzustellen und auszurechnen.

Fenster, Türen, Nischen und andere Öffnungen, die sich in Wänden oder Decken befinden, werden in den meisten Fällen von der Beschichtung ausgenommen oder anders behandelt.
Bei der Berechnung von Flächen mit Öffnungen hat der Maler und Lackierer besondere Vorschriften zu beachten.

Rechenregel mit Beispiellösung

Alle Öffnungen, Nischen und Aussparungen mit einer **Einzelgröße bis 2,50 m²** werden **übermessen,** d. h. von der Fläche **nicht abgezogen.**

$$
\begin{aligned}
A = 11{,}90 \cdot 6{,}10 &= 72{,}59 \\
-\,2 \cdot 2{,}10 \cdot 1{,}30 &= -5{,}46 \\
-\,1{,}40 \cdot 2{,}20 &= -3{,}08 \\
\hline
&\mathbf{64{,}05\ m^2}
\end{aligned}
$$

4 Fenster 0,90 · 1,30 bleiben nach VOB unberücksichtigt!

Aufgaben

1 Schreiben Sie die Maßansätze für die Flächen (Abzüge nach VOB berücksichtigen) und berechnen Sie die Flächen:

a)

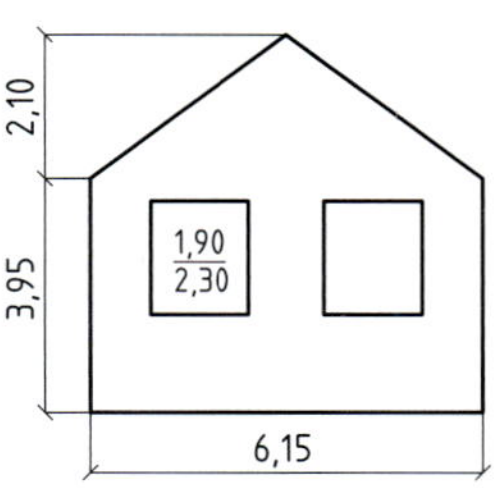

b)

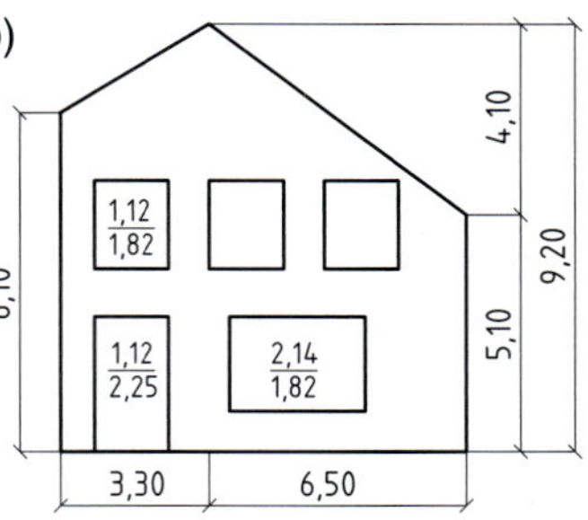

c)

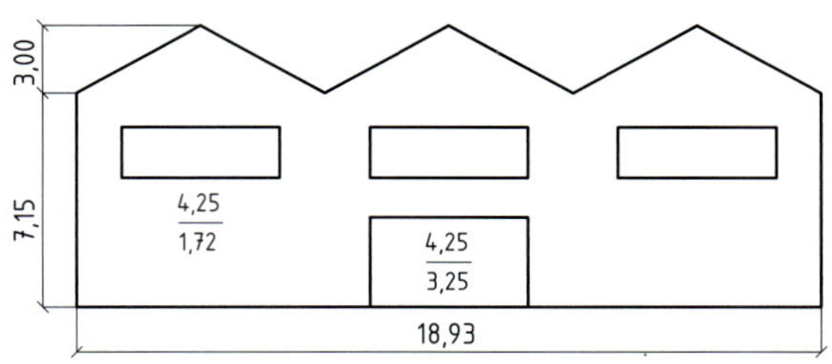

d)

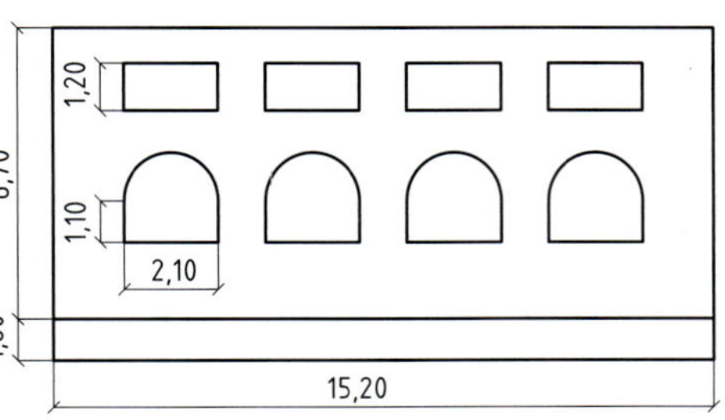

e)

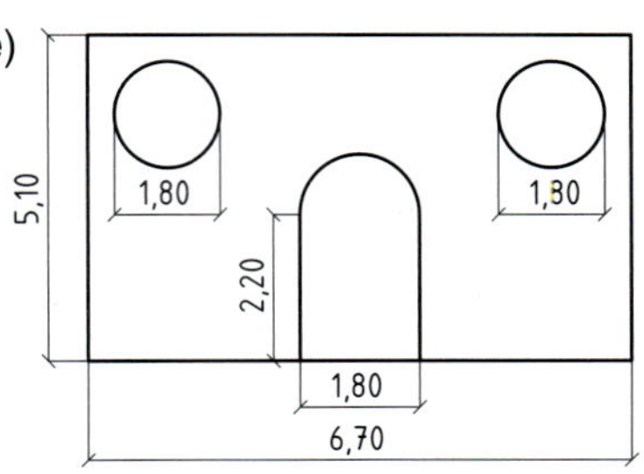

Die Wand e) ist beidseitig zu streichen, wie viel m² sind das insgesamt?

2 Berechnen Sie die Wand- und Deckenflächen nach VOB (Straßen- bzw. Fensterlage, Abzüge beachten!):

a)

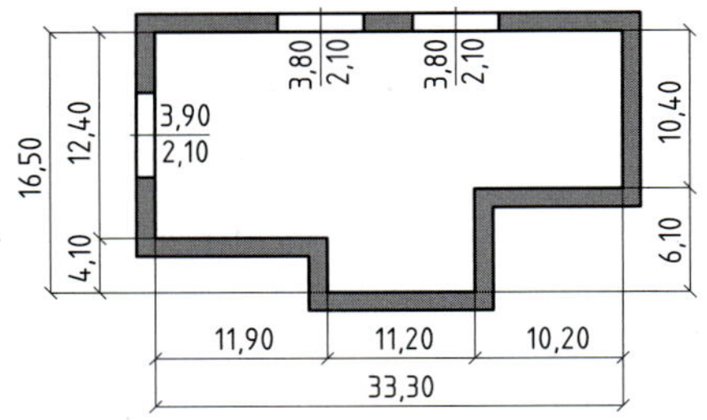

Höhe: 4,25 m

b)

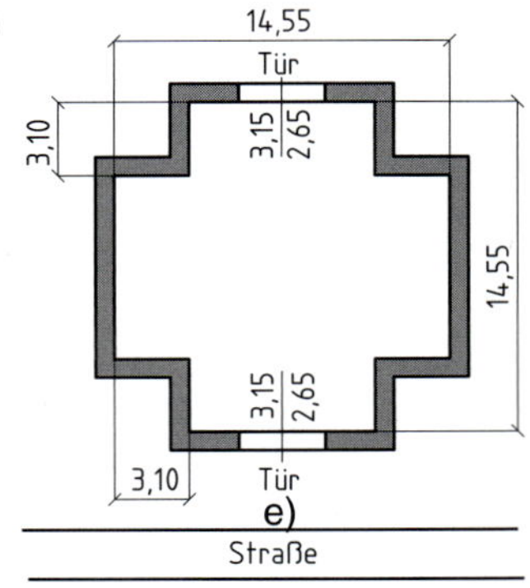

Höhe: 4,15 m

c)

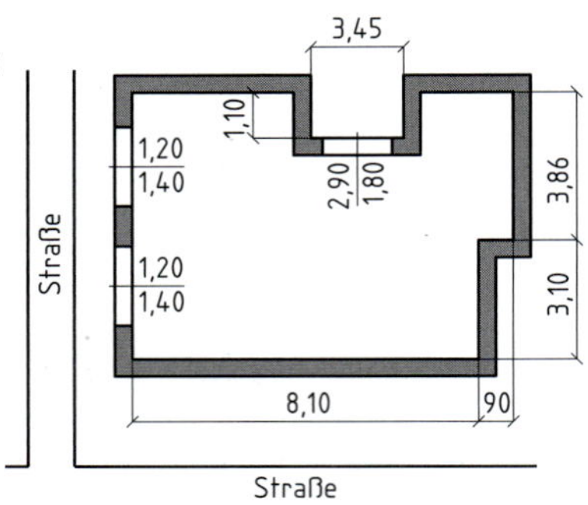

Höhe: 3,95 m

d)

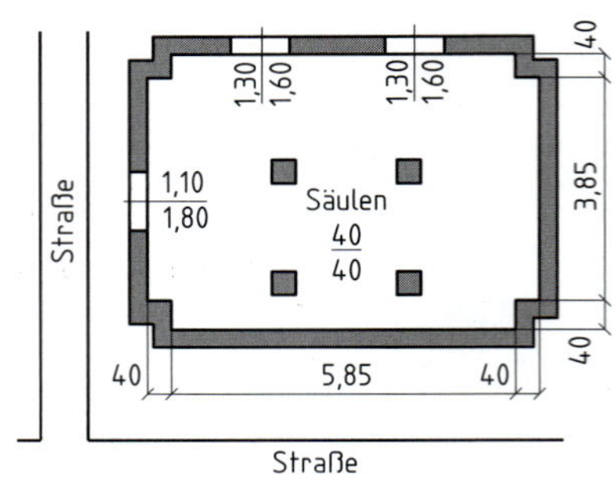

Höhe: 2,85 m

Leibungsflächen nach VOB zurechnen

Beispielaufgabe

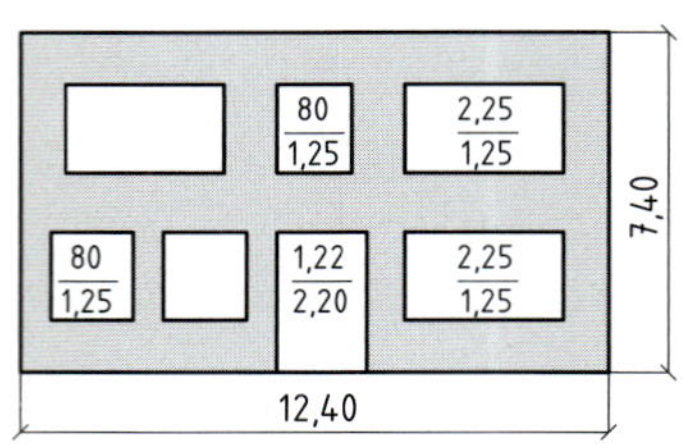

Die Anstrichfläche einer Fassade mit Fenster- und Türöffnungen ist zu ermitteln, die Fenster- und Türleibungen wurden mitbeschichtet.
Der Ansatz ist nach VOB aufzustellen und die Fläche zu berechnen.

Leibungstiefe: 0,16 m

Fenster, Türen und andere Öffnungen in Wänden und Decken haben in den meisten Fällen Leibungen, die oft mitbeschichtet werden.
Zur Vereinheitlichung der Berechnung sind auch hier in der VOB Richtlinien festgeschrieben worden.

Rechenregel mit Beispiellösung

Leibungen von Öffnungen, Nischen und anderen Aussparungen **über 2,50 m²** Einzelfläche werden der Beschichtungsfläche **zugerechnet.**
Dieses gilt für ganz und teilweise beschichtete Leibungen.

Im Maßansatz werden **erst Zuzüge, dann Abzüge** geschrieben.

$A = 12{,}40 \cdot 7{,}40$	$= 91{,}76$
$+\,3 \cdot (2{,}25 + 1{,}25 \cdot 2) \cdot 0{,}16$	$= +2{,}28$
$+\,(1{,}22 + 2{,}20 \cdot 2) \cdot 0{,}16$	$= +0{,}90$
$-\,3 \cdot 2{,}25 \cdot 1{,}25$	$= -8{,}44$
$-1{,}22 \cdot 2{,}20$	$= -2{,}68$
	83,82 m²

3 Fenster 0,80 · 1,25 bleiben nach VOB unberücksichtigt!

Aufgaben

Schreiben Sie die Maßansätze und berechnen Sie die Flächen nach VOB:

1 Die Fenster- und Türleibungen werden mitgestrichen:

a)

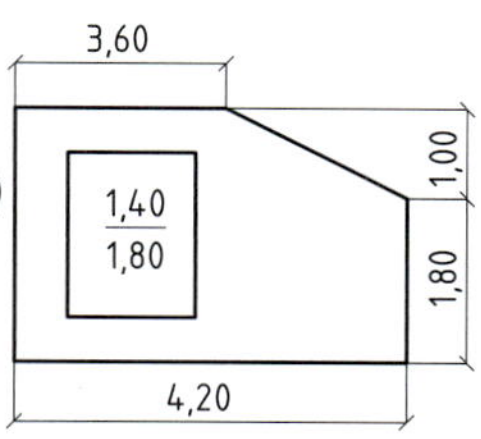

Leibungstiefe: 0,12 m

b)

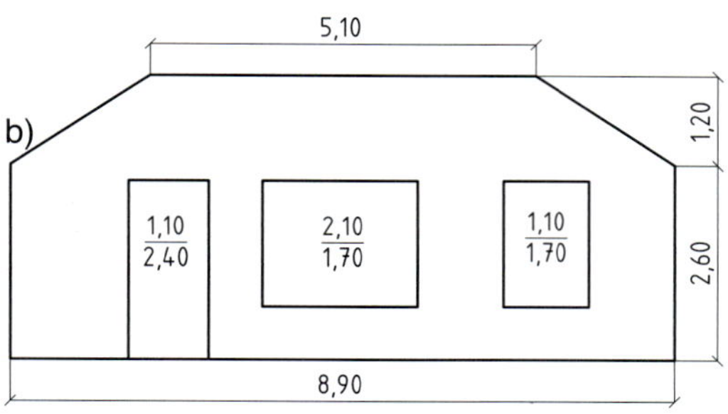

Leibungstiefe: 0,14 m

c)

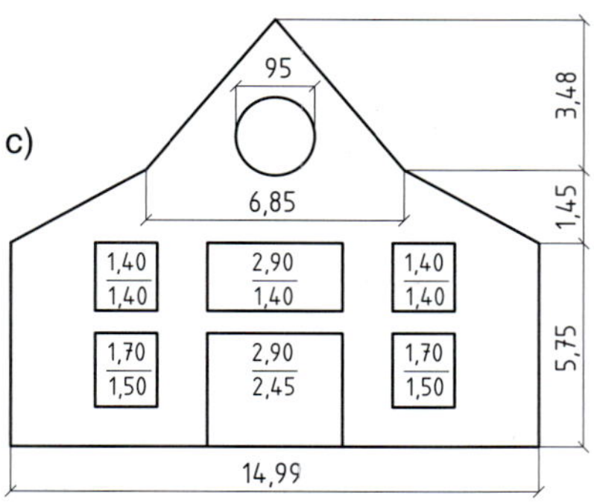

Leibungstiefe: 0,05 m

d)

Leibungstiefe: 0,12 m

2

a) Berechnen Sie diese Deckenfläche, abzüglich des Oberlichtes.

b) Wie viel Deckenfarbe wird benötigt bei einem m²-Verbrauch von 420 g?

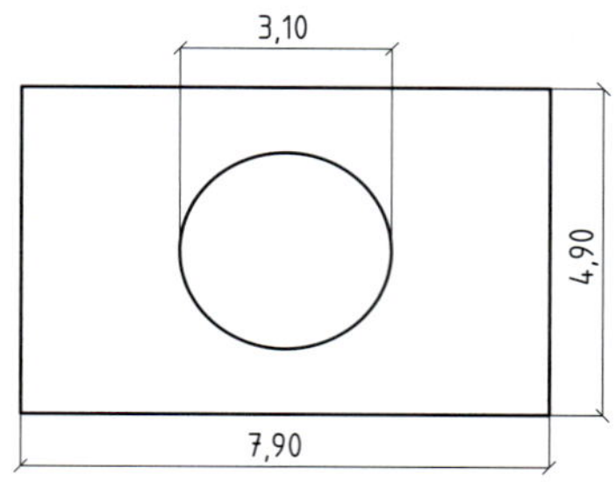

ohne Leibung!

3

a) Wie viel m² ergibt diese Wandfläche, wenn sie beidseitig tapeziert wird?

b) Berechnen Sie den Preis für die Arbeit bei einem m²-Preis von 9,25 €.

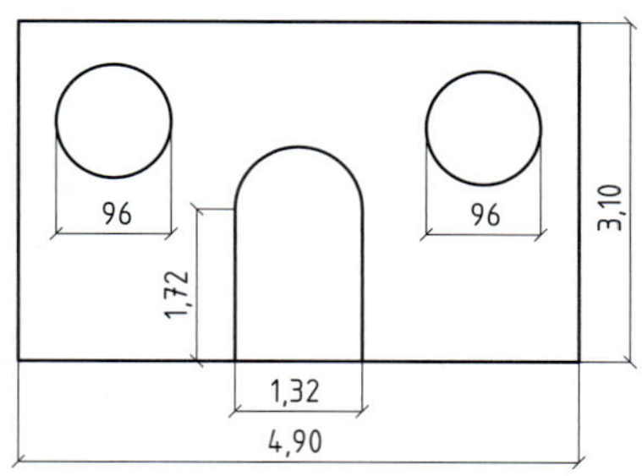

Leibungstiefe: 0,32 m

4

a) Die Decke dieses Saales ist zu streichen. Wie viel m² sind zu berechnen?

b) Wie hoch ist der Zeitaufwand? 1 m² dauert 6 Min.

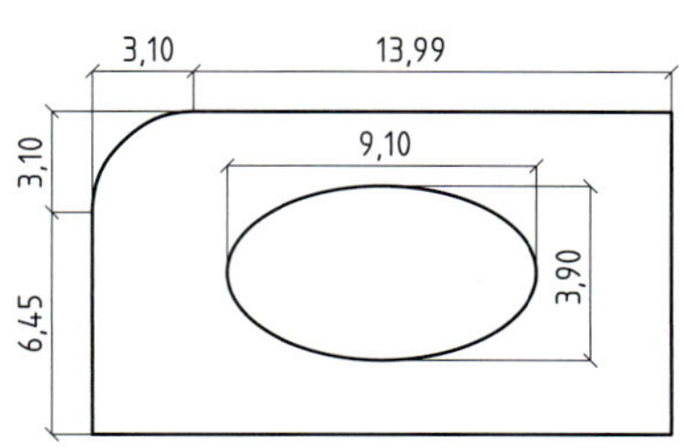

Leibungstiefe: 0,55 m

5
a) Berechnen Sie die Fläche dieser Hallenwand.
b) Berechnen Sie den Preis: 1 m^2 kostet 10,30 €.

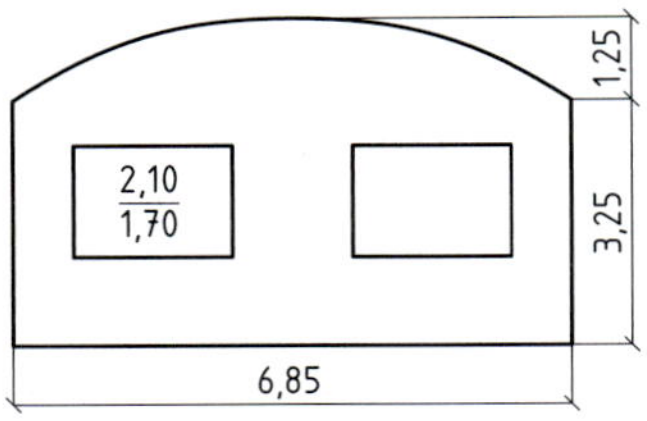

Leibungstiefe:
0,24 m

6 Die Fassade dieser Werkstatt wird mit Wärmedämmplatten verkleidet. Wie viel m^2 werden benötigt?

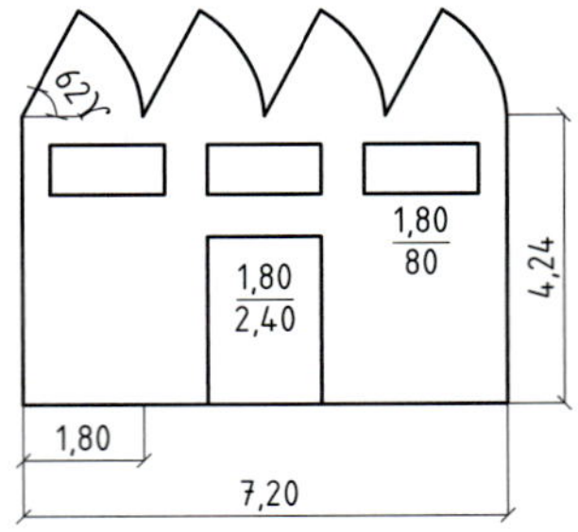

Leibungstiefe:
0,12 m

7 Berechnen Sie Wand- und Deckenflächen unter Berücksichtigung der VOB-Regeln. Fensterleibungen werden mitgestrichen.
Leibungstiefe: Haus a = 0,14 m, Haus b = 0,12 m

a)

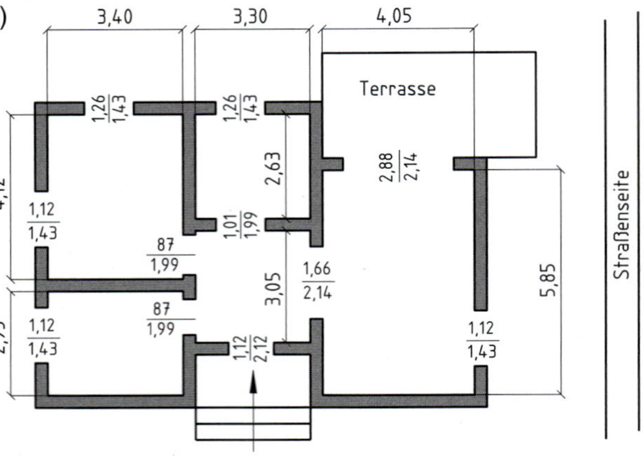

Wandhöhe: 2,54 m

b)

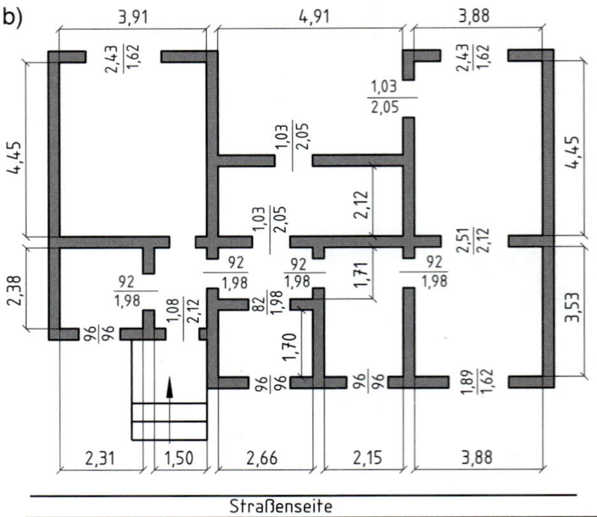

Wandhöhe: 2,48 m

Fachwerkfassaden berechnen

Beispielaufgabe

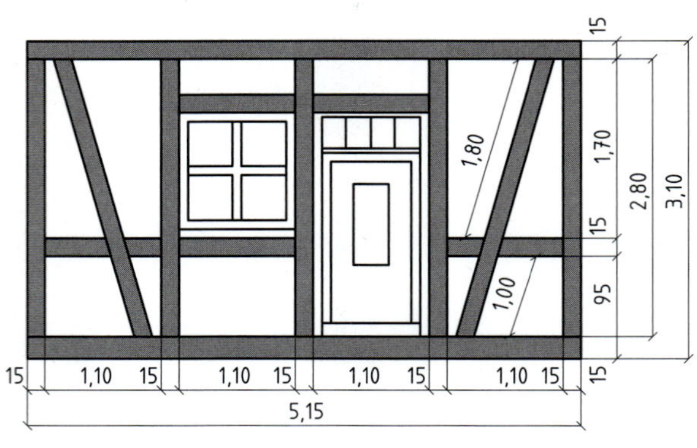

Eine Fachwerkfassade wurde renoviert. Die Anstrichflächen sind nach VOB zu errechnen.

Fenster: 1,10 · 1,20
Tür: 1,10 · 2,30

Fachwerkfassaden sind in vielen Gegenden Deutschlands anzutreffen, sie zeigen regionale Unterschiede. Bei der Berechnung der Anstrichflächen werden in jedem Fall die Regeln der VOB angewandt.

Wie werden die Bauteile von Fachwerkfassaden benannt?

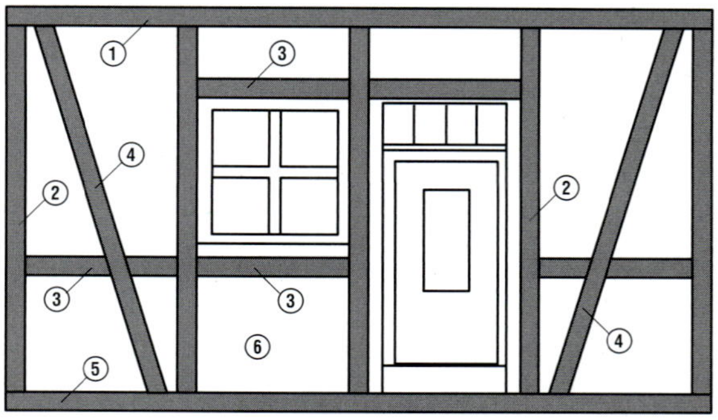

① Rahmen / Rähm
② Ständer / Stil / Pfosten
③ Riegel
④ Strebe
⑤ Schwelle
⑥ Gefach

Rechenregeln

Bei der Berechnung der Anstrichfläche werden Öffnungen und Leibungen wie bei anderen Flächen behandelt. Holzbalken bis zu einer Einzelbreite von 0,30 m werden übermessen.

Werden diese in einer anderen Technik bearbeitet, z. B. abgesetzt, so erfolgt eine zusätzliche Berechnung nach Längenmaß.

Reihenfolge im Maßansatz:
waagerechte Hölzer + senkrechte Hölzer + restliche Hölzer (Streben usw.)

Beispiellösung

$A = 5{,}15 \cdot 3{,}10 \quad = 15{,}97$
$\quad - 1{,}10 \cdot 2{,}30 = -2{,}53$
Anstrichfläche: **13,44 m²**

Hölzer:
$2 \cdot 5{,}15 + 5 \cdot 1{,}10 + 5 \cdot 2{,}80 + 2 \cdot 1{,}00 + 2 \cdot 1{,}80 =$ **35,40 m**

Aufgaben

1 Ein Fachwerkhäuschen erhält einen Überholungsanstrich. Die Gefache werden mit einer Silikatfarbe zweimal beschichtet, die Holzbalken erhalten eine 3-fache Holzimprägnierung.

a) Berechnen Sie die Fläche der Gefache.
b) Berechnen Sie die Länge der Holzbalken.
c) Wie viel Silikatfarbe wird benötigt (Verbrauch für 1. Anstrich: 150 ml/m²,
 2. Anstrich: 200 ml/m²)?
 Wie hoch wird der Werkstoffpreis (1 ℓ = 3,20 €)?
d) Wie viel Holzimprägnierung wird benötigt (Verbrauch für 110 ml/m² je Arbeitsgang)?
 Wie hoch wird der Werkstoffpreis (1 ℓ = 6,80 €)?

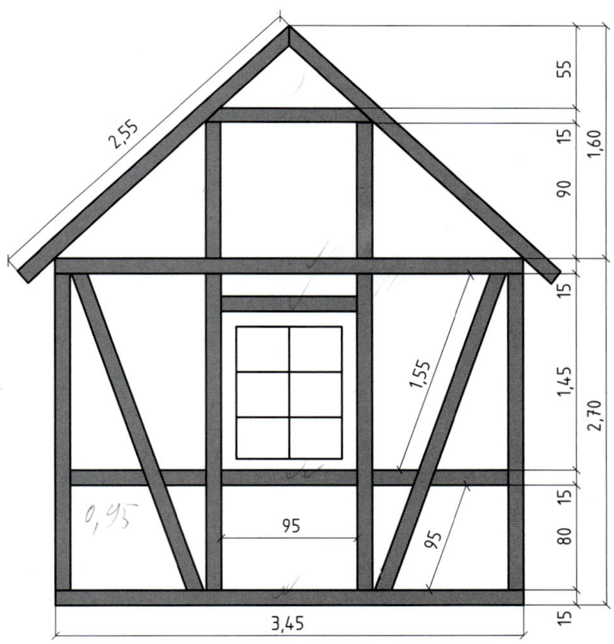

2 Diese Fachwerkfassade wird renoviert.
Die Gefache sollen mit einer Silikonharzfarbe beschichtet werden, die Holzbalken mit einer lösemittelhaltigen Holzschutzlasur.

a) Berechnen Sie die Fläche der Gefache.
b) Berechnen Sie die Gesamtlänge der Holzbalken.

Stellen Sie eine Materialverbrauchsberechnung auf:

c) Wie viel Silikonharzfarbe wird für einen 2-maligen Anstrich benötigt (Verbrauch 150 ml/m² je Arbeitsgang)?
d) Wie viel Holzschutzlasur wird für 3 Anstriche benötigt (Verbrauch 90 ml/m² je Arbeitsgang)?

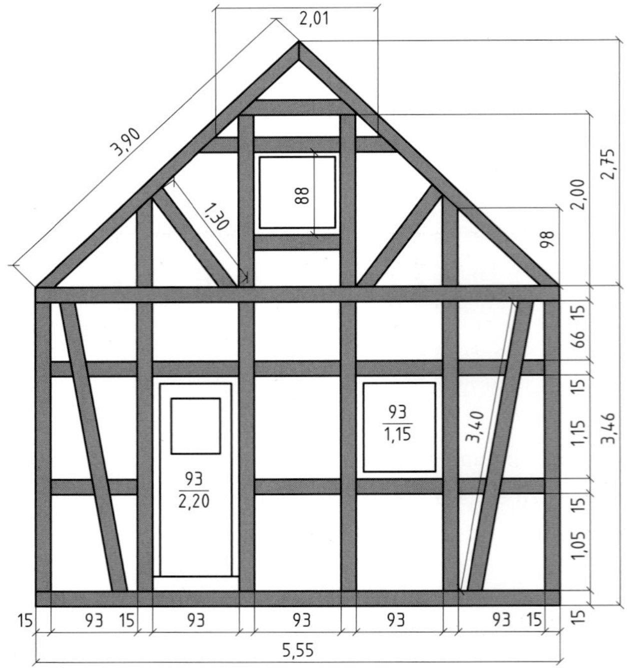

3 Die Fassade aus Fachwerk mit Putz-Untergeschoss soll renoviert werden.

Berechnen Sie

a) die Putzfläche, einschließlich Sockel,
b) die Fläche der Gefache,
c) die Länge der Holzbalken.

Stellen Sie eine Kostenberechnung zusammen für die

d) Putzfläche:
   Lohnpreis 13,20 € je m²,
   Werkstoffpreis 2,40 € je m²
e) Gefache:
   Lohnpreis 22,45 € je m²,
   Werkstoffpreis 2,80 € je m²
f) Holzbalken:
   Lohnpreis 12,10 € je m²,
   Werkstoffpreis 0,55 € je m

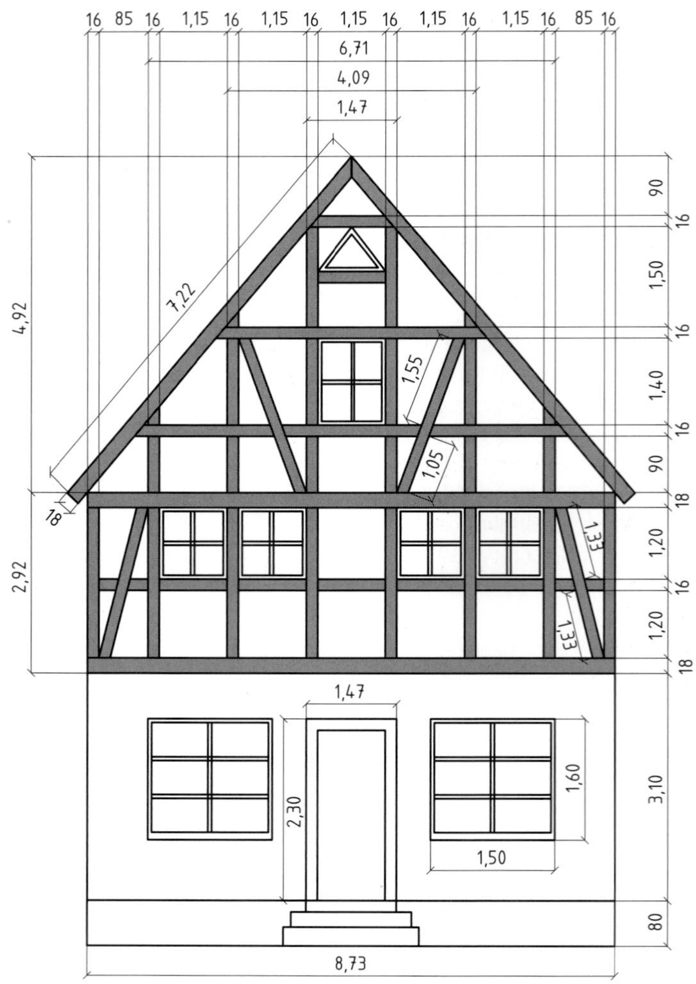

Türflächen berechnen

Beispielaufgabe

Die Anstrichfläche einer Zimmertür ist zu berechnen (beidseitig).

Maße:			
lichte Breite:	0,90 m	Türblattbreite:	0,94 m
lichte Höhe:	2,00 m	Türblatthöhe:	2,02 m
Futtertiefe:	0,20 m	Bekleidungsbreite:	0,10 m

Türen werden nach der Art ihrer Konstruktion unterschieden, so sind Neubautüren meistens vollkommen glatt, während ältere Modelle oft Füllungen und Falze haben. Diese Besonderheiten haben für das Aufmaß keine Bedeutung. Glaseinsätze mit und ohne Sprossen sowie anders gestaltete Füllungen werden nach VOB übermessen.

Wie werden die Teile von Türen benannt?

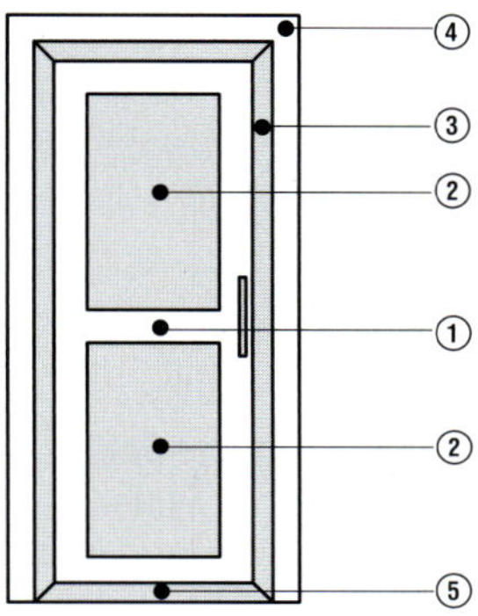

① Türblatt
② Füllungen
③ Futter
④ Bekleidung
⑤ Schwelle

Welche Maße werden von Türen genommen?

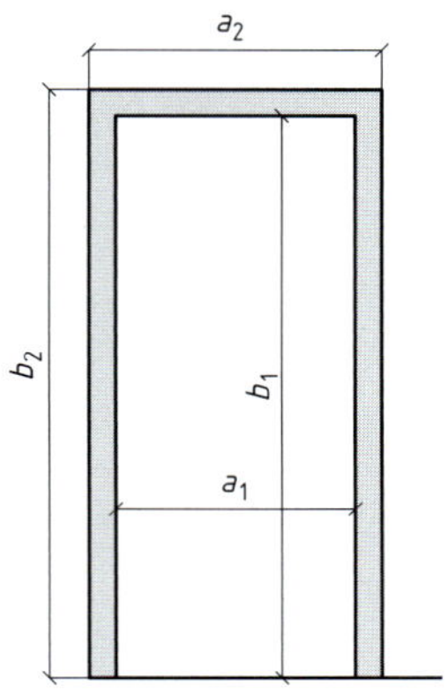

a_1 = lichte Breite
b_1 = lichte Höhe

wenn keine weiteren Maße angegeben sind, gelten diese für das Türblatt

Türblattbreite
Türblatthöhe

Futtertiefe
Bekleidungsbreite

Größtes Ausbaumaß

a_2 = lichte Breite + 2 · Bekleidungsbreite
b_2 = lichte Höhe + 1 · Bekleidungsbreite

Rechenregeln

Türflächen werden nach m² Anstrichfläche berechnet.
Mehrere gleiche Türen werden nach Stück in Rechnung gestellt.
Werden Türfutter und Bekleidung anders behandelt als das Türblatt, so müssen sie gesondert berechnet werden.
Falze über 60 mm Dicke werden zusätzlich durch Abwicklung berechnet.

Beispiellösung

Türblatt beidseitig:
Breite · Höhe · 2 — $0{,}94 \cdot 2{,}02 \cdot 2 = 3{,}80\ m^2$

Futter und beidseitige Bekleidung (Abwicklung):
(lichte Breite + lichte Höhe · 2) ·
(Futtertiefe + Bekleidungsbreite · 2) — $(0{,}90 + 2{,}00 \cdot 2) \cdot (0{,}20 + 0{,}10 \cdot 2) = 1{,}96\ m^2$

5,76 m²

In der Praxis noch übliche Berechnung

Türblatt mit Bekleidung

(lichte Breite + Bekleidungsbreite · 2) · (lichte Höhe + Bekleidungsbreite)
bei beidseitigem Anstrich mal 2
= größtes Ausbaumaß

Futter

Das Futter wird abgewickelt:
(lichte Breite + lichte Höhe · 2) · Futtertiefe
= Futterfläche

Beispiellösung

Tür einseitig ohne Futter:

$= (0{,}90 + 0{,}10 \cdot 2) \cdot (2{,}10 + 0{,}10)$
$1{,}10 \cdot 2{,}20 = 2{,}42\ m^2$

Futter:

$A = (0{,}90 + 2{,}10 \cdot 2) \cdot 0{,}20 = 1{,}02\ m^2$

Tür einseitig mit Futter:

$A = 1{,}10 \cdot 2{,}20 + (0{,}90 + 2{,}10 \cdot 2) \cdot 0{,}20 = 3{,}44\ m^2$

Tür beidseitig mit Futter:

$A = 1{,}10 \cdot 2{,}20 \cdot 2 + (0{,}90 + 2{,}10 \cdot 2) \cdot 0{,}20 = \mathbf{5{,}86\ m^2}$

Aufgaben

Stellen Sie die Maßansätze auf und berechnen Sie die Türen mit folgenden Maßen:

lichte Breite	lichte Höhe	Futter	Beklei-dung	
0,89 m	1,98 m	0,24 m	0,11 m	beidseitig mit Futter
1,12 m	2,16 m	0,32 m	0,16 m	einseitig mit Futter
2,12 m	2,05 m		0,12 m	einseitig ohne Futter

lichte Breite	lichte Höhe	Futter	Beklei-dung	
0,98 m	2,02 m	0,22 m	0,06 m	7 Stück, beidseitig mit Futter
1,05 m	2,08 m	0,28 m	0,14 m	4 Stück, beidseitig mit Futter, + 3 Stück einseitig ohne Futter

Fensterflächen berechnen

Beispielaufgaben

In einem Altbau sind 3 unterschiedliche Arten von Fenstern zu berechnen (s. Zeichnung). Die Fenster sind in ihrem lichten Maß gleich.
Welche Preisunterschiede ergeben sich bei der Abrechnung (m^2-Preis: 18,30 €)?

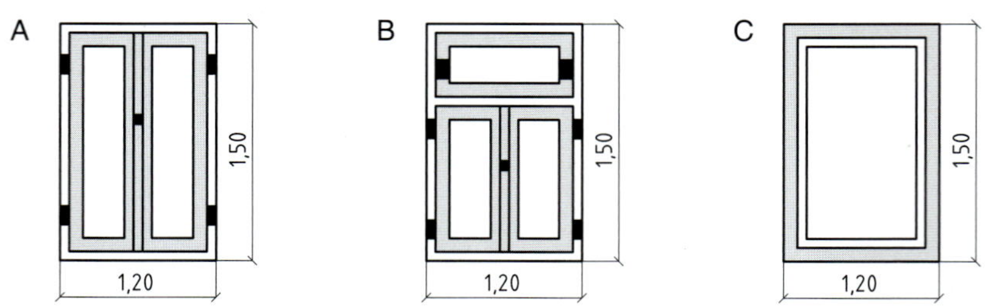

Fenster aus Holz, aber auch aus Metall und Kunststoff, sind für den Maler und Lackierer ein wichtiges Anstrichobjekt. Im Laufe der Jahre hat sich eine Vielfalt von Fensterarten entwickelt, die bei der Berechnung der geleisteten Arbeit unterschiedlich gehandhabt werden müssen.

Welche Unterschiede bestehen bei der Berechnung verschiedener Fensterarten?

Für die Beschichtung von Fenstern mit mehreren Flügeln oder Sprossen entsteht mehr Zeit- und Werkstoffaufwand als für Normalfenster.
So wird der Aufwand für Fenster B ca. 20 % höher liegen als für A und für Fenster C ca. 20 % niedriger.
Dieser %-Satz wird am Schluss beim Preis berücksichtigt.

Rechenregel mit Beispiellösungen

Fenster werden nach Fläche je Anstrichseite berechnet. Grundlage bilden die lichte Breite und die lichte Höhe.

Scheiben und Falze werden nicht berücksichtigt.

Der Mehraufwand wird nach einem %-Satz in Erschwernisfaktoren umgerechnet.
Z.B.
100 % = Faktor 1
120 % = Faktor 1,2
80 % = Faktor 0,8

li. Breite · li. Höhe · Quadratmeterpreis · Faktor = Seitenpreis

A Normalfenster

1,20 · 1,50 = 1,80 m²
1,80 · 18,30 = **32,94 €** je Seite

B Dreiflügelfenster mit Kämpfer

20 % Mehraufwand
120 % vom Normalfenster, Faktor 1,2
1,80 · 18,30 · 1,2 = **39,53 €**

C Einfachfenster

20 % Minderaufwand
80 % vom Normalfenster, Faktor 0,8
1,80 · 18,30 · 0,8 = **26,35 €**

Beispiele für Berechnungsfaktoren

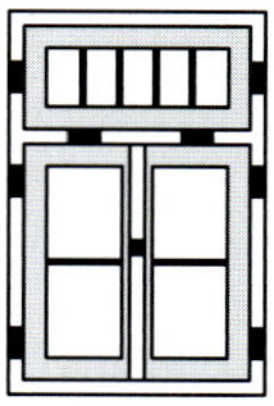

Dreiflügelfenster mit Kämpfer unten 1 Sprosse
Oberlicht mehrere Sprossen

Faktor: 1,6

Vierflügelfenster mit Kämpfer und Sprossen

Faktor: 1,9

Zweiflügelfenster mit einem Drehkippflügel

Faktor: 1

(kein Zuschlag)

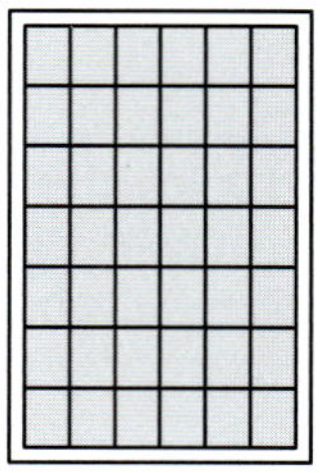

Fabrikfenster

Faktor: 2,8

Aufgaben

1 6 Fenster werden beidseitig gestrichen, lichte Breite 1,86 m, lichte Höhe 1,51 m.
Preis je m² 17,95 €, Faktor 1,6.
a) Wie hoch ist der Seitenpreis?
b) Wie hoch ist der Gesamtpreis?

2 12 Fabrikfenster, je 4,17 m², werden beidseitig lackiert, m²-Preis 17,85 €, Faktor 2,4. Wie hoch ist der Gesamtpreis?

3 4 Dreiflügelfenster (Faktor 1,2),
Maße i. L. 1,60 · 1,60 m, werden beidseitig renoviert.
Für 1 m² sind 19,10 € zu zahlen.
a) Was kostet ein Fenster?
b) Wie hoch ist der Gesamtpreis?

4 6 Vierflügelfenster mit Kämpfer und Sprossen, 1,26 · 1,86 i. L., und 8 Einfachfenster 1,26 · 1,26 i. L. werden außen renoviert. Wie hoch ist der Gesamtpreis, wenn für 1 m² 14,15 € angesetzt werden?

5 Berechnen Sie den Seitenpreis für folgende Fenster (m^2-Preis: 28,35 €). Maße i. L. jeweils 1,25 · 1,75.

a) Vierflügelfenster mit Kämpfer, untere Flügel mit Sprossen

150 = 50 % Zuschlag

b) Dreiflügelfenster mit Kämpfer, untere Flügel ohne, Oberflügel mit mehreren Sprossen

140 = 40 % Zuschlag

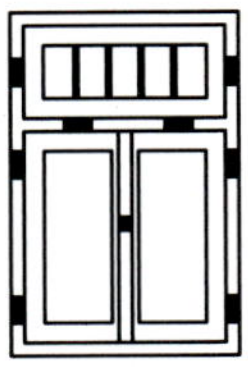

c) Vierflügelfenster mit Kämpfer, ohne Sprossen

125 = 25 % Zuschlag

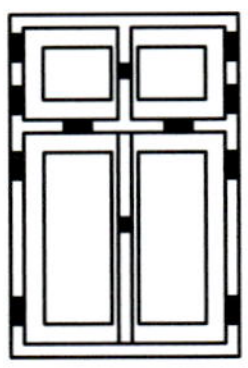

6 Berechnen Sie die Kosten für die beidseitige Renovierung folgender Fenster in einem Umbau.
Als Preis wird für 1 m^2 20,40 € angegeben.

a) Was kostet jede Position im Einzelnen?
b) Wie hoch ist der Rechnungspreis insgesamt einschließlich Mehrwertsteuer?

Stück	Art	Faktor	Maße im Lichten
4	Zweiflügelfenster	1	2,16 · 1,62
6	Einfachfenster	0,8	1,26 · 1,62
6	Dreiflügelfenster mit Sprossen	1,2	1,26 · 1,26
2	Einfachfenster mit Sprossen	1,8	0,86 · 1,12

Treppenflächen berechnen

Beispielaufgabe

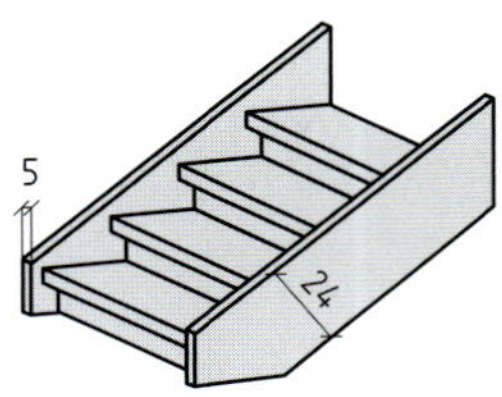

Die Laufseite und die Wangen einer Treppe mit 6 Stufen werden mit PUR-Lack versiegelt. Die Maße sind zu ermitteln, die Fläche ist zu berechnen.

Nach der Bauart unterscheidet man verschiedene Treppenformen: gerade Treppen, Wendeltreppen und gerade Treppen mit Wendelstufen. Zur Behandlung durch den Maler und Lackierer kommen die Laufseiten (Stufen), Untersichten und Wangen infrage.

Wie werden die Teile von Treppen benannt?

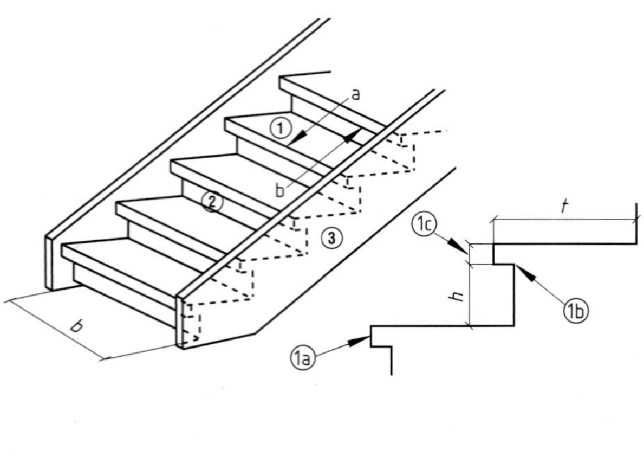

① Trittstufe (Auftritt) mit
- (1a) Stufennase
- (1b) Unterkante
- (1c) Stufendicke

② Setzstufe (Stoßbrett)
③ Wange

Stufenmaße:
b = Stufenbreite
t = Stufentiefe
h = Steigungshöhe

Achtung, pro Treppenlauf ist immer eine Setzstufe mehr als Trittstufen: Die oberste Stufe gehört zum Podest bzw. Fußboden.

Rechenregeln

Bei der Berechnung von Treppen unterscheidet man:
Aufmaß der Trittstufen
Aufmaß der Setzstufen
Aufmaß der Wangen

Werden Tritt- und Setzstufen gleich behandelt, so werden sie abgewickelt, bei unterschiedlicher Behandlung werden sie gesondert aufgemessen.
Treppenuntersichten werden abgewickelt.
Gewendelte Stufen werden einzeln aufgemessen.

Beispiellösung

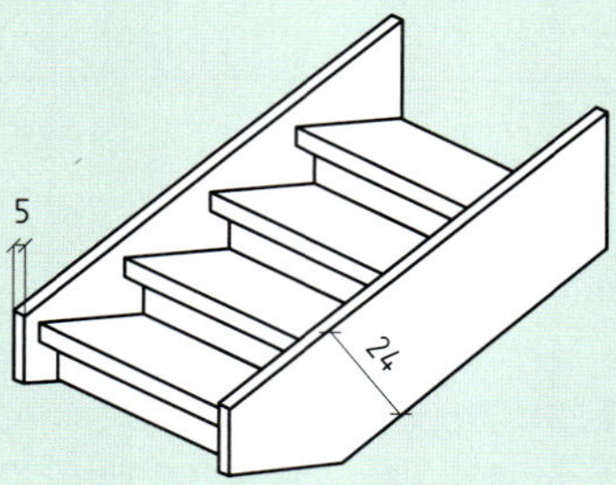

Maße der Treppe:		
Stufenbreite:	1,05	m
Stufentiefe:	0,28	m
Stufendicke:	0,05	m
Steigungshöhe:	0,17	m
Stufenunterkante:	0,04	m
Wangenlänge:	2,45	m
Wangenbreite:	0,24	m
Wangenstärke:	0,05	m

Die Stufen werden zur Berechnung abgewickelt, da sie in gleicher Weise behandelt werden.

6 Trittstufen + 7 Setzstufen

$A = [6 \cdot (0{,}28 + 0{,}04 + 0{,}05) + 7 \cdot 0{,}17] \cdot 1{,}05 = 3{,}58$

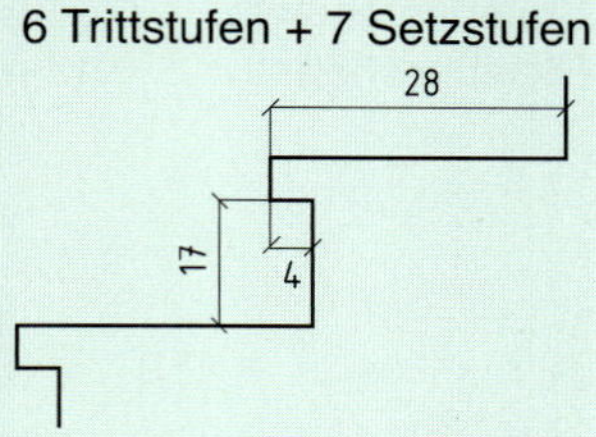

2 Wangenseiten (außen)

$A = 2 \cdot 2{,}45 \cdot (0{,}24 + 0{,}05) = 1{,}42$

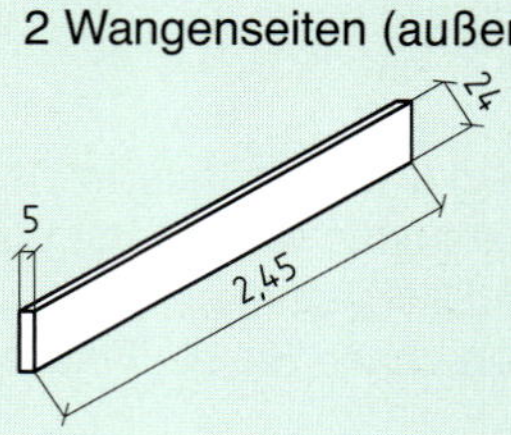

2 Wangenseiten (innen)

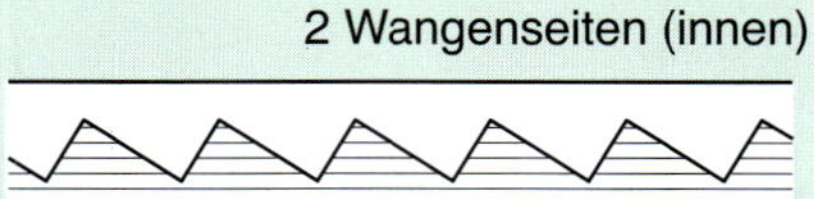

Die Innenseiten bestehen aus je der Hälfte der Außenfläche ohne Oberkante.

$$A = 2 \cdot \frac{2{,}45 \cdot 0{,}24}{2} = 0{,}59$$

Die Gesamfläche beträgt: 3,27 + 1,42 + 0,59 = **5,28 m²**

Aufgaben

1 Eine Treppe mit 13 Stufen wird auf der Laufseite, einschließlich Wangen (beidseitig!), versiegelt. Berechnen Sie die Fläche.

Maße:

Stufenbreite:	0,95 m
Stufentiefe:	0,26 m
Stufendicke:	0,04 m
Steigungshöhe:	0,16 m
Stufenunterkante:	0,05 m
Wangenlänge:	3,84 m
Wangenbreite:	0,32 m
Wangenstärke:	0,04 m

2 Die Unterseite einer Treppe mit 10 Stufen wird lackiert, berechnen Sie die Fläche.

Maße:

Stufenbreite:	0,98 m
Stufentiefe:	0,24 m
Stufenhöhe:	0,15 m
Wangenlänge:	2,96 m
Wangenbreite:	0,24 m
Wangenstärke:	0,05 m

3 Die abgebildete Treppe mit Podest wird mit Nadelfilz belegt. Berechnen Sie:

a) Wie viel Belag,

b) wie viel Stoßkante sind erforderlich?

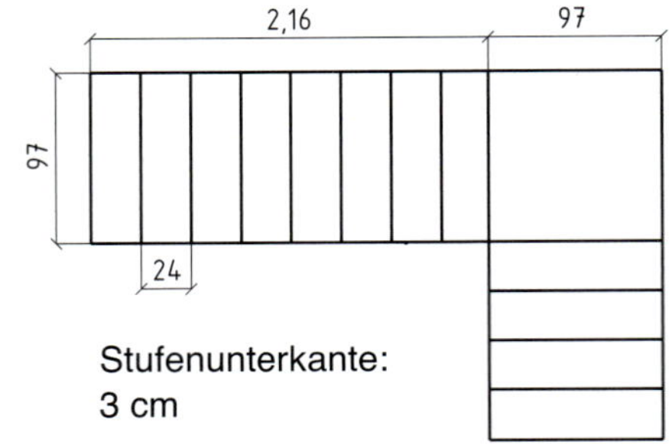

Stufenunterkante: 3 cm

4 14 Treppenstufen werden auf der Laufseite mit PVC belegt, die Setzstufen werden gestrichen. Berechnen Sie die Flächen:

a) für den Belag b) für den Anstrich

Maße:

Stufenbreite:	1,15 m
Stufentiefe:	0,31 m
Stufenunterkante:	0,04 m
Steigungshöhe:	0,18 m

Flächen von Treppenhäusern berechnen

Beispielaufgabe

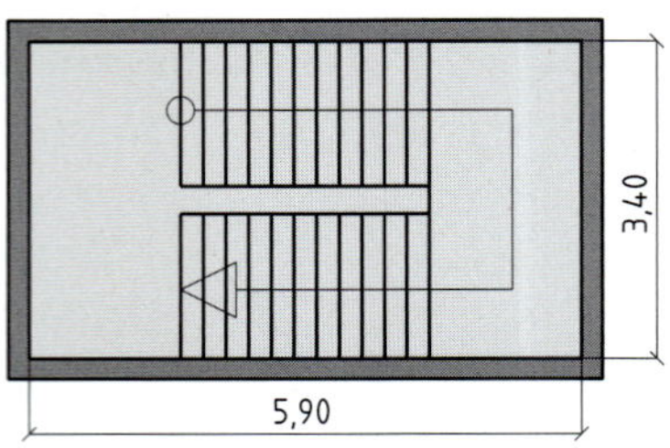

Gesamthöhe: 8,20 m

Decke und Wände im Treppenhaus eines 2-stöckigen Gebäudes wurden mit Wandfarbe gestrichen. Treppen- und Podestuntersichten wurden nicht mitgestrichen. Berechnen Sie die Fläche.

Treppenhäuser sind im Normalfall Räume mit rechteckiger Grundfläche und mehr oder weniger hohen Wänden (je nach Anzahl der Stockwerke), in die Treppen, Podeste und Etagendecken eingebaut sind. Zur Berechnung kommen Wandflächen (evtl. in Oberwände und Sockel unterteilt), Deckenflächen sowie die Flächen der Podest- und Treppenuntersichten.

Wie werden die Bauteile in einem Treppenhaus benannt?

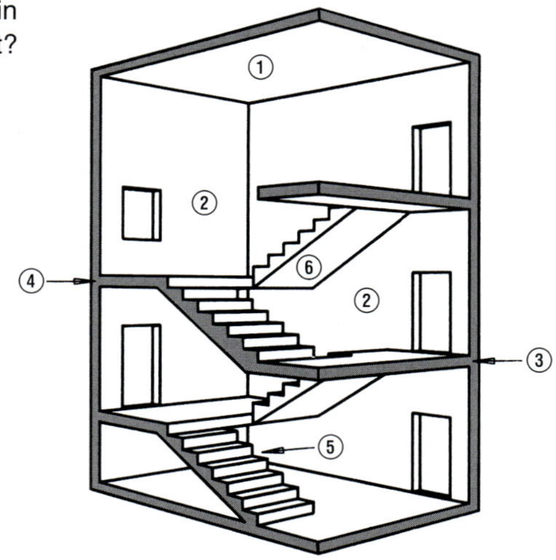

① Treppenhausdecke
② Treppenhauswände
③ Etagendecken
④ Podeste/Podestdecken
⑤ Treppenläufe
⑥ Treppenuntersichten

Rechenregel mit Beispiellösung

Wandflächen (einfache Berechnung für preiswerte Anstriche)
= Treppenhausumfang · Gesamthöhe

$A = (5{,}90 + 3{,}40) \cdot 2 \cdot 8{,}20 = \mathbf{152{,}52\ m^2}$

Deckenflächen
= Treppenhausdecke
evtl. + Etagendecken
+ Podestuntersichten
+ Treppenuntersichten

$A = 5{,}90 \cdot 3{,}40 = \mathbf{20{,}06\ m^2}$

Zu- und Abschläge nach VOB

Beispielaufgabe

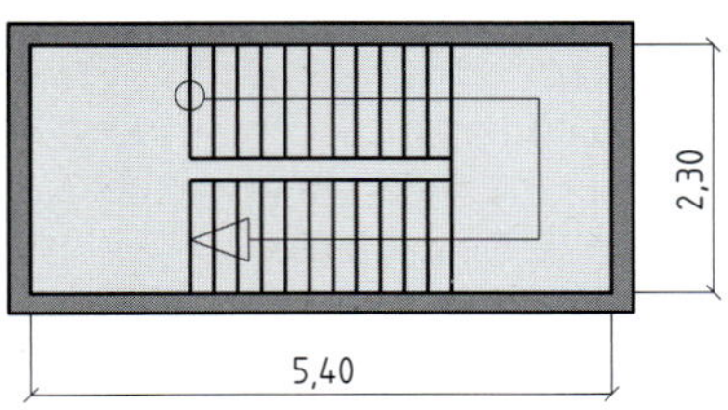

Ein Treppenhaus mit 4 Etagen wird mit einem plastischen Wandanstrich versehen, Decken und Untersichten werden scheuerfest beschichtet.

Maße: Grundfläche s. Grundriss
3 Etagen, Höhe = 3,20 m
1 Etage, Höhe = 2,80 m
Treppenuntersichten: 2,75 m lang

Zu berechnen sind:
a) Wandflächen
b) Deckenflächen

Bei einfachen, preiswerten Anstrichen genügt die Berechnung der Wandflächen nach der Formel Umfang · Gesamthöhe. Werden hochwertige Beschichtungen aufgebracht, müssen die Flächen genau berechnet werden. Ebenso ist die genauere Berechnung bei unterschiedlicher Behandlung von Sockel und Oberwänden notwendig.

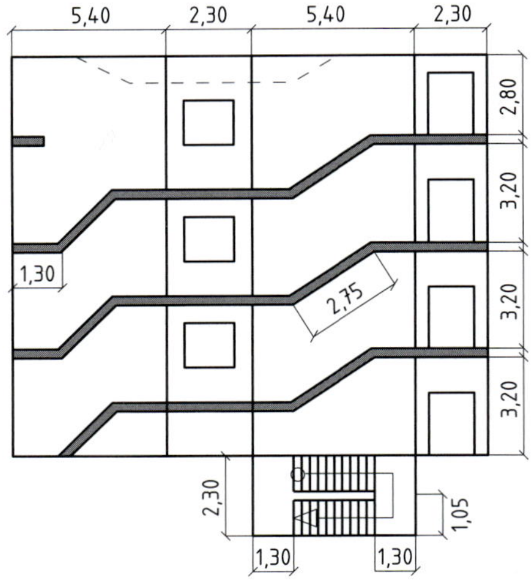

Durch die Abwicklung der Treppenhauswände wird die Aufteilung der einzelnen Etagen deutlich. Jede Etage besteht aus Rechtecken und Parallelogrammen.
Bei abgeschrägter Decke wird noch ein Trapez sichtbar.

Abwicklung eines Geschosses

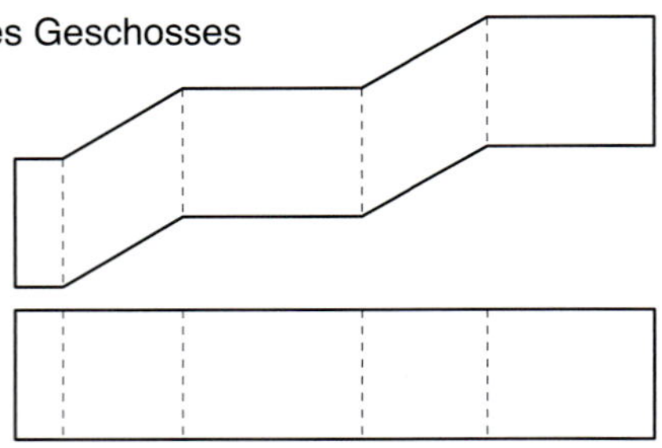

Durch die Umwandlung von Parallelogrammen in Rechtecke* entsteht aus der zusammengesetzten Fläche ein langes Rechteck mit den Maßen

Umfang · Geschosshöhe

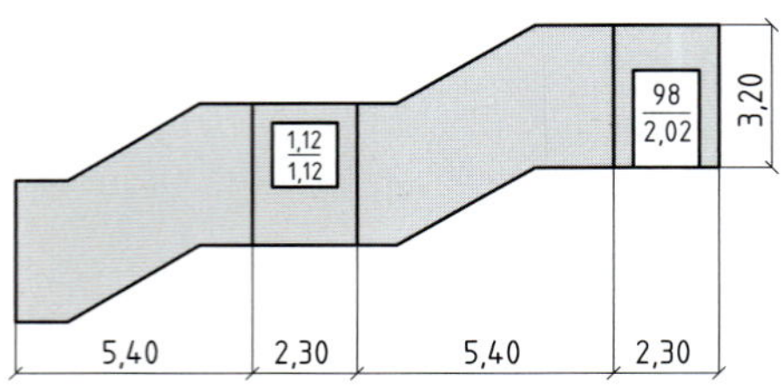

Das Parallelogramm wird „auf der Seite liegend“ gemessen.

* Parallelogramme und Rechtecke mit gleicher Grundseite und gleicher Höhe sind flächengleich.

Rechenregel mit Beispiellösung

Deckenflächen

Länge · Breite des Treppenhauses
evtl. mit Abschrägung

$A = 5{,}40 \cdot 2{,}30 \quad = 12{,}42$

Länge · Breite
Etagen und Podestdecken

$A = 6 \cdot 2{,}30 \cdot 1{,}30 \quad = 17{,}94$

Länge · Breite
Treppenuntersichten

$A = 6 \cdot 2{,}75 \cdot 1{,}05 \quad = 17{,}33$

Deckenflächen insgesamt **47,69 m²**

Wandflächen

Treppenhausumfang · Summe der Etagenhöhen
evtl. Abzug eines Trapezes bei abgeschrägter Decke

$A = (5{,}40 + 2{,}30) \cdot 2 \cdot (3{,}20 \cdot 3 + 2{,}80) = \mathbf{190{,}96\ m^2}$

Aufgaben

1 Berechnen Sie folgende Wandflächen in Treppenhäusern:

Treppenhausmaß	Etagenmaß
a) 4,73 · 2,32	2 Etagen 2,85 m, 1 Etage 2,75 m
b) 6,25 · 3,05	4 Etagen 3,10 m, 2 Etagen 2,85 m
c) 8,32 · 3,65	7 Etagen 2,96 m, 1 Etage 3,12 m 1 Etage 2,35 m

2 Berechnen Sie die Flächen der Decken und Untersichten:

Treppenhausmaß	Podestbreite	Treppenbreite	Treppenlänge
a) 5,20 · 2,35	1,80	1,14	2,65
b) 4,84 · 2,22	1,24	1,04	2,75
c) 6,15 · 3,55	2,12	1,35	2,76

3

a) Berechnen Sie die Wandfläche für eine einfache, preiswerte Beschichtung.

b) Wie hoch ist der Preis bei einem m^2-Preis von 4,85 €?

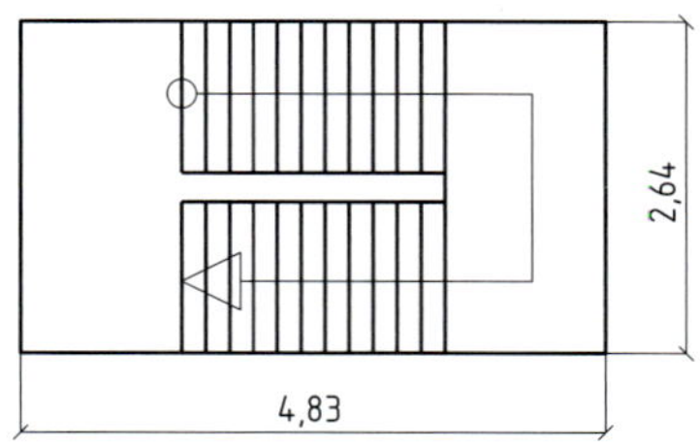

Gesamthöhe: 13,20 m

c) Berechnen Sie die Wandflächen genau für eine hochwertige Spachteltechnik:
3 Etagenhöhen von 3,12 m + 1 Etagenhöhe von 2,96 m.

d) Errechnen Sie den Rechnungspreis bei m^2-Preis von 6,95 €.

Heizkörperflächen berechnen

Beispielaufgabe

Die Anstrichfläche eines Heizkörpers (Stahlradiator) mit 12 Gliedern ist zu berechnen.
Maße: Bauhöhe: 450 mm
Bautiefe: 220 mm

Es gibt unterschiedliche Arten von Heizkörpern, am bekanntesten sind **Gliedheizkörper** aus Stahlblech oder Grauguss, derzeit am gebräuchlichsten sind **Flachheizkörper;** in Werkstätten, Garagen und ähnlichen Räumen finden wir oft **Rippen- oder Lamellenheizkörper.**
Die Anstrichfläche eines Heizkörpers entspricht der **Heizfläche.**

Welche Möglichkeiten der Heizkörperberechnung sind üblich?

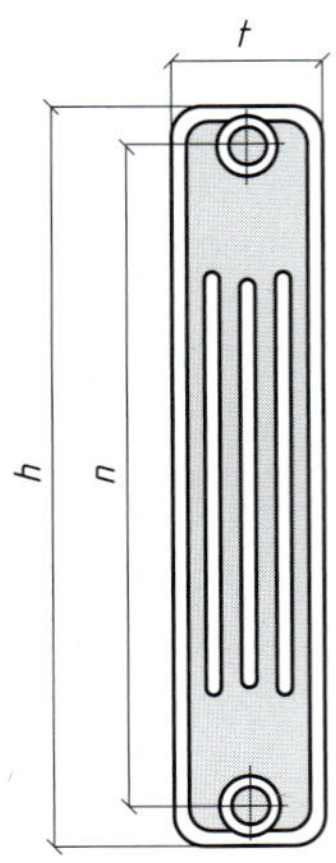

Zur Berechnung eines Heizkörpers wird die Oberfläche abgewickelt (Heizfläche).
Die Maße lassen sich am Heizkörper ermitteln oder aus Tabellen ablesen.

Plattenheizkörper lassen sich gut nach Aufmaß (Länge · Breite) berechnen.

Gliedheizkörper

h = Bauhöhe
t = Bautiefe
n = Nabenabstand

(Maße werden in mm angegeben, wie in Metallberufen üblich)

Rechenregeln mit Beispiellösung

Gliedheizkörper nach Aufmaß

A = Bautiefe · Bauhöhe · 2 · Anzahl der Glieder

$A = 0{,}22 \cdot 0{,}45 \cdot 2 \cdot 12 = \mathbf{2{,}38\ m^2}$

Nach Tabelle

Wie benutzt man die Tabelle?

In der Tabelle sind die genormten Heizkörpergrößen erfasst.
Die nötigen Angaben zur Ermittlung der Heizfläche sind vorhanden, das Ergebnis kann abgelesen werden.

Stahlradiatoren

Naben-abstand in mm	Bau-höhe in mm	Heizfläche je Glied in m² Bautiefen in mm			
		110	160	220	250
200	300	–	–	–	0,160 m²
350	450	–	0,155 m²	0,210 m²	–
500	600	0,140 m²	0,205 m²	0,285 m²	–
900	1000	0,240 m²	0,345 m²	0,480 m²	–

Heizfläche = Anstrichfläche

Nach der Tabelle hat der Heizkörper je Glied 0,210 m² Heizfläche · 12 = **2,52 m²**.

Differenz zur Berechnung nach Aufmaß = 0,14 m²!

Wie entsteht die Differenz zwischen Tabellenermittlung und Berechnung nach Aufmaß?

Beim Aufmaß von Gliedheizkörpern werden die leichten Rundungen der Glieder nicht berücksichtigt, sodass im Gegensatz zur Tabelle ein geringerer Wert errechnet wird.

Aufgaben

1 In einer Wohnung sind 4 Gussradiatoren mit je 9 Gliedern zu lackieren. Rippenmaße: Bauhöhe 580 mm, Bautiefe 150 mm. Berechnen Sie die Heizfläche:
a) nach Aufmaß b) nach Tabelle

2 In einem Einfamilienhaus werden folgende Flachheizkörper installiert:
3 Stück Baulänge 800 mm, Bauhöhe 300 mm
5 Stück Baulänge 1400 mm, Bauhöhe 500 mm
7 Stück Baulänge 1200 mm, Bauhöhe 700 mm
Stellen Sie die Heizfläche nach Tabelle fest.

3 In einer Schule wurden 10 Stahlradiatoren gestrichen. Jeder Radiator hat 15 Glieder, Nabenabstand 500 mm, Bautiefe 220 mm. Bestimmen Sie die Anstrichfläche nach Tabelle.

Gussradiatoren

Naben-abstand in mm	Bau-höhe in mm	Heizfläche je Glied in m² Bautiefen in mm			
		100	150	200	250
300	380	0,09	0,14	0,18	0,22
500	580	0,14	0,21	0,27	0,35
600	680	0,16	0,24	0,31	0,40
1000	1080	0,25	0,37	0,49	0,63

Flachheizkörper
Heizfläche je Heizkörper in m²
Type E (einlagig ohne Konvektor), Bautiefe 17 mm

Bau-länge in mm	Typen/Bauhöhe in mm						
	E 200	E 300	E 400	E 500	E 600	E 700	E 900
600	0,30	0,43	0,56	0,70	0,83	0,97	1,25
800	0,40	0,57	0,74	0,93	1,11	1,29	1,66
1000	0,49	0,71	0,93	1,16	1,39	1,62	2,08
1200	0,59	0,85	1,11	1,39	1,67	1,94	2,50
1400	0,68	0,99	1,30	1,62	1,94	2,27	2,93
1600	0,78	1,13	1,48	1,85	2,22	2,59	3,32
1800	0,89	1,28	1,67	2,09	2,50	2,92	3,76
2000	0,99	1,42	1,85	2,32	2,78	3,24	4,16
2200	1,07	1,56	2,05	2,55	3,06	3,56	4,58
2400	1,17	1,70	2,23	2,78	3,34	3,89	4,99
2600	1,28	1,85	2,42	3,02	3,61	4,21	5,41
2800	1,38	1,99	2,60	3,25	3,89	4,54	5,82
3000	1,47	2,13	2,79	3,48	4,17	4,86	6,24

Metallbauteile berechnen

Beispielaufgabe

Die Anstrichfläche eines I-Trägers DIN 1025-4 ist zu berechnen.
Maße: Breite (b) = 186 mm
Höhe (h) = 200 mm
Länge = 4,50 m

Metallbauteile nehmen in der modernen Architektur einen breiten Raum ein, z. B. Träger, Rohre, Profile sowie Well- und Trapezbleche, Fassadenteile und Ähnliches.
Oft werden diese Teile bereits fertig beschichtet vom Hersteller geliefert, sodass für den Maler und Lackierer hauptsächlich die Renovierungsbeschichtung infrage kommt.

Welche Berechnungsmöglichkeiten sind üblich?

1. Ermitteln des Umfangs durch Abwickeln des Metallbauteils.
2. Nach der VOB dürfen diese Anstrichobjekte auch nach Tabellen berechnet werden.

Rechenregeln

Berechnung der Abwicklung:

Umfang · Länge

Berechnung nach Tabellen:
Nach DIN-Angaben zum Bauteil sowie gemessener Höhe und Breite wird die Mantelfläche je Meter abgelesen.

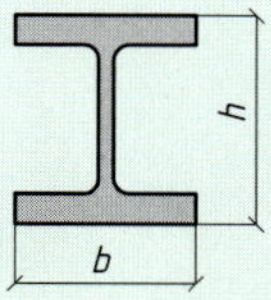

Breite I-Träger, verstärkte Ausführung
(nach DIN 1025-4)

Kurzzeichen I PBv	Höhe h mm	Breite b mm	Mantelfläche U m^2 je m
100	120	106	0,619
120	140	126	0,738
140	160	146	0,857
160	180	166	0,970
180	200	186	1,09

Mantelfläche:
Tabellenangabe (in m^2 je m) · Trägerlänge (in m)

Beispiellösung

Ermitteltes Abwicklungsmaß = 1,09 m

$A = 1{,}09 \cdot 4{,}50 = \mathbf{4{,}91\ m^2}$

Nach der Tabelle beträgt die Mantelfläche (≙ Anstrichfläche) 1,09 m^2 je Meter.

$A = 1{,}09 \cdot 4{,}50 = \mathbf{4{,}91\ m^2}$

Aufgaben

Tabellen der Profile s. Seite 46/47

1 Bei der Konstruktion einer Lagerhalle wurden U-Profile nach DIN 1026-1 verarbeitet, $h = 120$ mm, $b = 55$ mm. Insgesamt sind 126,00 m dieser Profile zu beschichten. Wie viel m^2 sind das?

2 Zur Einzäunung eines Gewerbegeländes wurden 85 Stück Zaunpfähle gesetzt. Diese bestehen aus T-Stahl mit gerundeten Kanten mit den Maßen: $h = 45$ mm, $b = 45$ mm. Zaunhöhe: 1,85 m. Berechnen Sie die Gesamt-Anstrichfläche nach Tabelle.

3 Vor der Montage einer Halle sind 24 schmale I-Träger von 6,75 m Länge zu beschichten.
Maße: $h = 240$ mm, $b = 106$ mm.
Wie viel Fläche ist zu berechnen?

4 Eine Dachfläche, 12,30 · 7,45 m, aus Wellblech ist zu beschichten. Profilmaße: $h = 27$ mm, $b = 100$ mm.
a) Wie viel m^2 beträgt die Dachfläche?
b) Wie groß ist die tatsächliche Anstrichfläche?

5 170,00 m runde Stahlrohre mit einem Außendurchmesser von 48,3 mm sind zu streichen.
Berechnen Sie die Mantelfläche:
a) nach Tabelle
b) nach Abwicklung

6 Ein Absperrgeländer besteht aus 5 übereinander montierten rechteckigen Stahlrohren mit den Nennmaßen = 90 mm · 50 mm, Wanddicke = 3,2 mm. Die Länge des Geländers beträgt 37,50 m, im Abstand von 2,50 m ist jeweils ein Stützpfahl aus quadratischem Stahlrohr, Nennmaß = 60 mm, Länge = 1,05 m, Wanddicke = 2,9 mm, montiert.
Berechnen Sie nach Tabelle die gesamte Beschichtungsfläche.

7 Eine Wellblechgarage aus dem Profil $h = 18$ mm, $b = 76$ mm soll innen und außen beschichtet werden.
a) Berechnen Sie die Gesamtfläche der Garagenwände.
b) Wie groß ist die Anstrichfläche?

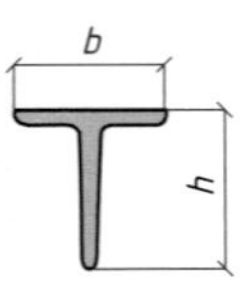

T-Stahl
mit gerundeten Kanten und Übergängen

Kurzzeichen T	Höhe *h* mm	Breite *b* mm	Mantelfläche *U* m^2 je m
30	30	30	0,114
35	35	35	0,133
40	40	40	0,153
45	45	45	0,171
50	50	50	0,191
60	60	60	0,229
70	70	70	0,268
80	80	80	0,307

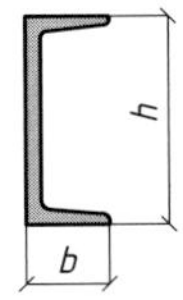

U-Profile
(nach DIN 1026-1)

Kurzzeichen U	Höhe *h* mm	Breite *b* mm	Mantelfläche *U* m^2 je m
30 x 15	30	15	0,103
30	30	33	0,174
40 x 20	40	20	0,142
40	40	35	0,199
50 x 25	50	25	0,181
50	50	38	0,232
60	60	30	0,215
65	65	42	0,273
80	80	45	0,312
100	100	50	0,372
120	120	55	0,434
140	140	60	0,489
160	160	65	0,546
180	180	70	0,611
200	200	75	0,661

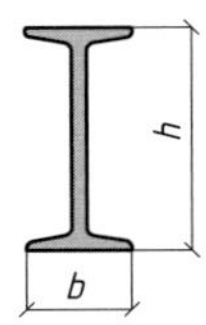

Schmale I-Träger
(nach DIN 1025-1)

Kurzzeichen I	Höhe *h* mm	Breite *b* mm	Mantelfläche *U* m^2 je m
80	80	42	0,304
100	100	50	0,370
120	120	58	0,439
140	140	66	0,502
160	160	74	0,575
180	180	82	0,640
200	200	90	0,709
220	220	98	0,775
240	240	106	0,844
260	260	113	0,906
280	280	119	0,966
300	300	125	1,03
320	320	131	1,09
340	340	137	1,15
360	360	143	1,21

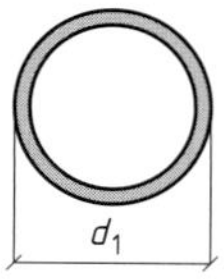

Runde Stahlrohre

Nennweite	Anschluss-nennweite Zoll	Außendurch-messer d_1 mm	Mantel-fläche U m^2 je m
6 8 10 15	1/8 1/4 3/8 1/2	10,2 13,5 17,2 21,3	0,032 0,042 0,054 0,067
20 25 32 40	3/4 1 1 1/4 1 1/2	26,9 33,7 42,4 48,3	0,084 0,106 0,133 0,152
50 65 80 100	2 2 1/2 3 4	60,3 76,1 88,9 114,3	0,189 0,239 0,279 0,359

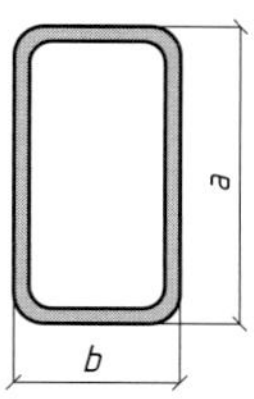

Rechteckige Stahlrohre

Nennmaß a x b mm	Wanddicke mm	Mantelfläche U m^2 je m
50 x 30	2,9 4,0	0,155 0,153
60 x 40	2,9 4,0	0,195 0,193
70 x 40	2,9 4,0	0,215 0,213
80 x 40	2,9 4,0 5,0	0,235 0,233 0,231
90 x 50	3,2 4,0 5,0	0,275 0,273 0,271
100 x 50	3,6 4,5 5,6	0,294 0,292 0,290
100 x 60	3,6 4,5 5,6	0,314 0,312 0,310

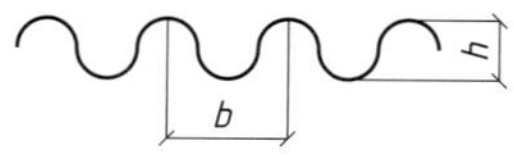

Wellbleche
(nach DIN 59231)

Profilart	Wellen-höhe h mm	Wellen-breite b mm	Anzahl der Wellen je m Breite	Anstrichfläche je m^2 Abrechnungs-fläche m
Rollladen-profile	15 20	33 40	33 25	1,55 1,55
Dach-profile	18 27 30 45 48	76 100 135 150 100	13 10 7 6 10	1,20 1,25 1,25 1,30 1,60

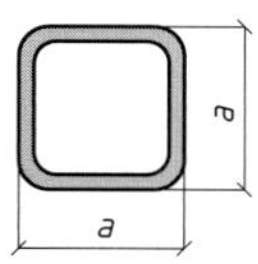

Quadratische Stahlrohre

Nennmaß a mm	Wanddicke mm	Mantelfläche U m^2 je m
40	2,9 4,0	0,155 0,153
50	2,9 4,0	0,195 0,193
60	2,9 4,0 5,0	0,235 0,233 0,231
70	3,2 4,0 5,0	0,275 0,273 0,271
80	3,6 4,5 5,6	0,314 0,312 0,310

Tapetenbedarf ermitteln

Beispielaufgabe

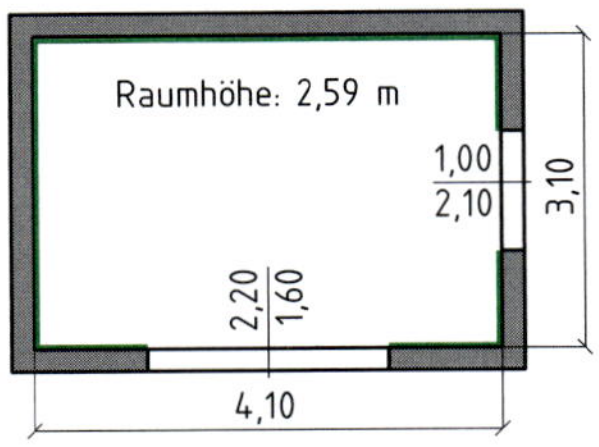

Die Wände dieses Raumes sollen tapeziert werden. Normalrollenmaß: 10,05 m · 0,53 m. Der Tapetenbedarf ist festzustellen:

a) für eine ansatzfreie Tapete

b) für eine Mustertapete, Rapportlänge 0,46 m

Das Ermitteln des Tapetenbedarfs sollte so genau wie möglich geschehen, da fehlende Rollen evtl. nicht mehr lieferbar sind, den Arbeitsablauf verzögern oder überzählige Rollen evtl. nicht zurückgegeben werden können.

Welche Möglichkeiten der Bedarfsermittlung sind gebräuchlich?

Durch „Maßnehmen" mit der Rolle an der Wand (hauptsächlich in der Praxis) oder durch mathematische Berechnung wird der Tapetenbedarf festgestellt.

Welche Faktoren bestimmen den Tapetenbedarf?

Der Tapetenbedarf wird aus den Abmessungen des Raumes, den Maßen der Tapetenrolle und dem Muster der Tapete errechnet.
Für das Beschneiden der Tapeten an Decke und Fußboden werden Zugaben (ca. 10 cm) addiert.

Rechenregeln mit Beispiellösungen

Ermittlung in der Praxis

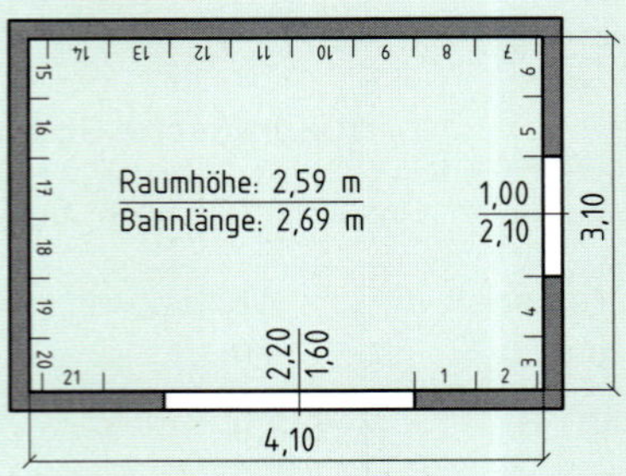

Durch „Maßnehmen" mit der Rolle an der Wand wird die Anzahl der Bahnen festgestellt:

21 lange Bahnen und ein Rest, aufgerundet **22**

Die mögliche Anzahl der Bahnen je Rolle wird aus der Raumhöhe + Zugabe ermittelt:

10,05 : 2,69 = **3 Bahnen** je Rolle, Rest **1,98 m**

22 Bahnen : 3 = 7,33, aufgerundet **8 Rollen**

Die Reste (8 Stücke von 1,98 m) reichen für Wände über Türen und Fenstern sowie Fensterleibungen.

Mathematische Ermittlung des Tapetenbedarfs

a) ansatzfrei

Anzahl der Bahnen:

$$\frac{\text{Raumumfang} - \text{Öffnungsbreiten}}{\text{Tapetenbreite}} \qquad \frac{(4{,}10 + 3{,}10) \cdot 2 - (1{,}00 + 2{,}20)}{0{,}53} = \frac{11{,}20}{0{,}53} = 21{,}13$$

aufgerundet **22 Bahnen**

Bahnen je Rolle:

$$\frac{\text{Rollenlänge}}{\text{Raumhöhe} + 0{,}10\text{ m Zugabe}} \qquad \frac{10{,}05}{2{,}59 + 0{,}10} = 3{,}74$$

abgerundet **3 Bahnen**

Rollenbedarf:

$$\frac{\text{Anzahl der Bahnen}}{\text{Bahnen je Rolle}} \qquad \frac{22}{3} = 7{,}3$$

aufgerundet **8 Rollen**

b) Bei der Berechnung des Bedarfs einer Tapete mit Rapport muss bei der Bahnenlänge die Rapportlänge berücksichtigt werden.

Anzahl der Bahnen:

$$\frac{\text{Raumumfang} - \text{Öffnungsbreiten}}{\text{Tapetenbreite}} \quad \frac{(4{,}10 + 3{,}10) \cdot 2 - (1{,}00 + 2{,}20)}{0{,}53} = \frac{11{,}20}{0{,}53} = 21{,}13$$

aufgerundet **22 Bahnen**

Anzahl der Rapports:

$$\frac{\text{Raumhöhe} + 0{,}10\text{ m Zugabe}}{\text{Rapportlänge}} \quad \frac{2{,}59 + 0{,}10}{0{,}46} = 5{,}8$$

aufgerundet **6 Rapports**

Bahnenlänge:

Anzahl der Rapports · Rapportlänge $6 \cdot 0{,}46$ **2,76 m Bahnenlänge**

Bahnen je Rolle:

$$\frac{\text{Rollenlänge}}{\text{Bahnenlänge}} \quad \frac{10{,}05}{2{,}76} = 3{,}64$$

abgerundet **3 Bahnen**

Rollenbedarf:

$$\frac{\text{Anzahl der Bahnen}}{\text{Bahnen je Rolle}} \quad \frac{22}{3} = 7{,}3$$

aufgerundet **8 Rollen**

Aufgaben

1 Wie viele Bahnen können aus einer Normalrolle (10,05 · 0,53 m) ansatzfreie Tapete geschnitten werden, wenn die Raumhöhe 3,22 m beträgt?

2 In einem Raum von 2,83 m wird eine Mustertapete, Rapportlänge 0,52 m, Zugabe 10 cm je Bahn, verarbeitet. Wie viele Bahnen können aus einer Normalrolle geschnitten werden?

3 Wie viele Bahnen einer Grastapete (Breite 0,71 m) werden für einen Raum 4,73 · 5,86 m, ./. 2 Fenster 1,24 · 1,51 m und 1 Tür 0,98 · 2,02 m benötigt?

4 Berechnen Sie den Bedarf einer ansatzfreien Tapete (Normalrolle) für einen Raum mit den Maßen 4,65 · 5,25 m, Höhe 2,55 m, 2 Fenster 1,65 · 1,24 m, 2 Türen 1,12 · 2,12 m (größtes Ausbaumaß).

5 Wie viele Rollen Raufasertapete 33,50 · 0,53 m werden für einen Raum benötigt, wenn Decke und Wände tapeziert werden? Raummaße 6,35 · 5,74 m, Höhe 3,85 m, 2 Türen 2,08 · 2,24 m, 3 Fenster 2,44 · 2,65 m.

6 Wie viele Rollen einer Mustertapete, Rapport 0,36 m, werden zum Tapezieren einer Decke 6,23 · 3,44 m benötigt?
Berechnen Sie beide Möglichkeiten der Kleberichtung.

Bedarf an Bodenbelägen ermitteln

Beispielaufgabe

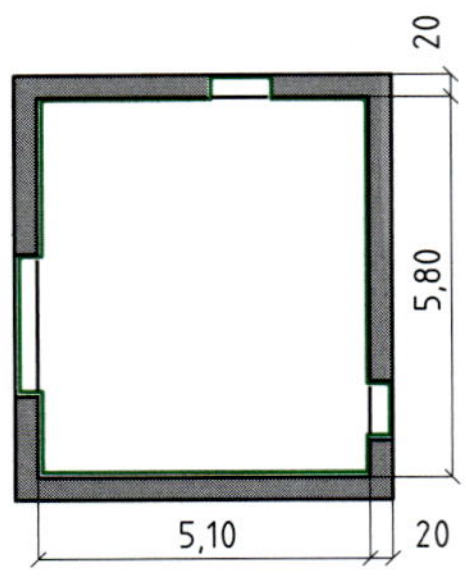

Der Fußboden eines Arbeitszimmers soll mit Nadelfilzbelag, Rollenbreite 2,00 m, ausgelegt werden.
Der günstigste Materialbedarf ist zu ermitteln.

Zu den Aufgaben des Malers und Lackierers gehört vielerorts die Verlegung von Bodenbelägen, z. B. elastische Beläge (Linoleum, PVC u. Ä.) oder textile Beläge (Nadelfilz, Velour u. Ä.). Diese Waren werden in Bahnen verschiedener Breiten oder auch als Platten angeboten.

Was ist bei der Bedarfsermittlung von Belägen zu beachten?

1. Die Verlegerichtung ist nicht nach VOB festgelegt und kann frei gewählt werden.
2. In Verlegerichtung liegende Nischen (Türen, Fenster u. Ä.) müssen mit dem Belag ein Stück bilden.
3. Zu den Bahnen werden Zugaben (5 cm) für das Beschneiden berechnet.
4. Öffnungen, Pfeiler, Rohrdurchbrüche usw. bis 0,10 m² bleiben im Aufmaß unberücksichtigt.

Für komplizierte Grundrisse sollte ein Verlegeplan angefertigt werden.

Rechenregeln mit Beispiellösungen

Anzahl der Bahnen

$$\frac{\text{Verlegebreite + evtl. Nischentiefe(n)}}{\text{Bahnenbreite}} \qquad \frac{5{,}80 + 0{,}20}{2{,}00} = \textbf{3 Bahnen}$$

Bahnenlänge

Verlegelänge + evtl. Nischentiefe(n) + Zugabe

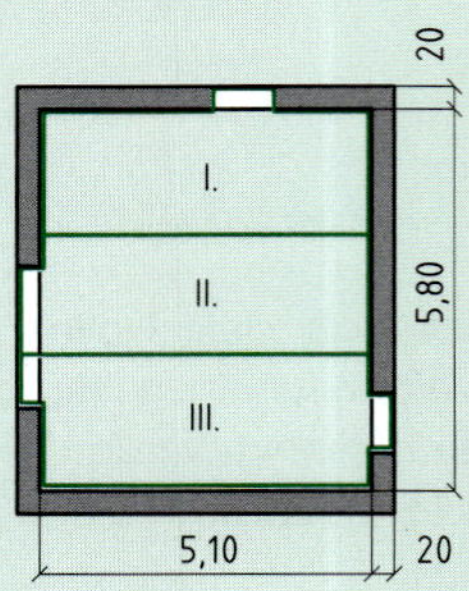

Bahnen laufen quer

Bahn I	5,10 + 0,05	=	5,15
Bahn II	5,10 + 0,20 + 0,05	=	5,35
Bahn III	5,10 + 0,20 · 2 + 0,05	=	5,55
Gesamtlänge		=	16,05 m

16,05 · 2,00 = 32,10 m² = Bedarf

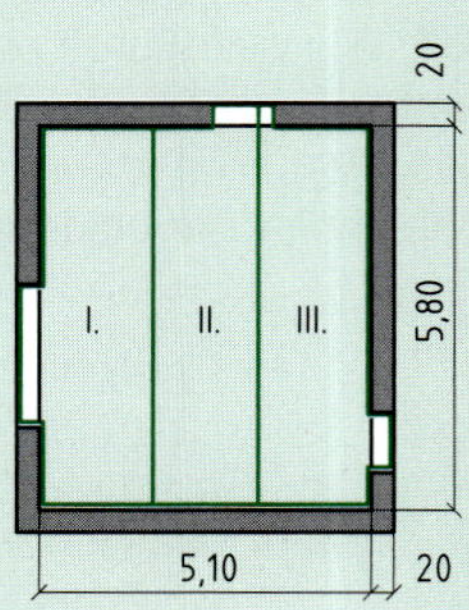

Bahnen laufen längs

Bahn I	5,80 + 0,05	=	5,85
Bahn II	5,80 + 0,20 + 0,05	=	6,05
Bahn III	5,80 + 0,20 + 0,05	=	6,05
Gesamtlänge		=	17,95 m

17,95 · 2,00 = 35,90 m² = Bedarf

Man wird sich für Lösung „quer" entscheiden, der Bedarf ist um 3,80 m² geringer!

Aufgaben

1 Stellen Sie den Bedarf für die Verlegung von Fußböden in den dargestellten Räumen fest:

a) Textilbelag, Bahnenbreite 4,00 m, Verlegerichtung längs.

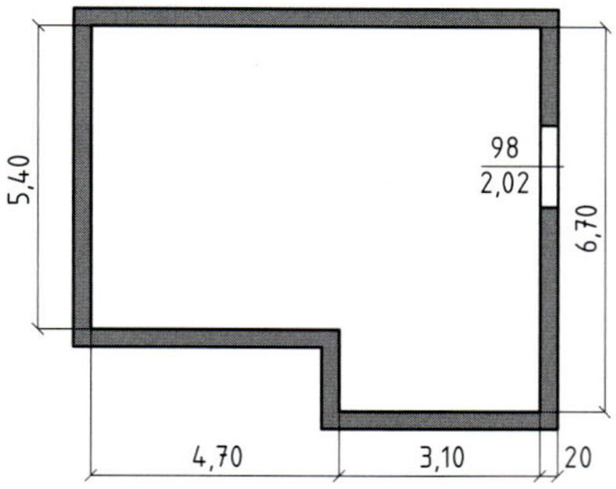

b) PVC-Belag, Bahnenbreite 2,00 m. Günstigste Verlegerichtung ist zu wählen.

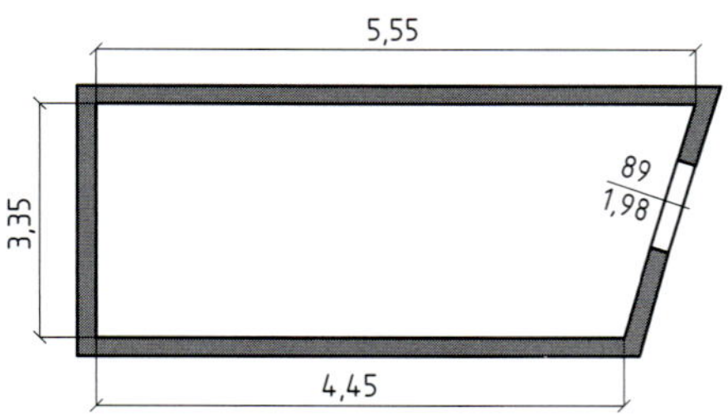

c) PVC-Belag, Bahnenbreite 1,25 m, Verlegung quer.

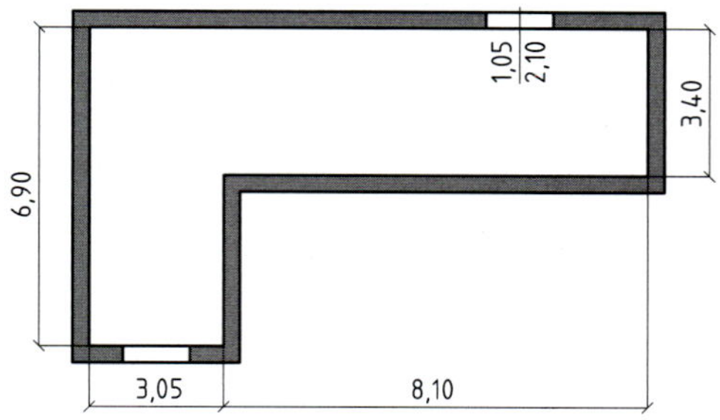

d) Nadelfilz, Bahnenbreite 2,00 m. Nischen sind mit auszulegen, dürfen nicht gestückelt werden.

Nischentiefe: 0,20 m

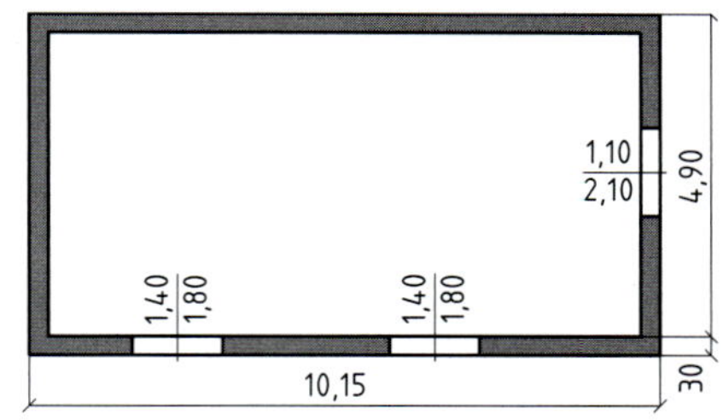

Bedarf an Verlegeplatten ermitteln

Beispielaufgabe

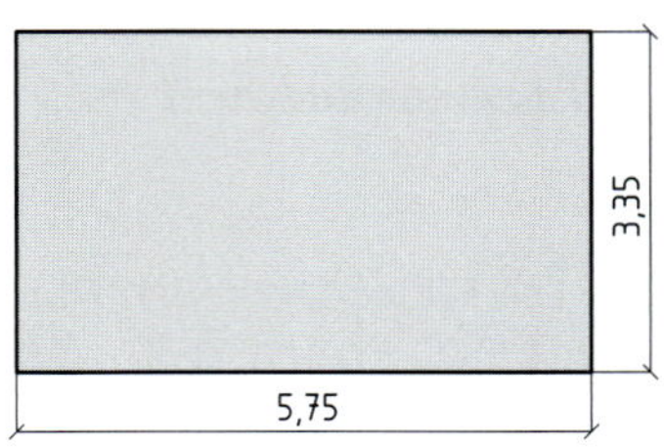

Die Decke eines Raumes soll mit Polystyrol-Hartschaum-Platten, 40 · 40 cm, beklebt werden.
Der Bedarf an Platten ist zu ermitteln.

Das Verlegen von Platten kann sowohl an Decken und Wänden als auch auf Bodenflächen ausgeführt werden. Das Plattenmaterial ist in verschiedenen Größen im Handel, die quadratische Form wird bevorzugt.
Die gebräuchlichsten Maße sind 50 · 50 cm und 40 · 40 cm.

Welche Verlegemöglichkeiten sind gebräuchlich?

Parallelverlegung

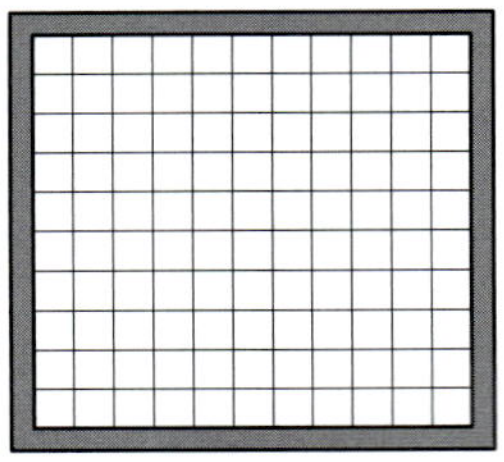

Diagonalverlegung

Die Verlegung wird meistens symmetrisch von der Mitte des Raumes ausgehend durchgeführt.

Wie wird die Verlegung auf komplizierten oder zusammengesetzten Flächen geplant?

Für komplizierte Flächengebilde wird ein Verlegeplan angefertigt, da hier eine genaue Berechnung zu aufwendig wäre.
Zusammengesetzte Flächen werden getrennt berechnet und die Ergebnisse addiert, Öffnungen subtrahiert.

Rechenregel mit Beispiellösung

Anzahl der Platten

$$\frac{\text{Raumlänge}}{\text{Plattenlänge}} \cdot \frac{\text{Raumbreite}}{\text{Plattenbreite}} \qquad \frac{5{,}75}{0{,}40} \cdot \frac{3{,}35}{0{,}40}$$

Die Zwischenergebnisse stets auf ganze Zahlen **aufrunden!** 14,375 · 8,375 = 15 · 9 = **135 Platten.**

Aufgaben

1 Berechnen Sie den Bedarf an Bodenfliesen, 0,50 · 0,50 m, für einen Raum mit den Maßen 7,34 · 8,43 m.

2 Die Wandflächen eines Ausstellungsraumes sollen mit Korkplatten, 35 · 35 cm groß, belegt werden.
Raumgröße 5,60 · 6,40 m, Wandhöhe 2,66 m.
Wie viele Platten werden voraussichtlich benötigt?

3 Berechnen Sie den Bedarf an Deckenplatten, 50 · 50 cm, für den abgebildeten Raum.

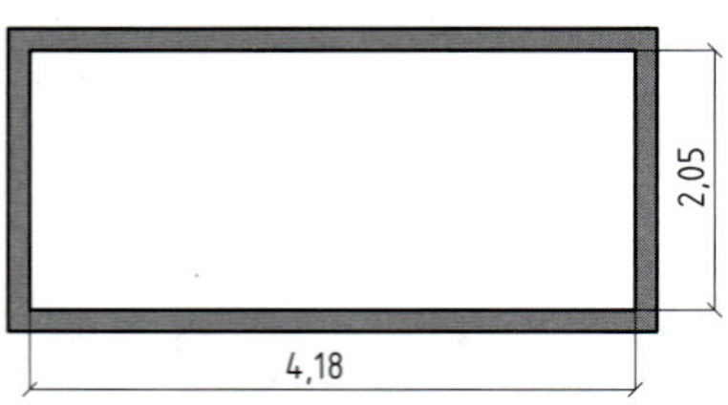

4 Fertigen Sie eine Raumskizze für die Verlegung von Deckenplatten, 0,40 · 0,40 m, in Parallelverlegung für den Raum mit rundem Erker, Maßstab 1:50.
Stellen Sie den Bedarf fest.

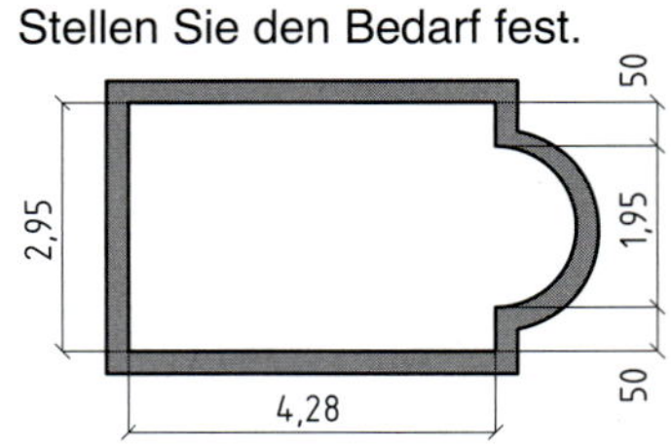

5 Die Fußböden in den Räumen einer Bäckerei sollen mit PVC-Platten, 0,60 · 0,60 m, ausgelegt werden. Berechnen Sie anhand der Skizze den Bedarf.

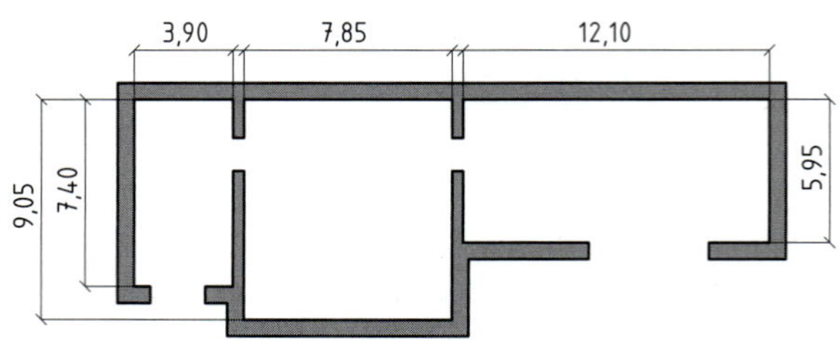

Löhne berechnen

Beispielaufgabe 1

Der Netto-Monatslohn eines Gesellen (24 Jahre, ledig, kein Kind) soll ausgerechnet werden. Sein Brutto-Stundenlohn beträgt zzt. 13,40 €. Er hat 192 Stunden gearbeitet, davon 16 Überstunden mit einem Aufschlag von 25 %. Lohn- und Kirchensteuer sowie Solidaritätszuschlag werden nach Tabelle berechnet, die Sozialversicherungsbeiträge nach Beitragssätzen.

Beispielaufgabe 2

In einem Großbetrieb werden Serienfenster bearbeitet. Ein Malergeselle beschichtet in 1 Stunde 2 Stück gleicher Größe, sein Stundenlohn beträgt 13,78 €, er bekommt einen Akkordzuschlag von 15 %.
Wie hoch ist sein Bruttoverdienst, wenn er an einem Arbeitstag 18 Stück bearbeitet?

Löhne und Gehälter sowie Zuschläge für Überstunden und andere Erschwernisse sind in Tarifverträgen festgeschrieben (**Zeitlohn**).
Wenn der Arbeitnehmer eine bestimmte vereinbarte Arbeitsleistung erbracht hat (Stück, Quadratmeter, Meter u. Ä.), bekommt er je nach Leistung einen **Leistungslohn** mit Akkordzuschlag.

Wie wird der Lohn für einen Arbeitnehmer errechnet?

Der Betrieb errechnet in der Regel den **Zeitlohn** aus den Faktoren

Arbeitszeit · Stundenlohn zuzüglich evtl. Zulagen
= **Bruttolohn**

Es besteht auch die Möglichkeit der Berechnung als Leistungslohn nach Stück (Stückakkord)

Stückpreis · Stückzahl = **Bruttolohn**

Abzüge:
Steuern und Beiträge für Sozialversicherungen werden vom Betrieb einbehalten und abgeführt,

der **Nettolohn** wird ausgezahlt.

Rechenregel Zeitlohn

Stundenlohn · Arbeitsstunden
+ Zuschläge (Mehrarbeit, Erschwernisse)

= Bruttolohn
– Steuern

– Sozialversicherungsbeiträge (Kranken-, Renten-, Pflege- und Arbeitslosenversicherung, Zuschlag Kinderlose)

= Nettolohn

Beispiellösung

13,40 €/Std. · 192 Std.		2 572,80 €
16 Überstunden (+ 25 %)		
16 Std. · 13,40 €/Std. · 0,25		+ 53,60 €
Bruttolohn:		**2 626,40 €**
Lohnsteuer, Kl. I	–372,83 €	
Solidaritätszuschlag	– 20,50 €	
Kirchensteuer, 9 % d. LSt.	– 33,55 €	
20,725 % v. Bruttolohn	–544,32 €	
		–971,20 €
Nettolohn:		**1 655,20 €**

Rechenregel Leistungslohn

$$\frac{\text{Stundenlohn + 15 \% Zuschlag}}{\text{Stück / Stunde}} = \textbf{Stückpreis}$$

Stückpreis · Stückzahl = **Bruttolohn**

Beispiellösung

$$\frac{13{,}78\ \text{€/Std.} + 2{,}07\ \text{€ Zuschlag}}{2\ \text{Stück / Stunde}} = \mathbf{7{,}93\ €}$$

7,93 € · 18 = 142,74 €

Aufgaben

1 Berechnen Sie den Bruttolohn eines ledigen Gesellen im 1. Gesellenjahr, der 90% des Ecklohnes bekommt für 192 Std., davon 16 Überstunden und 22 Stunden mit Erschwerniszuschlag.
Ecklohn: 13,78 €; Überstunden-Zuschlag: 25%;
Zuschlag für Gerüstarbeiten über 20 m Höhe: 15%.

2 Ein Angestellter hat einen monatlichen Bruttoverdienst von 2473,00 €. Er wird nach Steuerklasse III besteuert, ist in der ev. Kirche und ist voll sozialversicherungspflichtig. Errechnen Sie seinen Nettoverdienst.

3 Ein Bauhelfer hat 235 Std. im Monat gearbeitet. Reguläre Arbeitszeit wäre 168 Std. gewesen. Für den Rest bekommt er Überstundenzuschlag von 25%. Außerdem wird ihm für 35 Std. ein Erschwerniszuschlag für Arbeiten mit einer Schutzmaske von 20% gewährt. Der Stundenlohnlohn beträgt 10,50 €.
Wie hoch fällt sein Bruttolohn aus?

4 Ein Auszubildender bekommt im 3. Ausbildungsjahr 635,00 € Ausbildungsvergütung. Für 12 Überstunden, die der Auszubildende während des Monats geleistet hat, zahlt der Betrieb je Stunde 7,50 €. Berechnen Sie den Auszahlungsbetrag, wenn insgesamt für Sozialversicherungen 20,5% Abzüge berechnet werden. Lohnsteuer, Solidaritätszuschlag nach Tabelle.

5 Ein Malergeselle hat 182 Stunden im Monat März gearbeitet, davon werden 21 Std. als Überstunden bezahlt, zuzüglich 50,00 € Fahrtkostenpauschale.
Die Abzüge betragen:
Lohnsteuer Klasse IV,
Solidaritätszuschlag,
Berechnungssätze Sozialversicherungen, jeweils nach Tabelle.
Berechnen Sie den Bruttolohn und den Nettolohn, Tariflohn = 13,78 €.

6 Ein verheirateter Bauhelfer hat 185 Std. im Monat gearbeitet. Die reguläre Arbeitszeit betrug 168 Std. Für den Rest erhält er einen Überstundenzuschlag von 25%. Außerdem wird ihm für 35 Std. ein Erschwerniszuschlag von 20% für Arbeiten mit einer Schutzmaske gewährt. Der Stundenlohn beträgt 12,60 €.
Berechnen Sie den Bruttolohn.

7 Ein lediger Malergeselle hat 175 Std. im Monat gearbeitet, davon werden 14 Std. als Überstunden abgerechnet mit einem Zuschlag von 25%. Der Stundenlohn beträgt 13,78 €. Berechnen Sie den Nettolohn bei Steuerklasse I.

8 In einer Schildermalerei werden Blechtafeln beschichtet. Ein Lackierer beschichtet in 1 Stunde 12 Stück. Der Ecklohn (Ost) beträgt derzeit 12,09 €. Es wird ein Akkordzuschlag von 18 % gezahlt.
Wie hoch ist der Bruttolohn des Lackierers, wenn er während einer Schicht 100 Stück fertigstellt?

9 Ein Maler und Lackierer führt Schrankflächen in Schleiflacktechnik aus; in 1 Stunde bearbeitet er 4 m².
Er bekommt den Tariflohn von 13,78 € und einen Akkordzuschlag von 22 %.

a) Wie hoch ist sein Bruttolohn bei einer 39-Stunden-Woche?
b) Berechnen Sie den Nettoverdienst von 4 Wochen. Steuerklasse III, 9 % Kirchensteuer, Sozialbeiträge nach Tabelle.

10 Eine Tapezierarbeit in einem großen Neubaukomplex wird nach Leistungslohn abgerechnet.
Stundenlohn für einen jungen Gesellen: 90 % vom Ecklohn (13,78 €); Akkordzuschlag 15 %.
Der Maler braucht für 1 m² 10 Minuten.

a) Wie viel m² schafft er in der Stunde?
b) Wie hoch ist der Bruttolohn von 4 Wochen bei 39 Wochenstunden?
c) Wie viel bekommt er netto ausgezahlt? Steuerklasse I, kein Kirchenmitglied, Sozialbeiträge nach Tabelle.

Nettolohnpreis ermitteln

Beispielaufgabe Ein Malergeselle hat einen Stundenlohn von 13,78 €. Der Kunde bekommt jedoch für die Leistung einer Arbeitsstunde 34,86 € in Rechnung gestellt. Wie kommt dieser Stundensatz zustande?

> In der Kalkulation des Maler- und Lackiererhandwerks sind in den meisten Fällen die Lohnkosten der höchste Faktor. Steigen die Stundenlöhne oder die lohnabhängigen Gemeinkosten, so muss die Kalkulation verändert werden. Jeder Betrieb muss eine genaue Lohnpreisberechnung nach seinen speziellen Verhältnissen anstellen.

Welche Faktoren zählen zur Lohnpreisberechnung?

Bei der Lohnpreisberechnung wird zunächst der **direkt verrechenbare Lohn** (Durchschnittslohn und evtl. Zulagen) angesetzt.
Dazu werden die **lohnabhängigen Gemeinkosten** sowie **Gewinn und Wagnis** addiert.

Was zählt zu den lohnabhängigen Gemeinkosten?

Lohnabhängige Gemeinkosten sind u. a. „indirekte Löhne" für Büropersonal, Fahrer, Hilfskräfte;
Löhne für Arbeitsvorbereitung und Wege;
Urlaubsgeld, Krankengeld, Beiträge des Betriebs zu Sozialversicherungen;
Kosten für Strom, Heizung, Miete, Fahrzeuge sowie Anlagen und Einrichtungen usw.

Wie werden diese Kosten festgestellt?

Die Gemeinkosten werden jährlich errechnet und mit einem bestimmten Prozentsatz in die Kalkulation aufgenommen.

Rechenregel

Rechenregel	Beispiellösung	
Stundenlohn		13,78 €
+ lohnabhängige Gemeinkosten	z. B. 130 % von 13,78 € =	+ 17,91 €
= Selbstkostenpreis		31,69 €
+ Gewinn und Wagnis	z. B. 10 % von 31,69 € =	3,17 €
= **Nettolohnpreis** (ohne Mehrwertsteuer)	**Nettolohnpreis für 1 Stunde**	**34,86 €**

$$\frac{\text{Nettolohnpreis für 1 Stunde}}{\text{60 Minuten}} = \textbf{Nettolohnpreis für 1 Minute} = \frac{34{,}86\ \text{€/Std.}}{60\ \text{Min.}} = 0{,}58\ \text{€}$$

Zur Vereinfachung der Lohnpreisberechnung wird ein **Lohnmalnehmer** errechnet. Der jeweils gültige Tariflohn wird mit dem Lohnmalnehmer multipliziert und man erhält den Lohnpreis.

Berechnung des Lohnmalnehmers

Verrechenbarer Lohn (angenommen)	100,00 €
+ 130 % lohnabhängige Gemeinkosten	130,00 €
= Selbstkostenpreis	230,00 €
+ 10 % Gewinn und Wagnis	23,00 €
= Nettolohnpreis	253,00 €

Lohnmalnehmer: $\frac{\text{Nettolohnpreis}}{\text{verrechenbarer Lohn}} = \frac{253\ \text{€}}{100\ \text{€}} = \mathbf{2{,}53}$

Beispiellösung Berechnen Sie den Nettolohnpreis bei einem Stundenlohn von 13,78 €.
Lohnmalnehmer: 2,53

13,78 € · 2,53 = 34,86 €

Aufgaben

1 In einem Malereibetrieb wird ein durchschnittlicher Stundenlohn von 14,15 € gezahlt. Die lohnabhängigen Gemeinkosten werden mit 128 % angegeben. Für Gewinn und Wagnis werden 12 % aufgeschlagen. Berechnen Sie den Nettolohnpreis für 1 Stunde. Wie hoch liegt der Nettolohnpreis für 1 Minute?

2 Berechnen Sie den Lohnmalnehmer für einen Betrieb, in dem 125 % lohnabhängige Gemeinkosten und 15 % Gewinn und Wagnis aufgeschlagen werden.

3 Wie hoch ist der Nettolohnpreis für die Ausführung einer Tapezierarbeit von 14 Stunden?
Stundenlohn: 12,19 €
Lohnmalnehmer: 2,3

Werkstoffeinstandspreis ermitteln

Beispielaufgabe Einem Malermeister wird von mehreren Lieferfirmen Dispersionsfassadenfarbe angeboten. Vor der Bestellung wird der günstigste Preis festgestellt.

Fast jede Ware wird vom Lieferanten zu einem festgelegten Preis angeboten. Oft besteht aber die Möglichkeit, Preisnachlässe zu erzielen, andererseits verteuert sich die Ware auch wieder durch Kosten für Porto und Verpackung. Der letztlich entstehende Preis, den der Meister bezahlen muss, ist der **Einstandspreis.**

Welche Arten von Preisnachlässen sind üblich?

In unterschiedlicher Höhe werden **Rabatte** gewährt:
Mengenrabatt,
Treuerabatt,
Sonderrabatt auf bestimmte Waren oder zu bestimmten Anlässen.
Bei Bezahlung innerhalb einer bestimmten Frist wird **Skonto** gewährt.

Rechenregel

Werkstoffeinzelpreis
– Rabatt
– Skonto
+ Portokosten (soweit nicht „frei Haus")
+ Verpackungskosten
= **Einstandspreis** (ohne Mehrwertsteuer!)

Beispiellösung

Ein 20-ℓ-Gebinde Dispersionsfassadenfarbe kostet 102,00 €.
Mengenrabatt bei 6 Gebinden: 7,5 %
Skontoabzug bei Zahlung innerhalb von 10 Tagen: 2 %
Lieferung frei Haus

6 Eimer KD-Fassadenfarbe · 102,00 €	= 612,00 €
– Mengenrabatt, 7,5 % von 612,00 €	= 45,90 €
Rechnungspreis	566,10 €
– Skonto, 2 % von 566,10 €	= 11,32 €
Einstandspreis (netto) für 6 x 20 ℓ = 120 ℓ	= 554,78 €

1 ℓ Fassadenfarbe kostet 554,78 € : 120 ℓ = 4,62 €

Aufgaben

1 Eine Rolle Raufasertapete kostet 8,30 €. Bei Abnahme von einem Karton mit 6 Rollen wird ein Mengenrabatt von 15 % gewährt. Bei Zahlung der Rechnung in 10 Tagen sind 2 % Skonto abzuziehen.
Wie hoch ist der Preis für 30 Rollen Raufaser?

2 Der Literpreis für Fassadenfarbe liegt bei 5,90 €. Bei Abnahme von 12 Gebinden erhält der Betrieb 8 % Mengenrabatt.
Die Frachtkosten von 32,00 € werden zur Hälfte von dem Lieferer getragen.
Insgesamt werden 12 Gebinde zu je 3 ℓ geliefert. Wie hoch ist der Einstandspreis pro ℓ?

3 Ein Eimer Dispersionsplastik wiegt 25 kg, er kostet 44,00 €. Das Taragewicht von 700 g ist abzuziehen und der Preis auf den Nettoinhalt zu berechnen. Wie teuer ist danach ein kg Plastik?

4 Ein Textilbelag kostet pro m^2 45,70 €, der Betrieb erhält einen Handwerkerrabatt von 25 % und zieht 3 % Skonto vom Rechnungspreis ab. Leider muss der Betrieb 20 % der Frachtkosten von insgesamt 105,00 € übernehmen.
Wie hoch ist der Einstandspreis für 60 m^2 Textilbelag?

5 Berechnen Sie den Preis folgender Materiallieferung:
25 ℓ Weißlack, je ℓ 14,25 €
15 ℓ Vorlack, je ℓ 12,75 €
12 Dosen Lackspachtel, je Dose 5,25 €
3 Gebinde Lasurfarbe zu 5 ℓ, je ℓ 10,80 €
Großhandelsrabatt: 15 %
Skontoabzug: 2 %

Nettowerkstoffpreis ermitteln

Beispielaufgabe

Ein Malermeister bezieht weißen Seidenglanzlack zum Einstandspreis von 11,45 € je ℓ.
Seinen Kunden berechnet er einen ℓ jedoch mit 16,13 €.
Wie errechnet sich der Nettowerkstoffpreis für 1 ℓ Seidenglanzlack?

Für die Werkstoffe, die ein Betrieb zur Ausführung der Aufträge benötigt, werden Großhandelspreise bezahlt, allerdings wird dieser Preis nicht in gleicher Höhe an den Kunden weitergegeben. Durch die betriebliche Kalkulation muss der Werkstoffpreis für den Kunden ermittelt werden.

Welche Faktoren zählen zur Werkstoffpreisberechnung?

Faktoren der Werkstoffpreise:
1. Der **Nettoeinkaufspreis** oder **Einstandspreis**
2. Die **werkstoffabhängigen Gemeinkosten**
3. **Gewinn und Wagnis**

Was zählt zu den werkstoffabhängigen Gemeinkosten?

Werkstoffabhängige Gemeinkosten sind u. a.:
Lagerkosten, Transportkosten, Schütt- und Schwundverluste, Kosten für die vorschriftsmäßige Entsorgung von Resten und Gebinden usw.

Wie werden diese Gemeinkosten festgestellt?

Die Gemeinkosten werden jährlich errechnet und mit einem bestimmten Prozentsatz in die Kalkulation aufgenommen (siehe lohnabhängige GK).

Rechenregel	Beispiellösung	
Einstandspreis		11,45 €
+ werkstoffabhängige Gemeinkosten	z. B. 28 % von 11,45 € =	+ 3,21 €
= Selbstkostenpreis		14,66 €
+ Gewinn und Wagnis	z. B. 10 % von 14,66 € =	+ 1,47 €
= **Nettowerkstoffpreis** (ohne Mehrwertsteuer!)	**Nettowerkstoffpreis**	**16,13 €**

Zur Vereinfachung der Werkstoffpreisberechnung kann auch ein **Werkstoffmalnehmer** errechnet werden (wie Lohnmalnehmer!). Danach wird der Einstandspreis eines Werkstoffes mit dem Werkstoffmalnehmer multipliziert und man erhält den Nettowerkstoffpreis.

Berechnung des Werkstoffmalnehmers

Einstandspreis (angenommen)	100,00 €
+ 28 % werkstoffabhängige Gemeinkosten	28,00 €
= Selbstkostenpreis	128,00 €
+ 10 % Gewinn und Wagnis	12,80 €
= Nettowerkstoffpreis	140,80 €

Werkstoffmalnehmer: $\frac{\text{Nettowerkstoffpreis}}{\text{Einstandspreis}} = \frac{140{,}80\ €}{100\ €} = \mathbf{1{,}4}$

Beispiellösung

Berechnen Sie den Nettowerkstoffpreis für 1 ℓ Seidenglanzlack.
Einstandspreis: 7,55 €
Werkstoffmalnehmer: 1,4

11,45 € · 1,4 = 16,03 €

Anm.: Die Differenz zu Beispiellösung 1 ergibt sich durch das Abrunden.

Aufgaben

1 Errechnen Sie den Werkstoffmalnehmer:
34 % werkstoffabhängige Gemeinkosten
12 % Gewinn und Wagnis

2 Berechnen Sie den Nettowerkstoffpreis für 1 ℓ Autolack.
Einstandspreis: 24,30 €
Werkstoffabhängige Gemeinkosten: 24 %
Gewinn und Wagnis: 12 %

3 Errechnen Sie den Werkstoffmalnehmer für einen Betrieb mit 32 % werkstoffabhängigen Gemeinkosten und 15 % Gewinn-und-Wagnis-Aufschlag.

4 Wie hoch ist der Nettowerkstoffpreis für 125 ℓ Putzgrund?
Einstandspreis: 2,65 €/ℓ
Werkstoffmalnehmer: 1,4

5 Beim Anstrich von 12 Türen wurden verbraucht:

4,850 ℓ Vorlack	Einstandspreis je ℓ: 13,57 €
3,250 ℓ Weißlack	Einstandspreis je ℓ: 14,25 €
800 g Lackspachtel	Einstandspreis je kg: 12,60 €

Werkstoffmalnehmer: 1,75
Errechnen Sie den Werkstoffpreis für die Arbeit.

Maschinenkosten ermitteln

Beispielaufgabe

Ein Maler- und Lackierbetrieb hat eine Strahlanlage für 11 500,00 € beschafft. Wie hoch sind die Kosten, die diese Anlage für den Betrieb verursacht?

Der Einsatz von Maschinen und Geräten erleichtert viele Arbeitstätigkeiten und hilft Arbeitszeit sparen. Allerdings verursacht er auch Kosten, die zur Kalkulation im Betrieb gehören.

Welche Kosten werden durch Maschinen und Geräte im Betrieb verursacht?

Durch Maschinen werden unterschiedliche Kosten verursacht: z. B. Abschreibung, Wartungskosten, Verzinsung, Betriebskosten (Strom, Öl usw.).

Welche Bedeutung hat die Verzinsung bei den Kosten?

Zinsen würde der Unternehmer bekommen, wenn er nicht die Maschine gekauft, sondern sein Geld angelegt hätte.

Wie wird der Wertverlust einer Maschine kalkuliert?

Maschinen und Geräte haben eine unterschiedlich lange Lebensdauer (Nutzungszeit).
Der Anschaffungspreis wird durch die Nutzungszeit dividiert (z. B. 11 500 € : 5 Jahre = 2 300 €), sodass man den Wertverlust pro Jahr erhält, in diesem Fall 20 %.
Der Wertverlust wird als **Abschreibung** bezeichnet.

Rechenregel

Jährliche Abschreibung
\+ Wartung/Instandsetzung
\+ Gemeinkosten
\+ Verzinsung

= jährliche Fixkosten (feststehende Kosten)
\+ Betriebskosten

= jährliche Maschinenkosten

Beispiellösung

Anschaffungspreis 11 500,00 €, Abschreibung 20 %, Wartung/Instandhaltung 5 %, Gemeinkosten 10 %, Verzinsung 6 %, Betriebskosten für 400 Stunden jährlich 120,00 €

Abschreibung 20 % von 11 500,00 €	2 300,00 €
Wartung/Instandhaltung 5 % von 11 500,00 €	575,00 €
Gemeinkosten 10 % von 11 500,00 €	1 150,00 €
Verzinsung 6% von 11 500,00 €	690,00 €
Fixkosten	4 715,00 €
Betriebskosten für 400 Stunden jährlich	120,00 €
jährliche Kosten für 400 Stunden:	**4 835,00 €**

Maschinenkosten je Einsatzstunde: $\frac{4\,835{,}00\ €}{400\ \text{Std.}} = \mathbf{12{,}09\ €/Std.}$

Aufgaben

1 Ein Malereibetrieb hat einen Kompressor gekauft.
Anschaffungspreis: 3 250,00 €
Abschreibung: 10 %
Instandhaltung/Wartung: 8 %
Gemeinkosten: 22 %
Verzinsung: 5 %
Betriebskosten für 250 Stunden jährlich: 65,00 €.
Wie hoch sind die jährlichen Fixkosten?
Welche Maschinenkosten entstehen pro Stunde?

2 Eine Schlagbohrmaschine kostete 468,00 €, sie wird 5 Jahre benutzt werden.
Wartung/Instandhaltung: 18,00 € jährlich
Verzinsung: 7 %
Gemeinkosten: 15 %
Betriebskosten: 0,24 € je Stunde
Nutzung: 350 Stunden im Jahr
Wie hoch sind die Kosten für diese Maschine je Stunde?

3 Ein Betrieb hat ein Fahrgerüst angeschafft.
Anschaffungspreis: 25 400,00 €
Abschreibung: 15 %
Wartung/Instandsetzung: 5 %
Gemeinkosten: 12 %
Verzinsung: 4,5 %
Einsatz pro Jahr: 40 Tage.
Welchen Preis muss der Betrieb für 1 Tag Standzeit berechnen?

4 Eine Schleifmaschine mit Staubabsaugung kostete in der Anschaffung 955,00 €.
Der Stromverbrauch beträgt 0,700 kWh, Preis für eine kWh = 0,28 €, Betriebszeit 1 200 Stunden jährlich.
Abschreibung: 20 %
Gemeinkosten: 10 %
Instandhaltung: 8 %
Verzinsung: 4 %
Berechnen Sie den Satz für eine Maschinenstunde.

5 Ein Fassadenreinigungsgerät kostet komplett 9 875 €.
Pro Stunde werden 4,5 kW Stromverbrauch gerechnet bei einem Preis von 34 Cent je kWh und 8 ℓ Heizöl für 84 Cent je ℓ.
Die jährliche Betriebszeit wird mit 200 Stunden angesetzt.
Abschreibung: 15 %
Gemeinkosten: 12 %
Instandhaltung: 8 %
Verzinsung: 5 %
a) Berechnen Sie die jährlichen Betriebskosten für die Maschine.
b) Was kostet eine Stunde mit den Lohnkosten für einen Bauhelfer + 140 % lohnabhängige Gemeinkosten?

6 Für eine Lackieranlage mit Trocknungseinrichtung hat ein Betrieb 33 000,00 € investiert.
Die jährliche Betriebszeit wird mit 180 Tagen angesetzt.
Abschreibung: 12 %
Gemeinkosten: 15 %
Instandhaltung und Wartung: 10 %
Verzinsung: 4,5 %
a) Berechnen Sie die jährlichen Fixkosten.
b) Wie hoch sind die Fixkosten für 12 Tage, an denen die Anlage wegen Reparaturen ausfällt?

Preise für Maschineneinsatz ermitteln

Beispielaufgabe

Eine Strahlanlage wurde an einem Brückenbauwerk 8 Stunden eingesetzt.
Maschinenkosten je Std. 12,09 €, Stundenlohn des Bauhelfers 11,60 €, lohnabhängige Gemeinkosten 120 %, Gewinn und Wagnis 15 %.
Berechnen Sie den Nettopreis für diesen Auftrag.

Jede Maschine muss von einem Fachmann bedient werden, sodass neben den **Fixkosten** und **Betriebskosten** auch noch **Lohnkosten** entstehen.

Welche Beträge müssen für die Berechnung des Preises für den Maschineneinsatz angesetzt werden?

Die Einzelposten für die Preisberechnung sind:
1. Maschinenkosten
2. Stundenlohn des Bedieners
3. Lohnabhängige Gemeinkosten
4. Gewinn und Wagnis

Rechenregel	**Beispiellösung**	
Maschinenkosten je Stunde		12,09 €
+ Lohnkosten pro Stunde		+ 11,60 €
+ lohnabhängige Gemeinkosten	120 % von 11,60 € =	+ 13,92 €
= Selbstkostenpreis		37,61 €
+ Gewinn und Wagnis	10 % von 37,61 € =	+ 3,76 €
= Nettopreis je Maschinenstunde	**Nettopreis je Maschinenstunde**	**41,37 €**
dividiert durch 60 = Nettopreis je Minute	Nettopreis für 8 Maschinenstunden = 8 Std. · 41,37 € = **330,96 €**	

Aufgaben

1 Ein Geselle schleift mit einem Rutscher 3,5 Std. Türen.
Maschinenkosten je Std.: 1,24 €
Stundenlohn: 12,95 € plus 10 % Zuschlag
lohnabhängige Gemeinkosten: 125 %
Gewinn und Wagnis: 10 %.
Wie hoch ist der Nettopreis?

2 Eine Fußbodenschleifmaschine wurde zum Parkettschleifen 7 Std. eingesetzt.
Maschinenkosten je Std.: 9,55 €
Stundenlohn des Helfers: 10,26 €
lohnabh. Gemeinkosten: 125 %
Gewinn und Wagnis: 10 %.
Wie viel kostet der Parkettschliff?

3 In einem Bau werden alle Heizkörper spritzlackiert.
Gesamtzeit der Arbeit: 23 Std.
Maschinenkosten für das Spritzgerät je Std.: 6,55 €
Stundenlohn des Gesellen mit Zuschlag: 16,54 €
lohnabhängige Gemeinkosten: 143 %
Gewinn und Wagnis: 12 %.
Wie hoch sind die Maschineneinsatzkosten?

Angebots- und Rechnungspreis ermitteln

Beispielaufgabe

Der Preis für die Ausführung von 210 m² scheuerfesten Dispersionsfarbenanstrich soll ermittelt werden.

Arbeitszeit:	28 Stunden
Stundenlohn:	13,78 €
lohnabhängige Gemeinkosten:	130 %
Werkstoffverbrauch:	250 ml/m²
Werkstoffpreis:	4,85 €/ℓ
werkstoffabhängige Gemeinkosten:	28 %
Gewinn und Wagnis	10 %
zuzüglich gesetzl. Mehrwertsteuer	

Im Kostenangebot oder der Rechnung für Maler- und Lackierarbeiten findet man in der Regel keine Angaben über Arbeitszeiten und Materialverbrauch. Leistungen werden nach Stück, Flächen- oder Längenmaßen in Rechnung gestellt, z. B.: Wandanstriche nach m², Geländer nach Länge in m, Türen oder Fenster nach Stück.
Die Preise dafür werden mithilfe einer Kalkulation ermittelt.

Was beinhaltet eine Kalkulation?

In der Kalkulation werden alle mit der Auftragsausführung entstehenden Kosten des Betriebes erfasst.

Welche Kalkulationsarten gibt es?

Eine **Vorkalkulation** wird vor der Auftragserteilung angestellt, um einen Angebotspreis zu ermitteln.
Die **Nachkalkulation** dient in erster Linie der Ermittlung der tatsächlichen Kosten nach erfolgter Leistungserbringung. Sie kann auch als Grundlage für spätere Vorkalkulationen dienen.

Welche Berechnungsmodelle sind möglich?

1. Ein Kalkulationsaufbau mit summarischer Zuschlagsrechnung nach dem Kostenverursacherprinzip, bei dem u. a. lohn- und werkstoffabhängige Gemeinkosten aufgeschlüsselt werden, evtl. auch Maschinen- und Sonderkosten der Fertigung und des Vertriebs.
2. Die vereinfachte Preisberechnung mit der Anwendung von Multiplikatoren, die vorher errechnet worden sind:
   - Lohnpreis/Lohnmalnehmer
   - Werkstoffpreis/Werkstoffmalnehmer
   - evtl. Maschinenstundenpreis

Preisberechnung mit Zuschlagsrechnung

Rechenregel mit	Beispiellösung 1	
Lohnkosten	28 Std. · 13,78 €/Std.	= 385,84 €
+ lohnabhängige Gemeinkosten	130 % von 385,84 €	= 501,59 €
+ Werkstoffkosten	210 m² · 0,250 ℓ/m² · 4,85 €/ℓ	= 254,63 €
+ werkstoffabhängige Gemeinkosten	28 % von 254,63 €	= 71,30 €
= Selbstkosten bzw. Herstellungskosten		**1 213,36 €**
+ Gewinn und Wagnis	10 % von 1 213,36 € =	= 121,34 €
= Nettopreis		**= 1 334,70 €**
+ gesetzliche Mehrwertsteuer	z. B. 19 %	= 253,59 €
= Rechnungspreis (Bruttopreis)		**= 1 588,29 €**

Preisberechnung mit Multiplikatoren

Rechenregel mit	Beispiellösung 2	
Gesamtarbeitszeit · Stundenlohn · Lohnmalnehmer	28 Std. · 13,78 €/Std. · 2,53	= 976,18 €
+ Werkstoffeinsatz · Werkstoffpreis · Werkstoffmalnehmer	52,5 ℓ · 4,85 €/ℓ · 1,4	= 356,48 €
= Gesamtverrechnungspreis (netto)		**= 1 332,66 €**
+ Mehrwertsteuer	z. B. 19 %	= 253,21 €
= Rechnungspreis (brutto)		**= 1 585,87 €**

Preisberechnung mit Nettolohnpreis und Nettowerkstoffpreis

Rechenregel mit	Beispiellösung 3	
Gesamtarbeitszeit · Nettolohnpreis	28 Std. · 34,86 €/Std.	= 976,08 €
+ Werkstoffeinsatz · Nettowerkstoffpreis	52,5 ℓ · 6,79 €/ℓ	= 356,48 €
= Gesamtverrechnungspreis (netto)		**= 1 332,56 €**
+ Mehrwertsteuer	z. B. 19 %	= 253,19 €
= Rechnungspreis (brutto)		**= 1 585,75 €**

Die leicht unterschiedlichen Endergebnisse kommen durch Auf- und Abrunden zustande.

Ermittlung des Einzelpreises (Stückpreis, Quadratmeter- oder Meterpreis)

Rechenregel mit		**Beispiellösung**	
$\frac{\text{Gesamtverrechnungspreis}}{\text{Menge (Stück/m}^2\text{/m)}}$	= Einzelpreis (netto)	$\frac{1\,332{,}56\ €}{210\ m^2}$	= 6,346 = **6,35 €/m²**
+ Mehrwertsteuer		z. B. 19 %	= 1,21 €
= Einzelpreis (brutto)		**je m²**	**= 7,56 €**

Aufgaben

1 Eine Zimmertür wurde beidseitig mit Weißlack lackiert, die Tür hat eine Fläche von 5,35 m², wie viel muss der Kunde für die Lackierung bezahlen?

Arbeitszeit	je m²	9,2 Min.
Lackverbrauch	je m²	0,1 ℓ
Lohnpreis	für 1 Min.	0,46 €
Nettowerkstoffpreis	für 1 ℓ Lack	13,10 €

2 Eine Wandfläche von 36,50 m² wurde mit Wandspachtelmasse ganzflächig gespachtelt. Welcher Preis wurde dem Kunden in Rechnung gestellt? Wie viel kostet 1 Quadratmeter?

Arbeitszeit	für 36,50 m²	310 Min.
Werkstoffverbrauch	für 36,50 m²	43,8 kg
Nettolohnpreis	je Stunde	31,45 €
Nettowerkstoffpreis	je kg	1,42 €

3 87,00 m² Fassadenfläche wurden mit Wärmedämmplatten beklebt. Welcher Bruttopreis ist für die Klebung der Platten zu berechnen?

Arbeitszeit	je m²	20 Min.
Nettolohnpreis	je Stunde	31,94 €
Werkstoffverbrauch	je m²	12,40 €

4 Für eine Tapezierarbeit, insgesamt 52,00 m², wurden gebraucht:

12 Rollen Mustertapete	Nettowerkstoffpreis je 8,15 €
2 Pk. Spezialkleister	Nettowerkstoffpreis je 1,78 €
750 g Streichmakulatur	Nettowerkstoffpreis 2,82 €

Arbeitszeit:

8 Gesellenstunden	Nettolohnpreis je Std. 32,15 €
6 Helferstunden	Nettolohnpreis je Std. 23,10 €

Wie viel kostet 1,00 m²?
Wie hoch ist der Rechnungspreis insgesamt?

5 Der Fußboden eines Büroraumes wurde mit Nadelfilzbelag ausgelegt. Gesamtfläche 65,60 m².
Arbeitszeit insgesamt 12 Stunden
Lohnpreis je Stunde 30,54 €
Werkstoffverbrauch:

70,00 m²	Nadelfilzbelag	Nettopreis je m² 18,15 €
12,5 kg	Ausgleichsmasse	Nettopreis je kg 3,41 €
18,5 kg	Dispersionskleber	Nettopreis je kg 4,05 €

Berechnen Sie den m²-Preis und den Gesamtpreis für die Arbeit.

6 Eine Fassadenfläche mit den Maßen 12,99 m · 5,01 m, 6 Fenstern 1,51 m · 1,89 m und 1 Tür 1,22 m · 2,22 m wurde mit Silikonharz-Dispersion beschichtet.

Arbeitszeit	11 Stunden
Stundenlohn	12,70 €
Lohnmalnehmer	2,53
Werkstoffverbrauch	16,250 ℓ
Werkstoffpreis	6,35 €/ℓ
Werkstoffmalnehmer	1,4

a) Ermitteln Sie den Rechnungspreis inkl. Mehrwertsteuer.
b) Wie hoch ist der Preis für 1 m² Fassadenanstrich?

7 Ein Wohnraum wurde renoviert, dabei wurden folgende Einzelarbeiten ausgeführt:
a) Deckenanstrich: 35,50 m² Fläche, Arbeitszeit 5 ½ Stunden, Werkstoffverbrauch 7,200 ℓ Deckenfarbe
b) Vorbereitungsarbeiten zum Tapezieren: 2 Malergesellen je 3 Stunden
c) Tapezierarbeiten: Arbeitszeit insgesamt 8 Stunden, Tapetenbedarf 14 Rollen

Stundenlohn der Gesellen	12,80 €
Lohnmalnehmer	2,94
Deckenfarbe	2,45 €/ℓ
Tapetenpreis	10,55 €/Rolle
Werkstoffmalnehmer	1,26

Ermitteln Sie den Rechnungspreis inkl. Mehrwertsteuer.

Preise von Fahrzeuglackierarbeiten berechnen – nach Kalkulationsmodell

Beispielaufgaben

Die Spachtel- und Lackierarbeiten für einen Pkw dauerten insgesamt 10 Stunden. Wie teuer wird die Teilelackierung mit 2K-Acryllackfarbe bei

a) einem Stundenlohn von 15,35 € und einem Lohnmalnehmer von 4,5, wenn der Werkstoffpreis 22,5 % des Lohnpreises beträgt?

b) einem Stundenverrechnungssatz von 69,00 €, wenn Werkstoffe zu einem Einstandspreis von 100,00 € verarbeitet wurden und der Werkstoffmalnehmer 1,50 beträgt?

c) einem Lohnpreis von 1,15 € je Lohnminute, einem Werkstoffverbrauch entsprechend Aufstellung und einem Werkstoffmalnehmer von 1,50?

Preise von Fahrzeuglackierarbeiten können auf verschiedene Weisen kalkuliert bzw. berechnet werden. Da die Bearbeitungsflächen an Fahrzeugen nicht direkt aufgemessen werden können, wird der **benötigte Zeitverbrauch** für die Bearbeitung von Fahrzeugen bzw. von Fahrzeugteilen ermittelt: in **Zeiteinheiten** (ZE), Stunden (Std.) bzw. Minuten (Min.), oder in Arbeitswerten (z. B. 1 AW = 5 Min.).

Wodurch unterscheiden sich die einzelnen Kalkulationsmodelle?

Der Lohnpreis wird stets nach dem Zeitbedarf berechnet, auf Basis des Stundenlohns und des betrieblichen Lohnmalnehmers.
Der **Werkstoffpreis** kann **überschlägig** berechnet werden, als Prozentwert vom Lohnpreis, oder **genau ermittelt**, entsprechend dem realen Werkstoffverbrauch.

Rechenregeln	**Lohnpreis** bei Fahrzeuglackierarbeiten berechnen
Lohnpreis je Zeiteinheit	= Lohn je Zeiteinheit · Lohnmalnehmer
Stundenverrechnungssatz	= Stundenlohn · Lohnmalnehmer
Lohnminute	= Stundenverrechnungssatz : 60
Arbeitswert (z. B. 1 AW = 5 Min.)	= 5 · Lohnminute
Nettolohnpreis	= Lohnpreis je Zeiteinheit · Bearbeitungszeit
	Werkstoffpreis berechnen – **Überschlagskalkulation**
Nettowerkstoffpreis	= 15–35 % vom Nettolohnpreis
	Werkstoffpreis berechnen – **Zuschlagskalkulation**
Werkstoffpreis je Einheit	= Werkstoffeinstandspreis · Werkstoffmalnehmer
Nettowerkstoffpreis	= Werkstoffpreis je Einheit · Verbrauch
	Lackierpreis von Fahrzeuglackierarbeiten berechnen
Nettolackierpreis	= Nettolohnpreis + Nettowerkstoffpreis
Bruttolackierpreis (auch: Rechnungs- oder Angebotspreis)	= Nettolackierpreis + Mehrwertsteuer (MwSt.)

Rechenhilfen mit Beispiellösungen

zu a) Überschlagskalkulation

Stundenlohn · Lohnmalnehmer	15,35 €/Std. ·	4,5
Lohnpreis je Arbeitsstunde · Bearbeitungszeit	= 69,08 €/Std. ·	10 Std.
= Nettolohnpreis	=	690,80 €
+ Nettowerkstoffpreis (22,5 % vom Nettolohnpreis)	+ 22,5 %	155,43 €
= Nettolackierpreis	=	846,23 €
+ Mehrwertsteuer (19 %)	+ 19 %	160,78 €
= **Bruttolackierpreis**	=	**1 007,01 €**

zu b) Zuschlagskalkulation

Stundenverrechnungssatz · Bearbeitungszeit	69,00 €/Std. ·	10 Std.
= Nettolohnpreis	=	690,00 €
+ Nettowerkstoffpreis (= Einstandspreis · Werkstoffmalnehmer)	+ 100,00 € · 1,5 =	150,00 €
= Nettolackierpreis	=	840,00 €
+ Mehrwertsteuer (19 %)	+ 19 %	159,60 €
= **Bruttolackierpreis**	=	**999,60 €**

zu c) Zuschlagskalkulation

Lohnminute (Lm): 1,15 €			Werkstoffmalnehmer (W): 1,50			
Lohn			**Werkstoff**			
Leistung	Zeit: Std., **Min.**, AW	Preis	Art	Verbrauch	Kosten je Einheit	Preis
1	2	3 = 2 · Lm	4	5	6	7 = 5 · 6 · W
demontieren	40	46,00 €				
reinigen	20	23,00 €	Silikonentferner	1,500 ℓ	8,63 €	19,42 €
anschleifen	25	28,75 €	Schleifscheibe	1 St.	0,58 €	0,87 €
			Rutscherstreifen	7 St.	0,29 €	3,05 €
spachteln	30	34,50 €	PE-Spachtel	0,300 kg	9,32 €	4,19 €
schleifen	200	230,00 €	Schleifpapier	20 Bg.	0,31 €	9,30 €
nachspachteln	5	5,75 €	PE-Spachtel	0,100 kg	9,32 €	1,40 €
schleifen	10	11,50 €	Schleifpapier	3 Bg.	0,31 €	1,40 €
abdecken	40	46,00 €	Abdeckpapier	50 m	0,08 €	6,00 €
grundieren	10	11,50 €	Reaktionsgrund	0,150 ℓ	13,45 €	3,03 €
schleifen	25	28,75 €	Schleifpapier	7 Bg	0,31 €	3,26 €
füllern	10	11,50 €	2K-Füller	2,000 ℓ	14,10 €	42,30 €
schleifen	25	28,75 €	Schleifpapier	5 Bg,	0,31 €	2,33 €
nachfüllern	5	5,75 €	2K-Füller	0,200 ℓ	14,10 €	4,23 €
schleifen	10	11,50 €	Schleifpapier	3 Bg.	0,31 €	1,40 €
decklackieren	90	103,50 €	2K-Acryllackfarbe	1,000 ℓ	26,35 €	39,53 €
			Härter	0,500 ℓ	12,95 €	9,71 €
			Verdünnung	0,150 ℓ	5,50 €	1,24 €
reinigen	20	23,00 €	Reinigungsverdünnung	0,250 ℓ	0,99 €	0,37 €
montieren	40	46,00 €				
Nettolohnpreis:		695,75 €	Nettowerkstoffpreis:			153,03 €

Nettolohnpreis	=	695,75 €
+ Nettowerkstoffpreis		153,03 €
= Nettolackierpreis	=	848,78 €
+ Mehrwertsteuer (19 %)	+ 19 %	161,27 €
= **Bruttolackierpreis**	=	**1 010,05 €**

Aufgaben

Berechnen Sie nach dem Schema der Überschlagskalkulation:

1 Eine Kfz-Teilelackierung dauerte insgesamt 18 Arbeitsstunden. Der Stundenlohn beträgt 13,80 €, der Lohnmultiplikator 4,5.
a) Berechnen Sie den Nettolohnpreis.
b) Berechnen Sie den Nettowerkstoffpreis, der 25 % vom Nettolohnpreis beträgt.
c) Berechnen Sie den Bruttolackierpreis, also inkl. MwSt.

2 Der Stundenlohn beträgt in einer Fahrzeuglackiererei 14,95 €, der Lohnmalnehmer 4,60. Für die Lackierung eines Pkw sind 24,5 Arbeitsstunden nötig.
a) Wie hoch ist der Nettolohnpreis?
b) Wie hoch ist der Nettowerkstoffpreis, wenn er 20 % des Nettolohnpreises ausmacht?
c) Wie hoch ist der Angebotspreis, inkl. MwSt.?

Berechnen Sie nach dem Schema der Zuschlagskalkulation:

3 Stellen Sie eine Kalkulation auf für die Lackierung von Fahrzeugneuteilen mit 1-Schicht-Metallic-Lackfarbe. Der Stundenlohn beträgt 14,10 €, der Lohnmultiplikator 4,20 und der Werkstoffmalnehmer 1,6.
a) Kalkulieren Sie den Nettolohnpreis für eine Arbeitszeit von 15 Stunden.
b) Kalkulieren Sie den Nettowerkstoffpreis, wenn Material zu einem Einstandspreis von 145,00 € verarbeitet wurde.
c) Kalkulieren Sie den Bruttolackierpreis, inkl. MwSt.
d) Kalkulieren Sie den Angebotspreis für eine 2-Schicht-Metallic-Lackierung, für die ein Aufschlag von 20 % erhoben wird.

4 Berechnen Sie die Preise für eine 1-Schicht-Uni-Lackierung, inkl. Entrostungs- und Spachtelarbeiten, bei einem Stundenlohn von 13,75 €, einem Lohnmalnehmer von 4,00 und einem Werkstoffmalnehmer von 1,80.
a) Wie teuer wird der Lohnpreis, wenn 25 Stunden gearbeitet wurde?
b) Wie teuer wird der Materialpreis, wenn Werkstoffe zu einem Einstandspreis von 175,00 € verarbeitet wurden?
c) Wie teuer wird der Rechnungspreis?
d) Um wie viel € würde sich eine 2-Schicht-Metallic-Lackierung verteuern, wenn dafür ein Aufschlag von 25 % berechnet wird?

5 Ein Kunde vergleicht zwei Kostenvoranschläge für die Reparaturlackierung seines Unfallfahrzeuges, das teilweise Neuteile erhalten, teilweise ausgebeult und gespachtelt und mit 2K-Material ganzlackiert werden soll.
Betrieb A veranschlagt 35 Arbeitsstunden bei einem Stundenlohn von 13,85 € und einem Lohnmalnehmer von 3,75. Für Werkstoffe werden Kosten von 175,00 € kalkuliert bei einem Werkstoffmalnehmer von 1,4.
Betrieb B kalkuliert 33 Arbeitsstunden zu einem Stundenlohn von 14,10 € und einem Lohnmalnehmer von 3,70, zuzüglich Werkstoffkosten in Höhe von 150,00 € bei einem Werkstoffmalnehmer von 1,8.
a) Welcher Betrieb macht den günstigeren Angebotspreis?
b) Berechnen Sie den günstigeren Angebotspreis für eine 2-Schicht-Lackierung, wenn **Betrieb A** einen Aufschlag von 22,5 % berechnet, **Betrieb B** dagegen 24,5 %.

6 Berechnen Sie für eine Kfz-Teilelackierung
a) den Nettolohnpreis, wenn 26 Arbeitsstunden nötig waren, bei einem Stundenlohn von 13,90 € und einem Lohnmultiplikator von 3,95.
b) den Nettowerkstoffpreis für folgenden Werkstoffverbrauch: 2 ℓ Silikonentferner; 1 St. Schleifscheibe; 8 Rutscherstreifen; 0,450 kg PE-Spachtel; 45 Bg. Schleifpapier; 7,50 m Abdeckpapier; 0,250 ℓ Reaktionsgrund; 2,250 ℓ 2K-Füller; 1,250 ℓ 2K-Lackfarbe; 0,750 ℓ Härter; 0,200 ℓ Verdünnung; 0,350 ℓ Reinigungsverdünnung (Anmerkung: Die jeweiligen Preise finden Sie auf S. 65 in der Aufstellung der **Beispiellösung** zu c) in der Spalte „Kosten je Einheit".). Der Werkstoffmalnehmer beträgt 1,30.
c) Berechnen Sie den Bruttolackierpreis.

7 Die Lackierungsarbeiten eines Pkw dauern ohne Spachtelarbeiten 130 Arbeitswerte (AW).
a) Wie hoch ist der Nettolohnpreis bei einem Preis von 5,10 € je AW (= 5 Min.)?
b) Wie hoch ist der Nettowerkstoffpreis für folgenden Werkstoffbedarf: 30 Bg. Schleifpapier (0,45 €/Bg.); 5 m Abdeckpapier (0,06 €/m); 2,500 ℓ 2K-Lackfarbe (24,00 €/ℓ); 0,500 ℓ Härter (15,00 €/ℓ); 0,500 ℓ Verdünnung (4,50 €/ℓ)? Der Werkstoffmalnehmer beträgt 1,55.
c) Welcher Lackierpreis wird dem Kunden in Rechnung gestellt?

8 Wie teuer wird die Neuteilelackierung einer kompletten Fahrzeugseite (Kotflügel, Tür, Schweller Seite), bei der ein Zeitverbrauch von 350 Lohnminuten kalkuliert wird zu je 0,95 €?
a) Berechnen Sie den Nettolohnpreis.
b) Wie hoch wird der Werkstoffpreis, wenn folgende Werkstoffe verarbeitet werden: 0,500 ℓ Silikonentferner (4,00 €/ℓ); 25 Bg. Schleifpapier (0,35 €/Bg.); 10 m Abdeckpapier (0,05 €/m); 0,500 ℓ Reaktionsgrund (12,50 €/ℓ); 1 ℓ Füller (13,75 €/ℓ); 1,250 ℓ 2K-Lackfarbe (21,00 €/ℓ); 0,700 ℓ Härter (13,70 €/ℓ); 0,300 ℓ Verdünnung (4,80 €/ℓ)? Der Werkstoffmalnehmer beträgt 1,48.
c) Wie teuer wird der Angebotspreis?

9 Ein Pkw soll ohne Spachtelarbeiten mit 2K-Lack außenseitig lackiert werden. Der Preis für eine Lohnminute beträgt 0,85 €, der Werkstoffmalnehmer 1,45.
a) Welcher Nettolohnpreis errechnet sich, wenn folgende Arbeitsleistungen erbracht wurden: 0,4 Std. montieren; 1 Std. reinigen; 5,5 Std. schleifen; 0,5 Std. abdecken; 0,5 Std. grundierfüllern; 6 Std. schleifen; 2,5 Std. lackieren; 0,5 Std. reinigen; 0,4 Std. montieren?
b) Welcher Nettowerkstoffpreis errechnet sich, wenn folgende Materialien verarbeitet wurden: 2,500 ℓ Silikonentferner (4,70 €/ℓ); 45 Bg. Schleifpapier (0,40 €/Bg.); 5 m Abdeckpapier (0,05 €/m); 3,500 ℓ Grundierfüller (17,30 €/ℓ); 3,500 ℓ 2K-Lackfarbe (18,50 €/ℓ); 2 ℓ Härter (16,90 €/ℓ); 1,250 ℓ Verdünnung (5,20 €/ℓ)?
c) Welcher Bruttolackierpreis errechnet sich?

Berechnen Sie die Preise nach der Bearbeitungsfläche:

10 Der Kofferaufbau eines Lkw ist von außen oberflächenzulackieren, das heißt ohne Spachtelarbeiten. Die Abmessungen betragen: Länge 5,20 m; Breite 2,20 m; Höhe 2,30 m. Mit Ausnahme der Bodenfläche werden alle Flächen lackiert. Der Lohnpreis je dm^2 beträgt 0,48 €, der Werkstoffmalnehmer 1,40.
a) Berechnen Sie den Nettolohnpreis.
b) Wie hoch sind die Nettowerkstoffkosten, wenn 18 ℓ Uni-KH-Lack (27,50 €/ℓ); 2,500 ℓ Verdünnung (5,20 €/ℓ); 10 ℓ Reinigungsverdünnung (0,75 €/ℓ) und 80 Bg. Schleifpapier (0,40 €/Bg.) nötig waren?
c) Berechnen Sie den Angebotspreis.

Preise von Fahrzeuglackierarbeiten berechnen – mit Kalkulationssystem

Beispielaufgaben

Bei einem 2010-er Pkw „Van“, Typ „Geräumig“, fünftürig, sind folgende Lackierarbeiten mit 2-Schicht-Lackierung-Wasserbasislack auszuführen: Deckel vorn (Metallteil) lackieren und Stoßfänger vorn (Kunststoffteil) lackieren. Welcher Lackierpreis errechnet sich bei einem Stundenverrechnungssatz von 80,00 € und einem Materialindex von 1,80 €?

Fertige Kalkulationssysteme geben für verschiedene Fahrzeugmodelle **Vorbereitungszeiten** (VZ) und **Arbeitszeiten** (AZ) vor. Damit sind jegliche Arbeitstätigkeiten erfasst. Ebenso wurden die Materialkosten für sämtliche Lackierflächen ermittelt und in **Materialpunkte** (MP) umgerechnet. Je nach tatsächlichem Arbeitsaufwand werden verschiedene **Lack(ier)stufen** berücksichtigt, z. B. inkl. Spachteln, als auch unterschiedliche **Lacke(arten),** z. B. Einschicht- bzw. Zweischicht-Systeme oder Metallics. Die entsprechenden Angaben werden aus ständig aktualisierten Tabellenwerken abgelesen und in vor- oder selbstgefertigte Kalkulationsübersichten eingetragen, zunehmend per EDV.

Wie werden die verschiedenen Kalkulationssysteme gehandhabt?

In Betrieben eingesetzte Kalkulationssysteme sind anerkannt vom **VDA** (Verband der Automobilindustrie). Mit ihnen werden auch Versicherungsschäden abgewickelt. Für die Systeme benötigt man jeweils den betrieblichen **Stundenverrechnungssatz** sowie den **Materialindex.** Die Kalkulation erfolgt mit PC und einer Kalkulationssoftware.

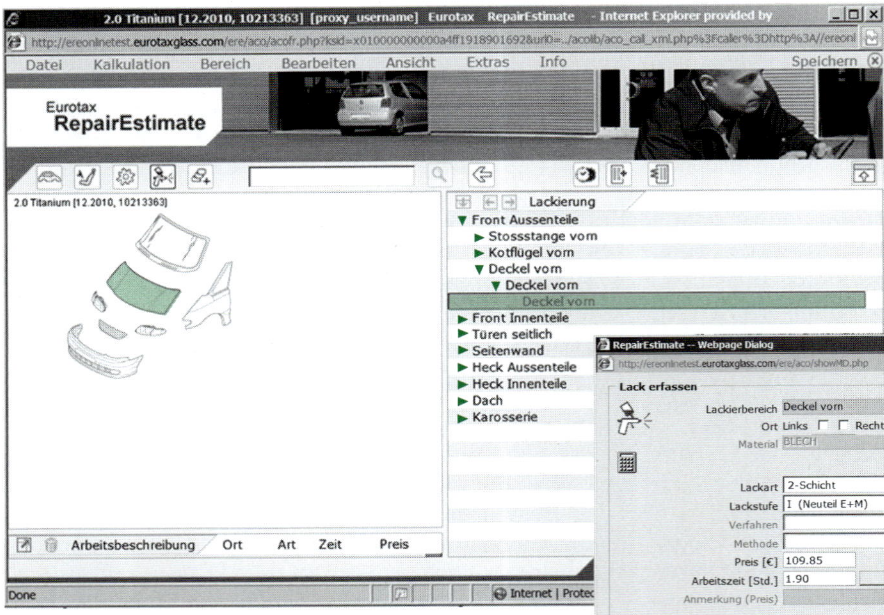

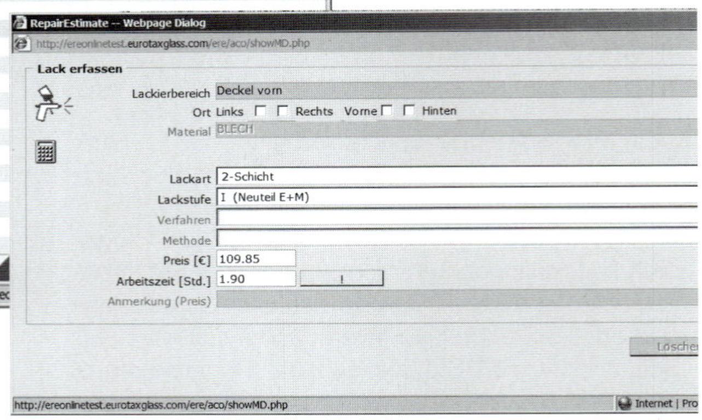

Berechnung von Reparaturkosten mithilfe von spezieller Software: Fahrzeugteil auswählen, Lack erfassen

Rechenhilfen mit Beispiellösung

Preise von Fahrzeuglackierarbeiten mit EurotaxSCHWACKE berechnen

Lackierstufen für Metallteile

Neuteil E/M **I**	Neuteillackierung – kompletter Lackaufbau E = Einschweißteil M = Montageteil
Oberfläche/ Innenteil **II**	Oberflächenlackierung z. B. kleine Beschädigungen in der Oberfläche (ohne Spachtelarbeiten), Farbtonangleichung
	Innenteillackierung Neuteil- und Reparaturlackierung (inkl. Spachtelarbeit) von Innenteilen (Motorraum freigelegt und gereinigt – s. Zusatzarbeiten)
Reparatur bis 50 % **III**	Reparaturl. mit Spachtelauftrag bis zu 50 % der Fläche eines Teiles
Reparatur über 50 % **IV**	Reparaturl. mit Spachtelauftrag über 50 % der Fläche eines Teiles

Lackierstufen für Kunststoffteile

K1R	Neuteil/ohne Fülleranteil
K1N	Neuteil/mit Füllerauftrag/ohne Schleifen
K1G	Neuteil/mit Füllerauftrag/mit Schleifen
K2	Oberflächenauftrag
K3	Reparaturlackierung

Lackarten

Uni/Metallic 1-Schicht
bezieht sich auf die 2K-Decklackmaterialien für eine 1-Schichtlackierung.

Uni/Metallic 2-Schicht
bezieht sich auf die Lackierung mit Uni- oder Metallicbasislack mit anschließendem 2K-Klarlacküberzug.

Basislacksysteme
- **konventioneller Basislack (Acryllack)**
- **Wasserbasislack**

Lackierungen mit **anderen Effektlacken** und/oder in **3- bzw. 4-Schichtverfahren** werden mit den Tabellen der jeweiligen Lackierverfahren/Lackiermethoden kalkuliert.

Vorbereitung zur Lackierung

Die Lackierzeit ist abhängig von der Lackart: 1-Schicht oder 2-Schicht,
der Materialwert hängt vom Lackiergrund ab:

1. Werden **nur** Metallteil(e) **oder** Kunststoffteil(e) lackiert, dann die entsprechenden Daten aus dem Bereich „Hauptarbeiten" der Tabelle entnehmen.
2. Werden Metallteil(e) **und** Kunststoffteil(e) lackiert, gilt die zeithöchste Vorbereitung (lt. Tabelle) als „Hauptarbeit" und für den anderen Werkstoff die „Verbundarbeit". Bei zeitgleicher Vorbereitung gilt die „Hauptarbeit" für Metallteil(e) und die „Verbundarbeit" für Kunststoffteile.

Es gibt die Lackierstufen: I, III, IV und II auf Metall bzw. K1N, K1G, K3 oder K1R, K2 auf Kunststoff.
Lackiert wird in angebautem Zustand ohne oder mit Vorlackieren bzw. in abgebautem Zustand.
An Vorbereitungspositionen sind möglich: Lack mit der Mischanlage anmischen, Farbmuster und endgültige Farbtonfindung, 2-Farbenlackierung.
Einmal je Lackauftrag werden Zeit und Material für die „Vorbereitung zur Lackierung" hinzugerechnet.

Lackart	**Uni/Metallic 1-Schicht**				**Uni/Metallic 2-Schicht**			
Werkstoff der Hauptarbeit	**Metallteil(e)**		**Kunststoffteil(e)**		**Metallteil(e)**		**Kunststoffteil(e)**	
Lackierstufe	**I, III, IV**	**II, Innenteil**	**K1N/G, K3**	**K1R, K2**	**I, III, IV**	**II, Innenteil**	**K1N/G, K3**	**K1R, K2**
Lackierung von Hauptarbeiten								
am Fahrzeug ohne Vorlackieren	Std. 1,3 / € 25,10	Std. 0,4 / € 25,10	Std. 1,3 / € 25,10	Std. 0,4 / € 25,10	Std. 1,7 / € 25,10	Std. 0,7 / € 25,10	Std. 1,7 / € 25,10	Std. 0,7 / € 25,10
am Fahrzeug mit Vorlackieren	Std. 1,5 / € 38,90		Std. 1,5 / € 38,90	Std. 0,6 / € 38,90	Std. 2,1 / € 38,90		Std. 2,1 / € 38,90	Std. 1,1 / € 38,90
nur abgebaute (Montage-) Teile	Std. 0,3 / € 25,10	Std. 0,3 / € 25,10	Std. 0,6 / € 23,30	Std. 0,3 / € 23,30	Std. 0,5 / € 25,10	Std. 0,5 / € 25,10	Std. 0,8 / € 23,30	Std. 0,5 / € 23,30

Lackierung von Verbundarbeiten bei einem weiteren Werkstoff d. h. zu Metall- zusätzlich Kunststoffteil(e) oder zu Kunststoff- zusätzlich Metallteil(e)	**Uni/Metallic 1-Schicht**		**Uni/Metallic 2-Schicht**	
	K1N/G, K3 / **I, III, IV**	**K1R, K3** / **II, Innenteil**	**K1N/G, K3** / **I, III, IV**	**K1R, K3** / **II, Innenteil**
	Std. 0,6 / € 12,00	Std. 0,3 / € 8,40	Std. 0,8 / € 12,00	Std. 0,5 / € 8,40

ggf. zusätzlich bei Hauptarbeiten	**Uni/Metallic 1-Schicht**	**Uni/Metallic 2-Schicht**
• Lack anmischen mit Mischanlage	Std. 0,2 / € --	Std. 0,3 / € --
• Farbmuster und Farbtonfindung	Std. 0,2 / € 2,50	Wasserbasislack: Std. 0,3 / € 2,50
• 2-Farbenlackierung	Std. 0,1 / € 17,00	Std. 0,1 / € 17,00
• Abdeckarbeiten am Kunststoffteil	Std. 0,2 / € 1,60	Std. 0,2 / € 1,60
Summen	Std. / €	Std. / €

Positionsbezeichnung für Personenwagen

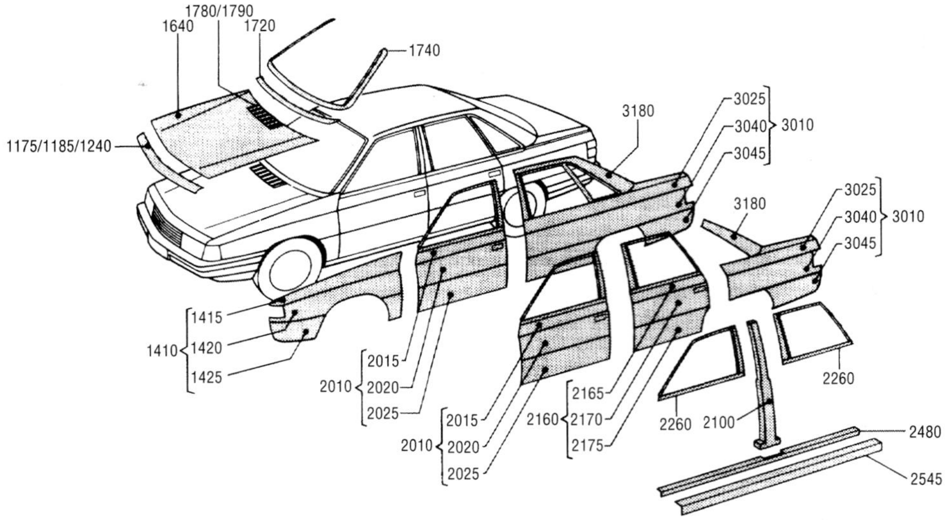

1175 Frontblende
1185 Frontverkleidung oben
1240 Frontblech oben
1410 Kotflügel vorn komplett
1415 Kotflügel vorn Oberteil
1420 Kotflügel vorn Mitte
1425 Kotflügel vorn Unterteil
1640 Deckel vorn
1720 Windlauf vorn
1740 Windlauf vorn mit A-Säulen
1780 Lüftungsblech vorn
1790 Lüftungsblende vorn
2010 Tür vorn komplett
2015 Tür vorn Oberteil
2020 Tür vorn Mitte
2025 Tür vorn Unterteil
2100 B-Säule
2160 Tür hinten komplett
2165 Tür hinten Oberteil
2170 Tür hinten Mitte
2175 Tür hinten Unterteil
2260 Fensterrahmen vorn/hinten
2480 Schweller
2545 Schweller-Abdeckblende
3010 Seitenwand hinten komplett
3025 Seitenwand hinten Oberteil
3040 Seitenwand hinten Mitte
3045 Seitenwand hinten Unterteil
3180 C-Säule

VAN								Geräumig 2010 Kombi-5			VAN							
Uni/Metallic 1-Schicht											Uni/Metallic 2-Schicht							
Neuteil E / Neuteil M I		Oberfläche / Innenteil II		Reparatur bis 50 % III		Reparatur über 50 % IV					Neuteil E / Neuteil M I		Oberfläche / Innenteil II		Reparatur bis 50 % III		Reparatur über 50 % IV	
Std.	€	Std.	€	Std.	€	Std.	€	Pos.	FRONT	Bereich	Std.	€	Std.	€	Std.	€	Std.	€
1,8	90,13	**0,9**	46,05	**1,8**	57,07	**2,9**	68,90	1640	**Deckel vorn**		**1,9**	109,85	**0,9**	52,66	**2,0**	64,84	**3,0**	76,10
									MITTE									
1,5	68,38	**0,7**	34,94	**1,5**	43,30	**2,4**	52,27	2010	**Tür vorn komplett**	K	**1,6**	83,34	**0,8**	39,95	**1,7**	49,19	**2,5**	57,73
1,5	69,15	**0,7**	35,33	**1,5**	43,79	**2,4**	52,87	2160	**Tür hinten komplett**	K	**1,6**	84,28	**0,8**	40,41	**1,7**	49,75	**2,5**	58,38
1,5	24,51	**0,5**	11,91	**0,9**	14,76	**1,4**	17,82	2480	**Schweller**		**1,6**	29,61	**0,5**	13,62	**1,0**	16,77	**1,4**	19,68
8,4	236,93	**1,6**	115,13	**3,6**	142,68	**5,9**	172,26	2810	**Dach Mittelteil**		**9,3**	286,23	**1,8**	131,66	**4,0**	162,11	**6,3**	190,24
–	–	**0,5**	9,13	**0,9**	11,32	**1,3**	13,66	2815	**Dach seitlich**		–	–	**0,5**	10,44	**0,9**	12,86	**1,3**	15,09
									Heck									
2,8	63,73	**0,7**	30,97	**1,4**	38,38	**2,2**	46,33	3010	**Seitenwand hinten komplett**	K	**3,0**	76,99	**0,7**	35,41	**1,5**	43,60	**2,3**	51,17

K1R		K1N		K1G		K2		K3			KUNSTSTOFF POSITIONEN		K1R		K1N		K1G		K2		K3	
0,9	72,90	**1,1**	84,34	**1,7**	84,66	**0,8**	40,77	**1,4**	50,86	1010	**Stoßfänger vorn**	k	**1,1**	86,01	**1,3**	97,45	**1,9**	97,76	**0,9**	49,61	**1,5**	60,74
0,3	2,10	**0,4**	2,43	**0,4**	2,44	**0,3**	1,18	**0,9**	1,47	1510	**Kotflügelblende vorn**		**0,3**	2,48	**0,4**	2,81	**0,4**	2,82	**0,3**	1,43	**0,9**	1,75
0,3	4,91	**0,4**	5,68	**0,5**	5,70	**0,3**	2,74	**0,9**	3,42	2060	**Aussenspiegel**		**0,3**	5,79	**0,4**	6,56	**0,5**	6,58	**0,3**	3,34	**0,9**	4,09
0,8	56,08	**0,9**	64,88	**1,4**	65,12	**0,7**	31,36	**1,2**	39,12	3875	**Stossfänger hinten Unterteil**	c-e	**0,9**	66,16	**1,1**	74,96	**1,5**	75,20	**0,8**	38,16	**1,3**	46,72

EurotaxSCHWACKE

Lackierkostenermittlung

Aufnahme – Kalkulation

Kunde- bzw Fahrzeughalter		Fzg.-Typ: VAN Geräumig EZ: 1. 10. 2010 Fgst.-Nr.: Farb-Code:	
Versicherung		**Lackart:** Uni / Metallic 1-Schicht ☐ Uni / Metallic 2-Schicht ✗ Wasserbasislack ✗ Berater: Datum:	**Autrag-Nr.**

Was wird lackiert?		**Wie wird lackiert?**						**Mit welchem Aufwand wird lackiert?**	
		Teil wird abgebaut vorlackiert	Teil wird abgebaut vorlackiert	Lackierstufen für Metallteile: Neuteil E+M I	Oberfläche Innenteil II	Reparatur bis 50 % III	Reparatur über 50 % IV		
		Lackierstufen für Kunststoffteile						Lackierzeit	Lackiermaterialkosten
Pos.-Nr.	Teil- bzw. Partiebezeichnung	K1R	K1N	K1G	K2	K3	---	Std.	€
1640	Deckel vorn	✗		/				1,9	109,85
1010	Stoßfänger vorn	K1R						1,1	86,01
„Vorbereitung zur Lackierung" für Hauptarbeit ▶								2,1	38,90
ggf. „Vorbereitung zur Lackierung" für Verbundarbeit ▶								0,5	8,40
Lack anmischen mit Mischanlage ▶								0,3	- - - -
Farbmuster und endgültige Farbtonfindung ▶								0,3	2,50
Summen								6,2	245,66
								x Stundensatz 80,00 €	x Index 1,80
								= 496,00 €	= 442,19 €

Nettolackierkosten	938,19 €
+ MwSt.	178,26 €
Bruttolackierkosten	1116,45 €

COUPÉ Uni/Metallic 1-Schicht								911 2000-2005 2-türig			COUPÉ Uni/Metallic 2-Schicht							
Neuteil E / Neuteil M I		Oberfläche / Innenteil II		Reparatur bis 50 % III		Reparatur über 50 % IV					Neuteil E / Neuteil M I		Oberfläche / Innenteil II		Reparatur bis 50 % III		Reparatur über 50 % IV	
Std.	€	Std.	€	Std.	€	Std.	€	Pos.	FRONT	Bereich	Std.	€	Std.	€	Std.	€	Std.	€
1,2	44,29	0,6	22,63	1,2	28,04	1,9	33,86	1410	Kotflügel vorn komplett		1,2	53,98	0,6	25,88	1,3	31,86	1,9	37,39
1,8	92,46	0,9	47,24	1,8	58,55	2,9	70,69	1640	Deckel vorn		2,0	112,69	0,9	54,03	2,0	66,52	3,1	78,06
									MITTE									
1,3	57,50	0,7	29,38	1,4	36,41	2,2	43,96	2010	Tür vorn komplett	F	1,4	70,08	0,7	33,00	1,5	41,37	2,3	48,54
1,3	18,79	0,5	9,13	0,9	11,32	1,3	13,66	2480	Schweller		1,4	22,70	0,5	10,44	0,9	12,86	1,3	15,09
3,6	88,24	0,8	42,88	1,7	53,14	2,7	64,15	2810	Dach Mittelteil		3,9	106,60	0,9	49,03	1,9	60,37	2,9	70,85
									Heck									
4,0	100,49	0,9	48,83	1,9	60,52	3,0	73,06	3010	Seitenwand hinten komplett	K	4,4	121,40	1,0	55,84	2,1	68,76	3,2	80,69
–	–	0,8	42,08	1,7	52,15	2,7	62,96	3025	Seitenwand hinten Oberteil	A-D	–	–	0,9	48,12	1,9	59,25	2,9	69,54
–	–	0,4	6,75	0,8	8,36	1,2	10,10	3045	Seitenwand hinten Unterteil	E	–	–	0,4	7,72	0,8	9,50	1,2	11,15
1,0	31,86	0,5	16,28	1,1	20,17	1,6	24,35	3430	Deckel hinten		1,0	38,83	0,6	18,61	1,1	22,92	1,6	26,90

K1R		K1N		K1G		K2		K3			KUNSTSTOFF POSITIONEN		K1R		K1N		K1G		K2		K3	
0,3	4,21	0,4	4,87	0,5	4,88	0,3	2,35	0,9	2,93	2060	Außenspiegel		0,3	4,96	0,4	5,62	0,5	5,64	0,3	2,86	0,9	3,60
0,4	16,82	0,5	19,46	0,7	19,54	0,4	9,41	1,0	11,74	3735	Heckspoiler		0,5	19,85	0,6	22,49	0,7	22,56	0,4	11,45	1,0	14,02

Aufgaben

Fertigen Sie sich selbst entsprechende Abrechnungsvorlagen an. Rechnen Sie mit einem Stundenverrechnungssatz von 80,00 €, einem Materialindex von 1,80 € und mit dem gültigen Mehrwertsteuersatz. Ist nichts anderes vermerkt, gelten die Lackierteile als **nicht abgebaut.**

1

a) Bei einem Pkw „Van", Typ „Geräumig", 5-türig, Bj. 2010, sind mit Wasserbasislack in 1-Schicht-Lackierung zu lackieren: Schweller oberflächenlackieren und Tür vorn komplett (unter 50 % Spachtelfläche).

b) Wie teuer wäre die Lackierung in einer 2-Schicht-Lackierung?

2 Wie teuer ist die 2-Schicht-Lackierung folgender Neuteile für einen Pkw „Van", Typ „Geräumig", mit Acryllack: Seitenwand hinten komplett und Stoßfänger hinten (Kunststoffteil)?

3

a) Berechnen Sie den Preis für die Lackierarbeiten mit Wasserbasislack in 2-Schicht-Lackierung an einem Sportwagen „Coupé", Typ „911", Bj. 2004: rechte Tür und Heckspoiler (Kunststoffteil) oberflächenlackieren, Seitenwand hinten komplett (über 50 % Spachtelfläche).

b) Wie viel günstiger wäre eine 1-Schicht-Lackierung?

4 Wie teuer wird die Lackierung bei einem „Coupé", Typ „911" mit Wasserbasislack in 2-Schicht-Lackierung: linke Tür unter 50 % spachteln, Außenspiegel (Kunststoffteil) oberflächenlackieren, Deckel vorn erneuern, linken Kotflügel vorn über 50 % Spachtelfläche?

5

a) Kalkulieren Sie eine Oberflächenlackierung für das Dach eines „Coupé 911" in einer 2-Farben-Lackierung mit Wasserbasislack in 2-Schicht-Lackierung.

b) Wie viel günstiger wäre eine 1-Schicht-Lackierung?

6 Ein Kunde wünscht einen Angebotspreis für Lackierarbeiten an seinem „Coupé 911", Baujahr 2005 in einer Metallic-2-Schicht-Lackierung.
Berücksichtigen Sie folgende Auftragspositionen:
Neuteillackierung: linker Kotflügel, Beifahrertür und linke Seitenwand;
Oberflächenlackierung: Schweller links und Dach Mittelteil;
Reparaturlackierung: Außenspiegel und Heckspoiler.
Berücksichtigen Sie den Mehrwertsteuersatz

Maler und Lackierer 1

1 Für eine Anstrichfläche von 420 m^2 braucht man 9 15-ℓ-Eimer Latexfarbe. Wie viele 10-ℓ-Eimer Latexfarbe braucht man für eine Fläche von 125 m^2?

2 Die Nassschichtdicke eines Anstrichfilmes beträgt 85 µm, die Trockenschichtdicke wird mit 68 µm gemessen.
a) Wie viel % Lösemittel sind beim Trocknen verdunstet?
b) Wie viel ml Lösemittel enthielt die verbrauchte Lackmenge von 0,550 ℓ?

3 Für einen Kredit von 2 400,00 € zahlt ein Geselle 9,8 % Zinsen jährlich. Wie viel Zinsen muss er für 8 Monate zahlen?

4 Ein verarbeitungsfertiger DD-Lack besteht aus 3 Teilen Stammlack + 1 Teil Härter, dazu kommen noch 10 % Verdünnung.
Berechnen Sie die fertige Materialmenge, wenn 5 ℓ Stammlack zur Verfügung stehen.

5 Alle Seiten dieses Körpers werden beschichtet. Berechnen Sie die Gesamtfläche.

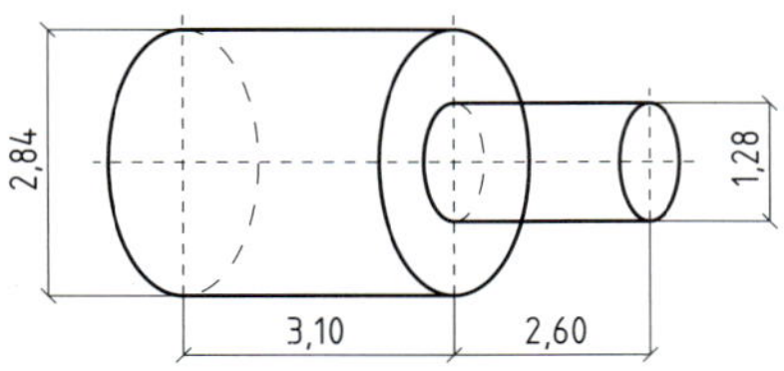

6 Die Sitzflächen eines Sandkastens werden gestrichen.
a) Berechnen Sie den Flächeninhalt der Sitzfläche.
b) Die Kanten sollen farbig abgesetzt werden, wie viel m sind das?

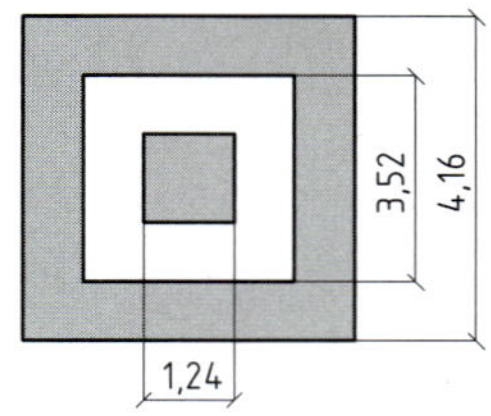

7 Die abgebildete Decke wird mit Dämmplatten 40 · 40 cm belegt.
Berechnen Sie die benötigte Plattenmenge.

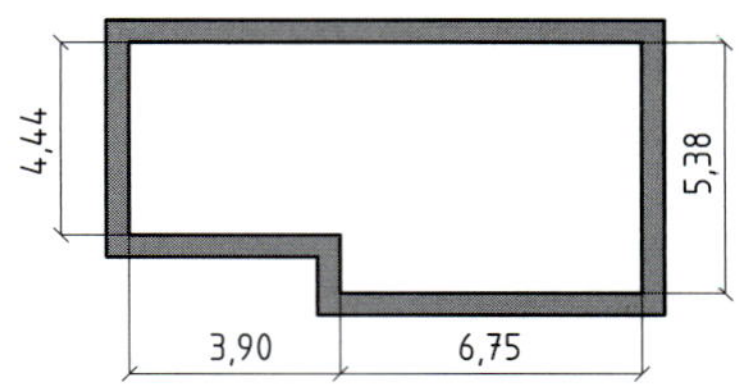

8 Berechnen Sie den Werkstoffverbrauch in kg.
Verbrauch: 285 g je m^2
Anstrichfläche: 135 m^2

Maler und Lackierer 2

1 Für den Anstrich eines Garagentores von 4,25 m^2 wurden 850 g Lackfarbe verbraucht.
a) Berechnen Sie den Verbrauch in kg für 25,50 m^2.
b) Wie viel ℓ sind das bei einer Dichte $\varrho = 1{,}4$?

2 Für eine Überstunde bekommt ein Geselle 25 % Aufschlag zu seinem Stundenlohn von 12,80 €. Wie viel Bruttolohn bekommt er für 40 Stunden + 7 Überstunden?

3 Ein Überziehungskredit bei der Bank kostet 13,5 % Zinsen jährlich. Wie teuer wird das Überziehen des Kontos um 1 500,00 € in 2 Monaten?

4 Ein Zweikomponentenlack wird im Verhältnis 4 Teile Stammlack + 1 Teil Härter gemischt.
1 ℓ Stammlack kostet 52,50 €,
1 ℓ Härter kostet 28,10 €.
Es sollen 3,500 ℓ fertiger Lack angemischt werden.
a) Wie viel Stammlack und wie viel Härter werden benötigt?
b) Wie hoch ist der Preis für einen ℓ fertigen Lack?

5 Ein auf dem Dach montiertes Firmenzeichen wird allseitig lackiert. Berechnen Sie die Gesamtfläche.

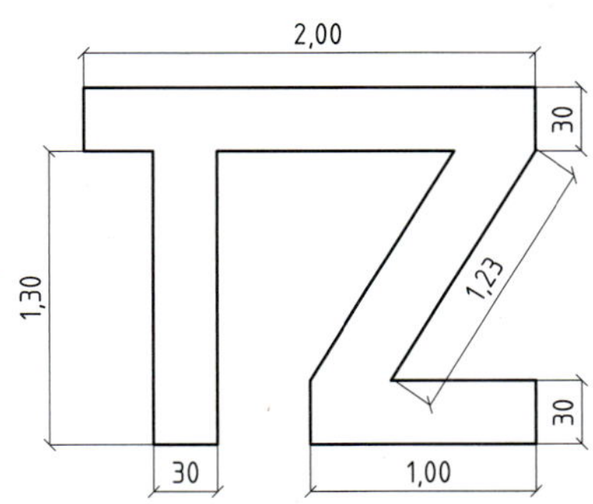

6 Berechnen Sie die Mantelfläche dieses Silos (einseitig).

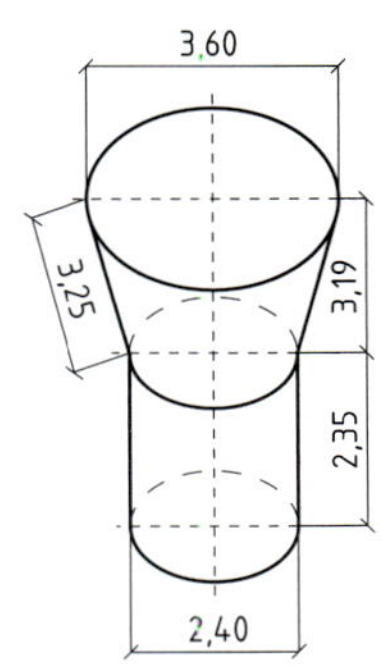

Maler und Lackierer 2

7 Die Beschichtung der Fassadenfläche ist abzurechnen, die Leibungen wurden nicht beschichtet.

a) Wie viel m² wurden beschichtet?

b) Wie hoch ist der Gesamtpreis bei folgenden m²-Preisen, zuzüglich gesetzliche Mehrwertsteuer?

Lohnpreis: 12,35 €

Werkstoffpreis: 2,52 €

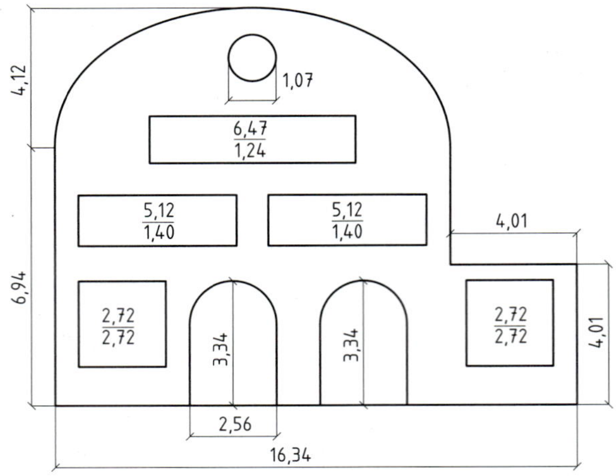

Maler und Lackierer 3

1 Eine Arbeit soll in 20 Tagen von 5 Gesellen fertig gestellt werden, die tägliche Arbeitszeit beträgt 8 Stunden.
Vor Beginn der Arbeit wird 1 Geselle krank.
Wie viele Überstunden müssen die 4 Gesellen leisten, damit der Termin eingehalten werden kann?

2 Auf einen Rechnungsbetrag von 525,00 € bekommt der Kunde einen Nachlass von 26,25 €. Wie viel % Rabatt sind das?

3 Ein Darlehen von 8 000,00 € wird nach 1 Jahr mit insgesamt 8 720,00 € zurückgezahlt. Wie hoch ist der Zinssatz?

4 Die abgebildete Buchstabenkombination soll mit Blattgold belegt werden. Berechnen Sie den Bedarf an Gold. 1 Blatt hat die Maße 80 x 80 mm, 1 Heftchen enthält 25 Blatt, wie viele Heftchen sind zu beschaffen?

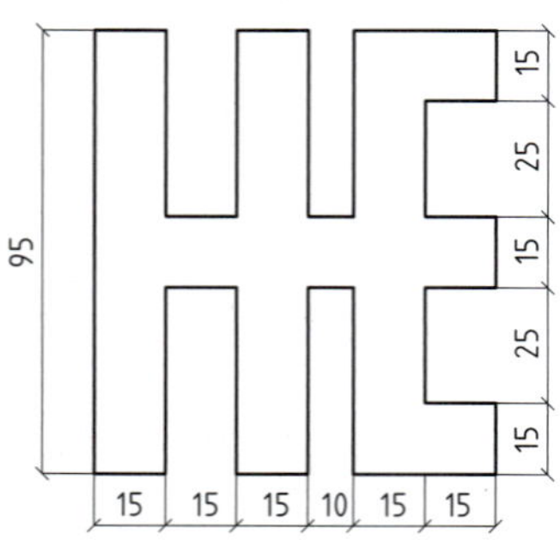

5

a) Berechnen Sie die Flächen dieses oben offenen Zylinders, beidseitig.

b) Wie viel ℓ Flüssigkeit befinden sich in dem Behälter bei einer Füllhöhe von 80 cm?

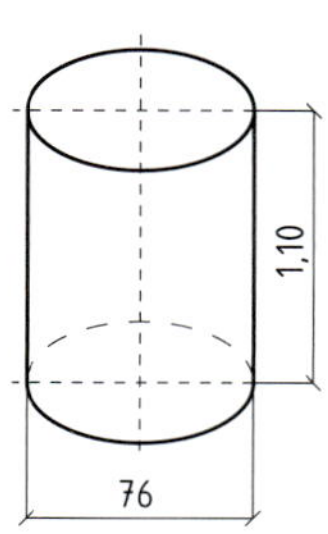

6 5 Türen sind zu berechnen.

Maße: 1,02 · 2,08 m i. L.

Futtertiefe: 0,24 m

Bekleidung: 0,12 m

Beschichtung beidseitig.

7

a) Berechnen Sie die Fläche der abgebildeten Fassade, Leibungen werden nicht gestrichen.

b) Wie viel Stunden werden 2 Gesellen für die Arbeit brauchen, wenn 5 Gesellen für die Beschichtung von 120 m² Fläche 9 Stunden benötigt haben?

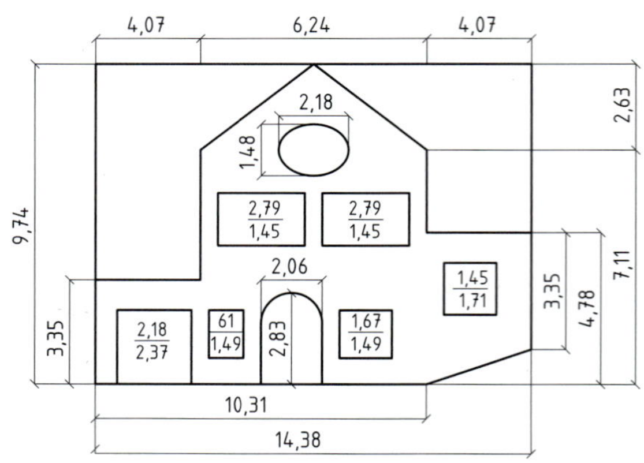

8 Für eine Anstricharbeit wurden insgesamt 44 ℓ Dispersionsfarbe verbraucht.

Literpreis netto: 2,15 €

werkstoffabhängige Gemeinkosten: 38 %

Die Arbeitszeit für die Ausführung betrug 11 Stunden.

Stundenlohn: 12,85 €

lohnabhängige Gemeinkosten: 115 %

Aufschlag für Gewinn und Wagnis: 10 %

Errechnen Sie den Endpreis (inkl. MwSt.).

Maler und Lackierer 4

1 Zum Kleben von 16 Rollen Tapeten wurden 7 Stunden Zeit benötigt. Berechnen Sie den Zeitbedarf für das Kleben von 24 Rollen.

2 Bei einem Tapetenverbrauch von 55 m^2 mussten 15 % Verschnitt berechnet werden, wie viel m^2 kommen zum Ansatz?

3 Die Klasse der Maler und Lackierer besuchen 21 Auszubildende, das sind 3,5 % der gewerblichen Abteilung. Wie viele Schüler besuchen die Abteilung?

4 Ein Lottogewinner lebt von den Zinsen seines Kapitals. Er hat es mit 6,5 % angelegt und erhält so jeden Monat 6 500,00 €. Wie hoch ist sein Kapital?

5 Kalkzementmörtel wird aus folgenden Werkstoffen zusammengesetzt:
1 Raumteil Zement
2 Raumteile Kalkhydrat
8 Raumteile Sand
Wie viel ℓ von jedem Werkstoff sind in 250 ℓ Mörtel enthalten?

6 Boden, Deckel und Mantel dieses Kessels werden von außen beschichtet.
a) Wie viel m^2 ergibt das?
b) Wie hoch ist der Werkstoffverbrauch, wenn für 1 m^2 150 ml Lackfarbe nötig sind?

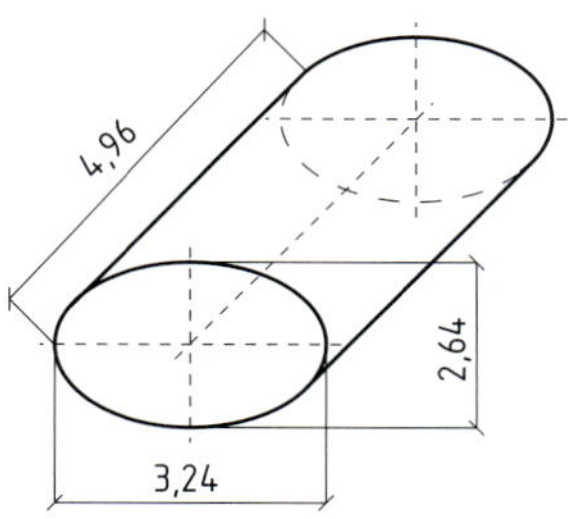

7 In dem abgebildeten Raum wird ein Teppichboden eingelegt. Bahnenbreite: 2,00 m. Berechnen Sie den Bedarf:
a) für Längsverlegung
b) für Querverlegung

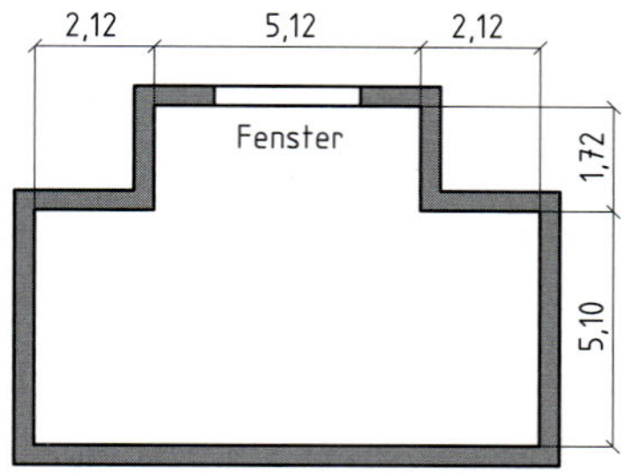

8 Eine Fassade erhält einen Silikatfarbenanstrich. Berechnen Sie den Rechnungsendpreis für die Ausführung.
Materialpreis je m^2: 0,87 € + 35 % werkstoffabhängige Gemeinkosten
Arbeitszeit: 24 Min. je m^2, Stundenlohn: 12,85 €
lohnabhängige Gemeinkosten: 112 %
Gewinn und Wagnis: 10 %; zuzüglich Mehrwertsteuer

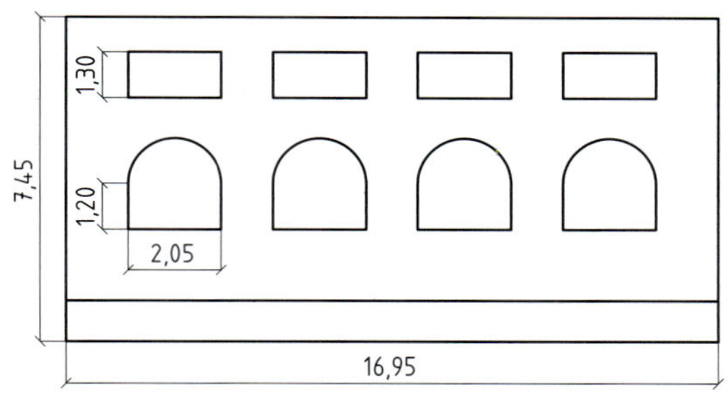

9 Berechnen Sie den Preis des Werkstoffverbrauchs.
Verbrauch: 285 g je m^2
Anstrichfläche: 270 m^2
Werkstoffpreis: 12,85 €/kg

Maler und Lackierer 5

1 Eine Fassadenbeschichtung wurde von 3 Gesellen in 22 Stunden bewältigt. Welche Zeit muss einkalkuliert werden, wenn zur Beschichtung von 3 Fassaden der gleichen Größe 6 Gesellen eingesetzt werden?

2 Berechnen Sie den Jahreszinssatz, wenn man für 1 250,00 € nach 10 Monaten 100,00 € Zinsen bekommt.

3 Zum Kleben von Vinyltapeten wird Spezialkleister im Verhältnis 1 : 20 angesetzt, dazu werden noch 10 % Kunstharzkleber gegeben.
Berechnen Sie die Wassermenge und den Kunstharzkleberzusatz in kg für den Ansatz eines Päckchens von 200 g Kleister.

4
a) Berechnen Sie die Innenfläche dieses offenen Behälters.
b) Wie viel m^2 beträgt die Beschichtungsfläche, wenn der Mantel beidseitig lackiert wird?

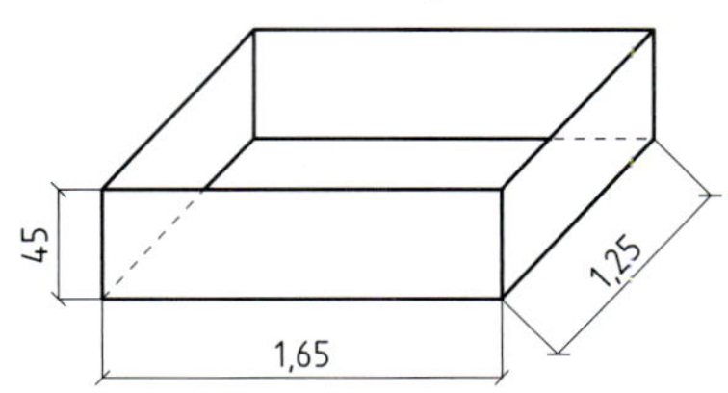

Maler und Lackierer 5

5 Die abgebildete Fläche wird mit Dispersionsplastik beschichtet.

a) Berechnen Sie die Fläche nach VOB. Leibungstiefe: 0,25 m.

b) Berechnen Sie den Preis für den Materialverbrauch:
Verbrauch je m²: 560 ml
Preis je ℓ: 2,65 €
Es werden 42 % werkstoffabhängige Gemeinkosten aufgeschlagen.

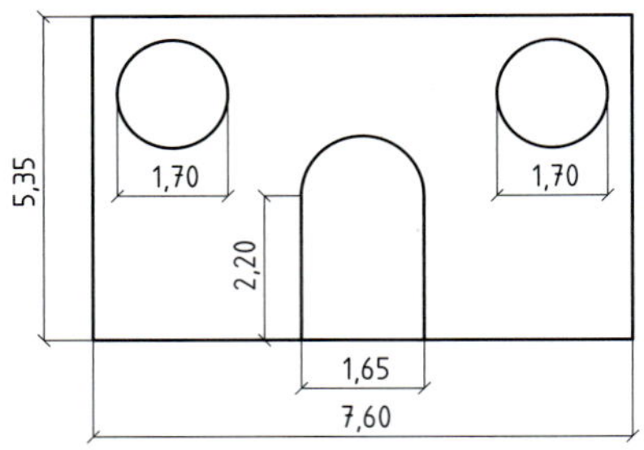

6

a) Berechnen Sie die Fläche der abgebildeten Fassade nach VOB.

b) Wie hoch ist der Werkstoffverbrauch für 2 Anstriche, wenn 12,5 ℓ (1 Eimer) für 62,5 m² je Beschichtung reichen?

c) Wie viel Arbeitszeit werden 3 Gesellen benötigen, wenn 1 Geselle pro m² Anstrich 8 Minuten benötigt?

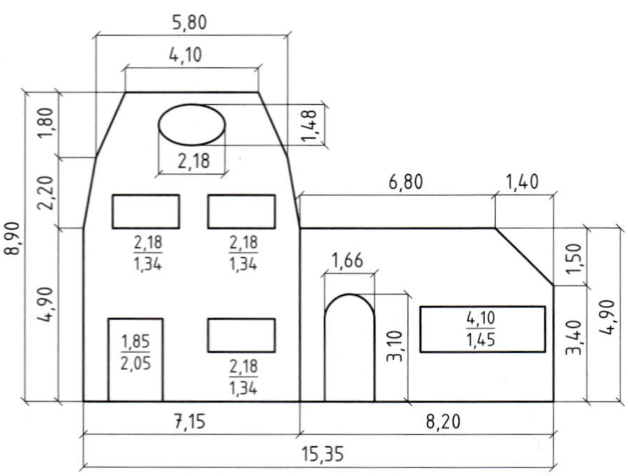

Leibungstiefe: 0,18 m

7 Berechnen Sie die Lohnkosten.

Arbeitszeit:	12 Min. je m²
Anstrichfläche:	15,45 m²
Lohnpreis:	27,50 €/Std.

8 In dem Wohnraum (siehe Grundrissabbildung) sind mehrere Arbeiten durchzuführen, die mit den folgenden Aufgaben zu berechnen sind:

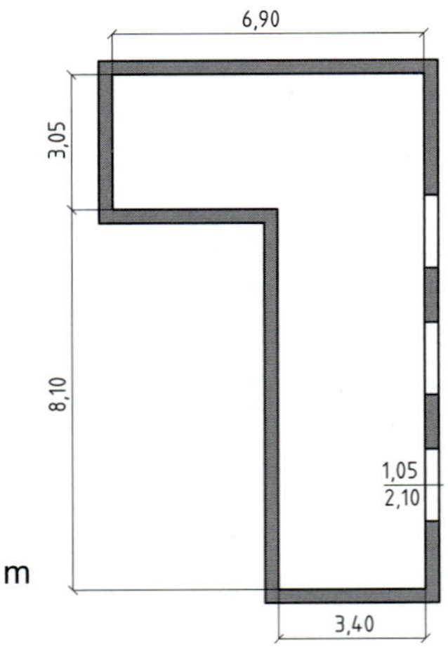

Raumhöhe: 2,65 m

1. Berechnen Sie die Fläche der Decke.

2. Die Wände werden mit einer ansatzfreien Tapete tapeziert;
Rollenbreite 0,53 m, Rollenlänge 10,05 m.
Berechnen Sie:
a) die Anzahl der langen Bahnen
b) die Anzahl der Rollen
c) die zu tapezierende Fläche

3. Die Tür wird einseitig mit Futter und Bekleidung lackiert; berechnen Sie die Fläche.
Maße: 0,97 m · 2,08 m i. L.
Bekleidungsbreite: 0,12 m
Futtertiefe: 0,20 m

4. Die Fenster werden von innen mit einem neuen Anstrich versehen.
Berechnen Sie den Gesamtpreis für die Fenster.
Maße s. Zeichnung
Faktor = 1,5
m²-Preis = 28,40 €

5. In dem Raum befinden sich 2 Heizkörper mit je 12 Gliedern.
Berechnen Sie die Anstrichfläche nach Tabelle.
Maße: Bauhöhe: 580 mm, Bautiefe: 160 mm.

6. Der Fußboden wird mit Teppichfliesen der Größe 0,50 m · 0,50 m ausgelegt. Wie viel Fliesen müssen bestellt werden (Verwerten der Reste ist nicht vorgesehen)?

Stellen Sie eine Rechnung für die ausgeführten Arbeiten zusammen.
Preise:

Deckenanstrich mit wischfester Dispersionsfarbe	je m²	3,15 €
Tapezierarbeiten	je m²	11,45 €
Vorlackierung und Lackierung der Tür	je m²	28,15 €
Fensteranstrich	je m²	28,40 €
Heizkörperanstrich	je m²	15,82 €
Teppichfliesen	je m²	24,95 €
Verlegearbeiten	je m²	22,40 €

Maler und Lackierer 6

1 Für das Mischen eines abgetönten Weißlackes werden je kg nach Rezept 883 g Weißlack und 117 g Abtönlack angegeben.
Berechnen Sie die Mengen für 7,500 kg getönten Lack.

2 Eine Lackiererei soll 12000 Stück Stanzstücke beidseitig lackieren.
a) Wie viel m^2 sind zu berechnen?
b) Wie hoch ist der Endpreis, wenn für 1 m^2 3,25 € berechnet werden?

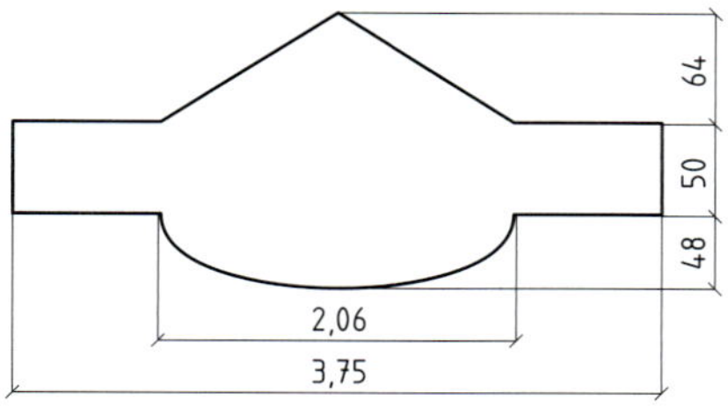

3 Der Körper mit halbkugelförmiger Abdeckung wird von außen beschichtet (außer Standfläche). Berechnen Sie die Fläche.

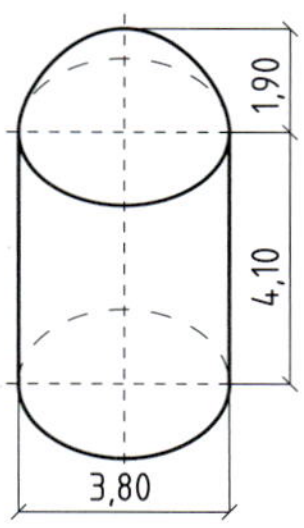

4 Eine zweiteilige Schiebetür wird einseitig (Futterseite) beschichtet.
Maße: 2,05 · 2,12 m i. L.
Futter: 0,15 m
Bekleidung: 0,14 m
Berechnen Sie die Anstrichfläche.

5 Der abgebildete Raum wird mit einer ansatzfreien Tapete (Rollenmaß 10,05 · 0,53 m) tapeziert.
a) Berechnen Sie den Tapetenbedarf.
b) Berechnen Sie die zu tapezierende Fläche.
c) Berechnen Sie den Preis für die Arbeiten:
1 Rolle kostet 10,25 €, ein m^2 Tapezierarbeit kostet 8,20 €.

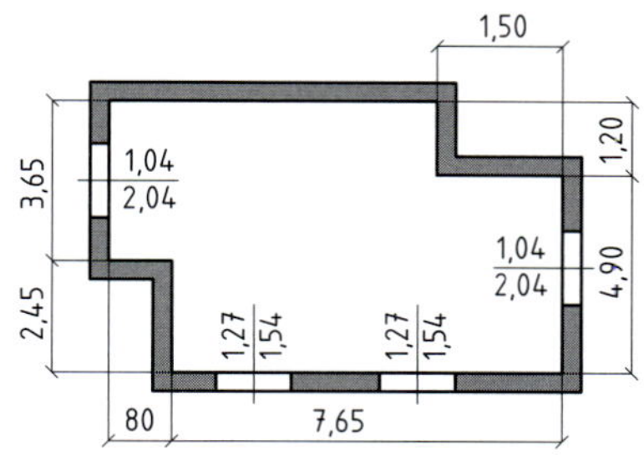

Raumhöhe: 2,72 m

6 Die Fassade wird mit Siliconharzfarbe gestrichen, Leibungstiefe 0,19 m, Fensterbänke werden nicht gestrichen.
a) Berechnen Sie die Fassadenfläche nach VOB.
b) Wie viel ℓ Fassadenfarbe werden benötigt bei einem Verbrauch von 320 ml je m^2?

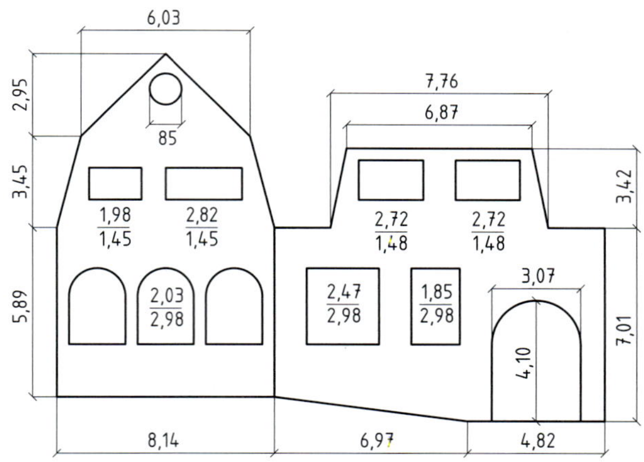

7 3 Gesellen haben an einer Fassade 2 Tage zu je 10 Stunden gearbeitet. Reguläre Arbeitszeit tgl. 8 Std.
Stundenlohn: 13,15 €
Überstundenzuschlag: 25 %
lohnabhängige Gemeinkosten: 125 %
Berechnen Sie den Nettolohnpreis für die Anstricharbeit.

Fahrzeuglackierer 1

1 15 Blechtafeln sind beidseitig zu tauchlackieren.

a) Bilden Sie den Maßansatz und berechnen die gesamte Lackierfläche in dm^2.

b) Berechnen Sie den Lackverbrauch in ℓ, wenn für 1 m^2 Fläche 150 ml Lackfarbe benötigt werden.

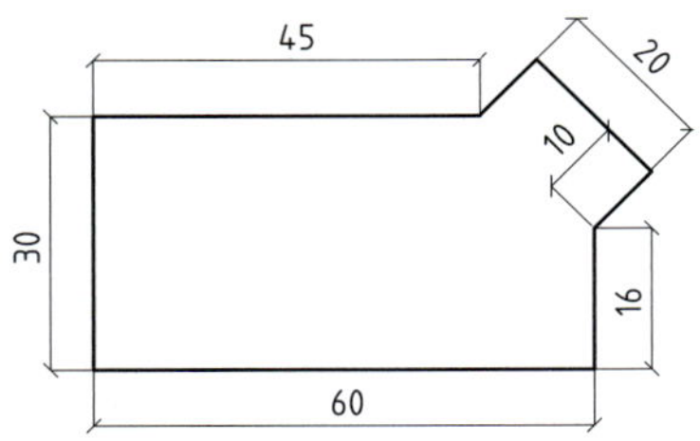

2 150 Stahlbehälter sind allseitig zu lackieren.

a) Berechnen Sie die gesamte Lackierfläche in dm^2 (die Behälter sind oben offen; die Wanddicke bleibt unberücksichtigt).

b) Berechnen Sie den Bedarf an Lackfarbe in ℓ, wenn für 1 m^2 Fläche ein Verbrauch von 150 ml gerechnet wird.

c) Wie viel ℓ Inhalt fasst ein Behälter, wenn dieser zu drei Viertel gefüllt ist?

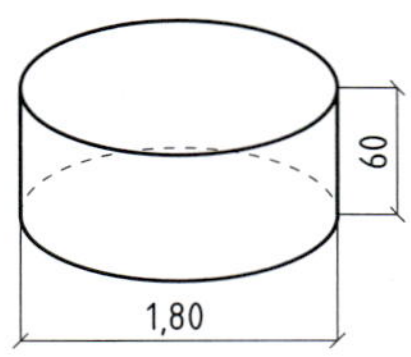

3 Welche Arbeitszeit (in Minuten) ist für die Lackierung von 3,50 m^2 Stahlblech nötig, wenn 25 m^2 in 3 Stunden lackiert wurden?

4

a) Wie hoch ist der Verbrauch in ℓ an Korrosionsschutzfarbe für 18 m^2 Stahlblech, wenn für 1 500 dm^2 insgesamt 2 500 ml verarbeitet wurden?

b) Wie viel kg sind das bei einer Dichte $\varrho = 1{,}5$?

5 Durch Gewährung von 4 % Mengenrabatt bezahlt der Betrieb für 150 ℓ Verdünnungsmittel einen Rechnungspreis von 225,00 €. Wie viel € hat der Betrieb gespart?

6 Wie viel ℓ Effektlack sind für die Beschichtung von 26,80 m^2 Stahlblech nötig, wenn die Nassfilmschichtdicke 50 μm betragen soll (1 ml Lackfarbe je m^2 ergibt 1 μm Nassfilmschichtdicke)?

7 Berechnen Sie den Jahreszinssatz für einen Kleinkredit über 3 600,00 €, wenn monatlich 36,00 € an Zinsen zu zahlen sind.

8 4 ℓ spritzfertige Lackfarbe enthalten 20 % Verdünnung. Mit wie viel ml Verdünnung wurde der Spritzlack eingestellt?

9 Der Lohn eines Fahrzeuglackierers je Arbeitsstunde beträgt 14,90 €, die lohnabhängigen Gemeinkosten betragen 300 %, Gewinn und Wagnis 10 %.

a) Berechnen Sie den Lohnpreis für eine Stunde (Stundenverrechnungssatz) ohne Mehrwertsteuer.

b) Berechnen Sie den Lohnpreis für einen Arbeitswert (1 AW = 5 Minuten).

c) Berechnen Sie den Nettolohnpreis für 55 AW.

Fahrzeuglackierer 2

1 Eine Fahrzeugtür ist von außen zu lackieren. Berechnen Sie die Lackierfläche in dm^2 (die umlaufenden Kanten werden nicht berechnet).

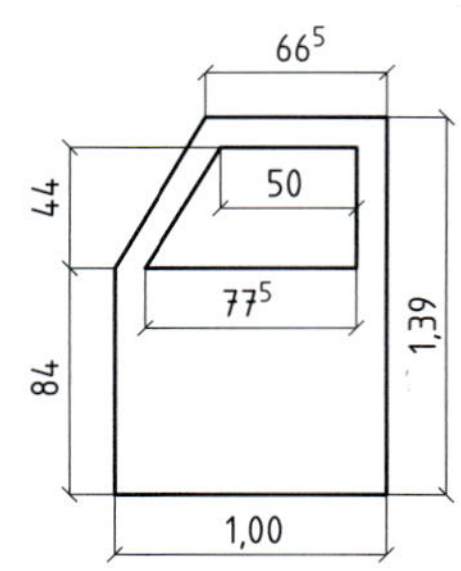

2 Die hintere Pkw-Seitenwand ist von außen zu lackieren. Berechnen Sie die Lackierfläche in dm^2 (für die umlaufenden Kanten wird der sichtbaren Fläche ein Zuschlag von 15 % zugerechnet).

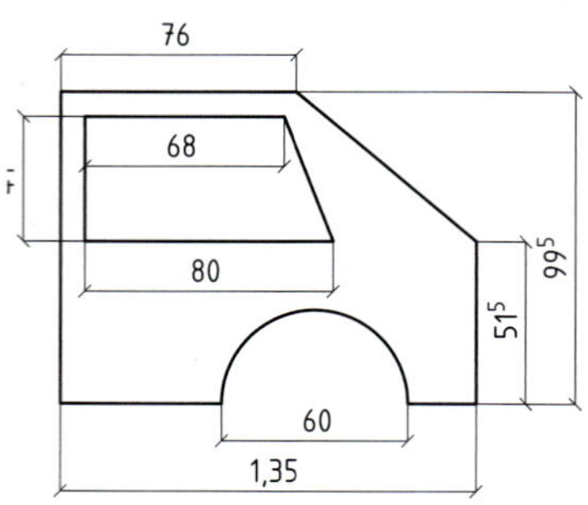

3 Für die Nutzung einer Hubbühne an 15 Tagen zu je 6 Stunden mussten insgesamt 8 280,00 € Mietkosten bezahlt werden. Wie hoch sind die Mietkosten für 9 Tage zu je 7 Stunden?

4 Die Beschichtung einer Karosserie besteht aus Grundierung (20 μm), Füller (55 μm) und Lackierung (65 μm). Berechnen Sie die prozentualen Anteile der Einzelschichten und die Gesamtschichtdicke der Beschichtung (in mm).

5 2K-Auto-Acryllackfarbe soll im Verhältnis 4 : 1 (Stammlack zu Härter) gemischt und mit 10 % Verdünnung eingestellt werden. Berechnen Sie die Menge der verarbeitungsfertigen Lackfarbe, wenn 2,500 ℓ Stammlack zur Verfügung stehen.

Fahrzeuglackierer 2

6 Die Ganzlackierung eines Pkw dauerte 36 Stunden. Der Stundenverrechnungssatz beträgt 61,00 €, der Werkstoffmalnehmer 1,70.
An Werkstoffen wurden verarbeitet:

3,500 ℓ 2K-Acryllackfarbe	Preis für 1 ℓ: 30,00 €
1,750 ℓ Härter	Preis für 1 ℓ: 13,00 €
0,500 ℓ Verdünnung	Preis für 1 ℓ: 5,70 €
Sonstiges (Schleif-, Abdeckpapier u. a.)	für: 32,40 €

a) Berechnen Sie den Nettolohnpreis für die Lackierarbeit.
b) Berechnen Sie den Nettowerkstoffpreis.
c) Berechnen Sie den Lackierpreis (inkl. MwSt.).

7 Für die Reparaturlackierung an einem Pkw war Material zu einem Einkaufspreis von 240,00 € nötig. Die aufgewendete Arbeitszeit betrug 14 Stunden, bei einem Stundenlohn von 14,85 €. Der betriebliche Lohnmalnehmer beträgt 4, der Werkstoffmalnehmer 1,5.
a) Berechnen Sie den Nettolohnpreis für die Lackierarbeit.
b) Berechnen Sie den Nettowerkstoffpreis.
c) Berechnen Sie den Lackierpreis (inkl. MwSt.).

Fahrzeuglackierer 3

1 Der Auflieger eines Sattelschleppers ist ohne Bodenpartie allseitig von außen zu lackieren.
a) Berechnen Sie die Lackierfläche in m².
b) Berechnen Sie die erforderliche Menge an Lackfarbe in ℓ, wenn für 1 dm² ein Verbrauch von 2,5 ml gerechnet wird.

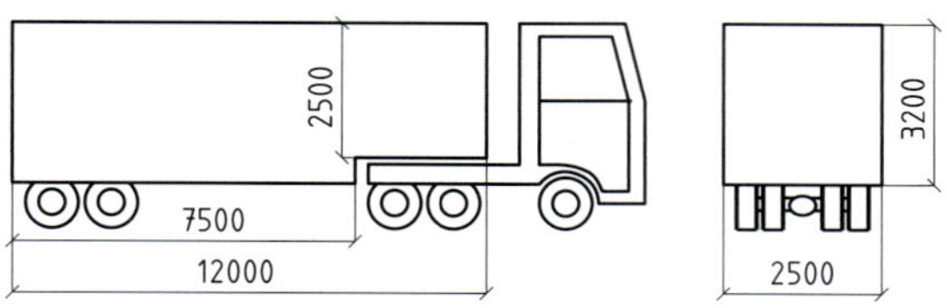

Maße in mm

2 Für die Lackierung eines Lkw-Kofferaufbaus wurden 8,640 ℓ Lackfarbe benötigt. Berechnen Sie den Verbrauch in ml je m², wenn die Lackierfläche 5400 dm² betrug.

3 Die Stromkosten einer Fahrzeuglackiererei betragen 9350,00 €. Auf die Trockenkabinen entfallen 5610,00 €. Wie viel Prozent (%) sind das?

4 Die Trockenschichtdicke einer Zweischichtlackierung soll 118 µm betragen. Wie dick muss die Nassfilmschicht aufgetragen werden, wenn der Trocknungsschwund 35 % beträgt?

5 Um einen Firmenwagen zu finanzieren, wird ein Betrag von 7500,00 € als Darlehen mit einer Laufzeit von 240 Tagen bei einem Geldinstitut beantragt. An Kosten fällt eine einmalige Bearbeitungsgebühr von 2 % an. Berechnen Sie die monatlichen Abtragzahlungen, wenn der Jahreszinssatz 12 % beträgt.

6 Für die Spritzlackierung eines Lkw-Kofferaufbaus sind 15 ℓ Füllprimer nötig. Der 2K-Primer wird im Verhältnis 4 : 1 angesetzt und mit 30 % Verdünnung verarbeitungsfähig eingestellt. Berechnen Sie die Werkstoffkosten für die Lackierung, wenn 1 ℓ Füllprimer 28,00 € kostet, 1 ℓ Härter 24,00 € und 1 ℓ Verdünnung 10,00 €.

7 Für die Lackierung an einem Lkw wurden folgende Arbeitszeiten aufgewendet:

reinigen	40 Min.
abkleben	60 Min.
grundieren	30 Min.
lackieren	90 Min.
montieren	30 Min.
spachteln, schleifen	140 Min.
füllern	40 Min.
Nebenarbeiten	45 Min.

a) Berechnen Sie die gesamte Arbeitszeit in AW (1 AW = 5 Minuten).
b) Berechnen Sie den Lohnpreis für die Lackierung; Stundenverrechnungssatz von 33,00 €.

Fahrzeuglackierer 4

1 Der Aufbau eines Tanklastzuges ist von außen allseitig zu lackieren.
a) Berechnen Sie die Lackierfläche in m².
b) Berechnen Sie die erforderliche Menge an Lackfarbe in ℓ, wenn für 1 m² ein Verbrauch von 0,200 ℓ gerechnet wird.

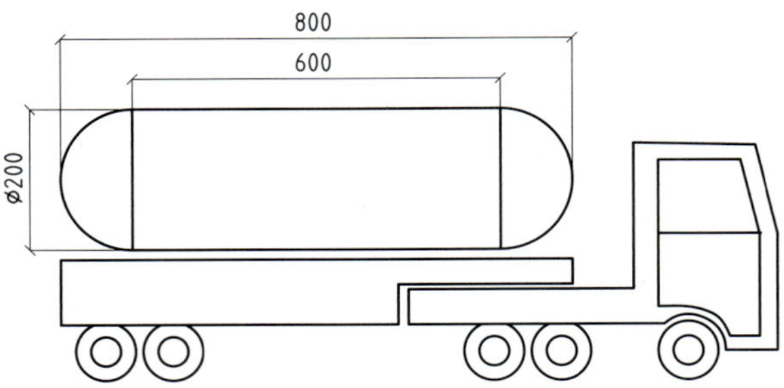

Maße in cm

2 Ein 30 mm · 40 mm großes Firmenemblem ist maßstäblich vergrößert auf einen Firmenwagen zu übertragen. Berechnen Sie die Vergrößerung in m für den Maßstab 18 : 1.

3 Berechnen Sie die Trockenschichtdicke in mm eines Füllprimers mit einem Festkörperanteil von 65 %, der in **zwei** Spritzgängen mit jeweils 120 µm Nassfilmschichtdicke aufgetragen wurde.

4 Wie hoch ist der Prozentsatz (%) an Abzügen, wenn von einem Gesellenlohn von 1 860,00 € insgesamt 380,20 € für Sozialabgaben abgezogen werden?

5 5 ℓ Zweikomponentenlackfarbe sollen nach folgendem Verhältnis spritzfertig angesetzt werden: 2 Volumenteile (VT) Stammlack und 1 VT Härter, zusätzlich 15 % Verdünnung.

6 Berechnen Sie den Bruttoangebotspreis für das Füllern von zwei Lkw-Seitenwänden (S. 79, Aufgabe **1**).
Die Arbeitszeit beträgt 55 Min. bei einem Stundenverrechnungssatz von 67,50 €.
Der Verbrauch beträgt 130 ml/m², das Mischungsverhältnis für spritzfertigen 2K-Füller 4 : 1 mit 15 % Verdünnung.
3,500 ℓ 2K-Füller kosten 50,40 €,
250 ml Härter 3,45 €,
5 ℓ Verdünnung 29,90 €.
Der Werkstoffmalnehmer beträgt 1,60.

Fahrzeuglackierer 5

1 Die drei Kesselaufbauten eines Lkw sind von außen allseitig zu lackieren.
a) Berechnen Sie die gesamte Lackierfläche in m².
b) Berechnen Sie die erforderliche Menge an Lackfarbe in ℓ, wenn für 1 m² ein Verbrauch von 220 ml gerechnet wird.
c) Berechnen Sie den Inhalt in ℓ, wenn der erste Kessel zur Hälfte, der zweite zu drei Viertel und der dritte ganz gefüllt ist.

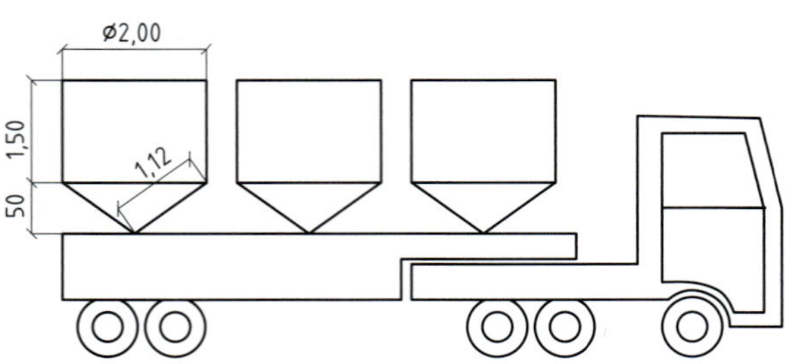

2 Berechnen Sie den Monatslohn für 150 Stunden (Stundenlohn 12,90 €) und 15 Überstunden (Aufschlag von 25 %). Abzüge: 20 % für Sozialabgaben, 360,00 € an Lohnsteuer.

3 Berechnen Sie den Nettolohn eines Gesellen, wenn von 1 920,00 € 14 % Steuern und 20 % Sozialabgaben abgezogen werden.

4 Um 1 ℓ getönte Lackfarbe zu erhalten, werden nach einer Mischtabelle 925 ml Weißlack und 75 ml Buntlack benötigt.
Berechnen Sie die Teilmengen für 7,500 ℓ getönte Lackfarbe.

5 Die Lackierarbeiten für einen Lkw sind abzurechnen.

Bearbeitungszeit:	180 AW (1 AW = 5 Min.)
Stundenverrechnungssatz	65,00 €
Werkstoffpreis	35 % vom Lohnpreis

a) Berechnen Sie den Nettolohnpreis für die Lackierarbeit.
b) Berechnen Sie den Nettowerkstoffpreis.
c) Berechnen Sie den Lackierpreis (inkl. MwSt.).

Mit römischen Zahlen rechnen

Beispielaufgabe Auf eine Gedenktafel soll das Gründungsjahr der Bundesrepublik Deutschland als arabische Zahl und als römische Zahl geschrieben werden

Üblicherweise wird mit **arabischen Zahlen** gerechnet (z. B. 1992), als ganze Zahlen (z. B. 1992) oder als Dezimalzahlen (z. B. 19,92). Dezimalzahlen besitzen nach dem Dezimalkomma als Dezimalstellen: Zehntel (0,1 = $^1/_{10}$), Hundertstel (0,01 = $^1/_{100}$), Tausendstel (0,001 = $^1/_{1000}$) … Vereinzelt trifft man im Beruf auf **römische Zahlen** (z. B. MCMXCII), vornehmlich bei Inschriften.

Wie werden die Zahlen dargestellt? Arabische Zahlen bestehen aus **arabischen Ziffern:** 0; 1; 2; 3; 4; 5; 6; 7; 8; 9. Römische Zahlen bestehen aus **römischen Ziffern:** I; V; X; C; D; M

Rechenregel mit Beispiellösung

Arabische Ziffern nehmen jeweils den Zahlenwert der (Dezimal-)Stelle an, an der sie stehen: EINER (E), ZEHNER (Z), HUNDERTER (H), TAUSENDER (T) …

Im Gegensatz dazu besitzen **römische Ziffern** feste Zahlenwerte; EINER: I, II, III, IV, V, VI, VII, VIII, IX; ZEHNER: X, XX, XXX, XL, L, LX, LXX, LXXX, XC; HUNDERTER: C, CC, CCC, CD, D, DC, DCC, DCCC, CM; TAUSENDER: M, MM, MMM.

Mit römischen Zahlen rechnen

Ziffern	T	H	Z	E	Zahl
1, 4, 9	1	9	4	9	**1949**

Ziffern	T	H	Z	E	Zahl
M, C, L, X, I	M	CM	XL	IX	**MCMXLIX**

Rechenhilfe

Jedes der Grundzeichen I, X, und C darf höchstens dreimal nebeneinander vorkommen, jedes der Zeichen V, L und D nur einmal.
Steht eines der Grundzeichen I, X oder C links vor einem Zeichen mit einem größeren Zahlenwert, so wird sein Wert abgezogen.
In einer Zahlendarstellung darf immer nur ein Grundzeichen vorangestellt werden.

Römische Zahlen bilden aus römischen Ziffern*

T	H	Z	E	Zahl
		XC	IX	99
	CD	X	V	415
	CM	LXXX	III	983
M	DCC	LXX	VII	1777
MM			II	2002

* **Römische Zahlen** werden von **links nach rechts** gebildet und gelesen: LXVI = L + X + V + I = 66. **Aber:** Steht eine Ziffer mit kleinerem Wert vor einer mit größerem, wird ihr Zahlenwert **abgezogen:** XLIV = L – X + V – I = 50 – 10 + 5 – 1 = 44.

Aufgaben

1 Bilden Sie aus den Ziffern alle möglichen römischen Zahlen und geben Sie die jeweiligen Zahlenwerte an:
a) I; V; X b) V; X; L c) V; X; C
d) X; C; D e) V; C; M

2 „Übersetzen“ Sie die römischen Zahlen in arabische Zahlen:
a) XXXIX b) XLVII c) LXXV
d) XCI e) CCXXVIII f) DCCLXXIX
g) MDI h) MDCXLVIII i) MCMXCIV

3 Schreiben Sie als römische Zahlen:
a) 17 b) 34 c) 89
d) 125 e) 378 f) 680
g) 949 h) 1 572 i) 1999

4 Übersetzen Sie die Aufgaben in römische Zahlen und berechnen Sie die Werte:
a) 48 + 1 b) 60 – 1 c) 99 + 12
d) 80 + 14 e) 200 – 7 f) 400 + 19
g) 967 + 1033 h) 1748 – 50 i) 2000 + 14

Mit Bruchzahlen rechnen

Beispielaufgaben

a) Zum Grundieren von Fenstern wurden aus einem 1,5-ℓ-Gebinde $\frac{1}{2}$ ℓ und $\frac{3}{4}$ ℓ Kunstharz-(KH-)Lackfarbe verarbeitet. Wie viel ℓ bleiben als Rest im Gebinde?

b) $\frac{1}{2} + \frac{1}{3} = ?$ c) $\frac{1}{2} \cdot \frac{1}{3} = ?$ d) $\frac{1}{2} : \frac{1}{3} = ?$ e) $1\frac{1}{2} - \frac{1}{2} - \frac{3}{4} = ?$

In der technischen Mathematik wird das Bruchrechnen eigentlich nur beim Dreisatz und Aufmaßrechnen angewandt sowie beim Rechnen mit Formeln. Ansonsten wird „lieber" mit Dezimalzahlen gerechnet. Bruchzahlen bestehen aus **Zähler** (ganze Zahl über dem Bruchstrich), **Bruchstrich** (entspricht dem Geteiltzeichen „ : ") und **Nenner** (ganze Zahl unter dem Bruchstrich).

Welcher Zusammenhang besteht zwischen Bruchzahlen und Dezimalzahlen?

Beide Teilzahlen besitzen **gleiche Zahlenwerte,** unterschiedlich sind lediglich ihre Darstellungsweisen: $\frac{1}{4} = 1 : 4 = 0{,}25$

Welche Arten von Brüchen gibt es?

Es werden unterschieden:

echte Brüche	– ungleichnamig: $\frac{3}{5}; \frac{7}{8}; \frac{4}{9}$ – gleichnamig: $\frac{1}{6}; \frac{4}{6}; \frac{5}{6}$	(Zähler kleiner als Nenner)
unechte Brüche	$\frac{3}{2}; \frac{5}{4}; \frac{8}{3}$ und $\frac{4}{2}; \frac{8}{4}; \frac{9}{3}$	(Zähler größer als Nenner)
Scheinbrüche	$\frac{3}{3}; \frac{5}{5}$ und $\frac{2}{1}; \frac{12}{1}$	(Nenner gleich Zähler oder 1)
gemischte Zahlen	$1\frac{3}{4}; 4\frac{1}{2}; 12\frac{5}{6}$	(ganze Zahl und echter Bruch)

Rechenhilfe mit Beispiellösung

Gebrochene Zahlen umrechnen

Bruch umrechnen in Dezimalzahl
Zähler durch Nenner dividieren:

zu a)

$$\frac{1}{2}\,\ell = 1:2 = \,0{,}500\,\ell$$
$$+\frac{3}{4}\,\ell = 3:4 = +\,0{,}750\,\ell$$
$$\overline{1{,}250\,\ell}$$
$$1{,}500\,\ell - 1{,}250\,\ell = \mathbf{0{,}250}\,\ell \text{ Rest}$$

Endliche Dezimalzahl umrechnen in Bruch
Ziffern der Dezimalzahl als **Zähler:**

als **Nenner** 10; 100; 1000 usw. (entsprechend der Anzahl an Dezimalstellen):

$$0{,}5 = \frac{5}{10} = \frac{5:5}{10:5} = \frac{1}{2}$$
$$0{,}75 = \frac{75}{100} = \frac{75:25}{100:25} = \frac{3}{4}$$

Bruch abschließend kürzen!

Bei unendlichen Dezimalzahlen ist der Nenner 9; 99; 999 usw.

Rechenregeln mit Beispiellösungen

Mit Bruchzahlen rechnen

Erweitern
Zähler **mal** Erweiterungszahl **und** Nenner **mal** Erweiterungszahl:

$$\frac{1}{2} = \frac{1 \cdot 3}{2 \cdot 3} = \frac{3}{6} \qquad \frac{1}{3} = \frac{1 \cdot 2}{3 \cdot 2} = \frac{2}{6}$$

Wichtig beim Addieren/Subtrahieren. Stichwort: „Hauptnenner"!

Kürzen
Zähler **durch** Kürzungszahl **und** Nenner **durch** Kürzungszahl teilen:

$$\frac{3}{6} = \frac{3:3}{6:3} = \frac{1}{2} \qquad \frac{2}{6} = \frac{2:2}{6:2} = \frac{1}{3}$$

Hilft Brüche „kleiner" zu machen!

Addieren und Subtrahieren
Brüche zuerst **gleichnamig** machen: auf **Hauptnenner*** erweitern. Anschließend Zähler **zusammenzählen/abziehen;** Nenner bleibt:

zu b)
$\frac{1}{2}+\frac{1}{3}=\frac{3}{6}+\frac{2}{6}=\frac{3+2}{6}=\mathbf{\frac{5}{6}}$

Multiplizieren
Zähler **mal** Zähler **und** Nenner **mal** Nenner rechnen: (bzw. Zähler mal ganze Zahl):

zu c)
$\frac{1}{2}\cdot\frac{1}{3}=\frac{1\cdot 1}{2\cdot 3}=\mathbf{\frac{1}{6}}$

Unechte Brüche abschließend kürzen bzw. in gemischte Zahl umrechnen (dabei Zähler durch Nenner dividieren, der Rest wird der neue Zähler!):

$\frac{7}{10}\cdot 3=\frac{7\cdot 3}{10}=\frac{21}{10}=$ 21 : 10 ⇨ 2 Rest 1 : 10 ⇨ $2\frac{1}{10}$

Dividieren
Bruch mit **Kehrwert** des anderen Bruches **malnehmen**
(bzw.
Bruch mit **Kehrwert** der ganzen Zahl **malnehmen**):

zu d)
$\frac{1}{2}:\frac{1}{3}=\frac{1}{2}\cdot\frac{3}{1}=\frac{1\cdot 3}{2\cdot 1}=\mathbf{\frac{3}{2}}=\mathbf{1\frac{1}{2}}$

$\frac{21}{10}:3=\frac{21}{10}\cdot\frac{1}{3}=\frac{21\cdot 1}{10\cdot 3}=\frac{21}{30}=\frac{7}{10}$

Rechnen mit gemischten Zahlen
Gemischte Zahl in unechten Bruch umrechnen; ganze Zahl mit Nenner malnehmen **und** den **Zähler dazuzählen** ergibt den neuen Zähler; Nenner bleibt

zu e)
$1\frac{1}{2}=\frac{(1\cdot 2+1)}{2}=\frac{3}{2}$

$\frac{3}{2}-\frac{1}{2}-\frac{3}{4}=\frac{6}{4}-\frac{2}{4}-\frac{3}{4}=\mathbf{\frac{1}{4}}$

* Als Hauptnenner eignet sich immer das Produkt der Einzel-Nenner (2 · 3 = 6).

Aufgaben

1 Rechnen Sie um in Dezimalzahlen (max. vier Stellen nach dem Komma):

a) $\frac{1}{3}$ b) $\frac{2}{3}$ c) $\frac{1}{7}$ d) $\frac{4}{7}$
e) $\frac{3}{8}$ f) $\frac{1}{9}$ g) $\frac{6}{7}$ h) $\frac{7}{8}$
i) $\frac{2}{5}$ j) $\frac{2}{9}$ k) $\frac{5}{9}$ l) $\frac{5}{7}$
m) $\frac{3}{9}$ n) $\frac{7}{9}$ o) $\frac{4}{9}$ p) $\frac{8}{9}$

2 Rechnen Sie um in Bruchzahlen und kürzen möglichst:

a) 0,1 b) 0,4 c) 0,6 d) 0,25
e) 0,85 f) 0,375 g) 0,625 h) 0,125
i) 0,8 j) 0,875 k) 0,555 l) 0,04

3 Rechnen Sie um in ganze bzw. gemischte Zahlen:

a) $\frac{3}{1}$ b) $\frac{27}{1}$ c) $\frac{148}{1}$ d) $\frac{5}{5}$
e) $\frac{17}{17}$ f) $\frac{79}{79}$ g) $\frac{15}{5}$ h) $\frac{12}{6}$
i) $\frac{49}{7}$ j) $\frac{6}{4}$ k) $\frac{5}{3}$ l) $\frac{35}{14}$

4 Berechnen Sie*:

a) $\frac{3}{4}\cdot 4$ b) $\frac{2}{5}\cdot 3$ c) $\frac{5}{12}\cdot 4$ d) $\frac{7}{8}\cdot 12$
e) $\frac{1}{2}\cdot\frac{3}{5}$ f) $\frac{4}{5}\cdot\frac{1}{2}$ g) $\frac{1}{8}\cdot\frac{1}{3}$ h) $\frac{9}{10}\cdot\frac{5}{6}$
i) $\frac{3}{4}:4$ j) $\frac{2}{5}:3$ k) $\frac{5}{12}:4$ l) $\frac{7}{8}:12$
m) $\frac{1}{2}:\frac{3}{5}$ n) $\frac{4}{5}:\frac{1}{2}$ o) $\frac{1}{8}:\frac{1}{3}$ p) $\frac{9}{10}:\frac{5}{6}$

5 Multiplizieren bzw. dividieren Sie die gemischten Zahlen:

a) $3\frac{2}{5}\cdot 2\frac{4}{5}$ b) $3\frac{2}{5}:2\frac{4}{5}$ c) $1\frac{3}{8}\cdot 2\frac{1}{3}$ d) $1\frac{3}{8}:2\frac{1}{3}$
e) $4\frac{1}{8}\cdot 5\frac{2}{3}$ f) $4\frac{1}{8}:5\frac{2}{3}$ g) $1\frac{1}{4}\cdot 3\frac{2}{5}$ h) $1\frac{1}{4}:3\frac{2}{5}$
i) $5\frac{3}{4}\cdot 4\frac{1}{6}$

6 Erweitern Sie jeweils mit 4; 5 und 10:

a) $\frac{3}{4}$ b) $\frac{5}{6}$ c) $\frac{7}{8}$ d) $\frac{2}{7}$
e) $\frac{16}{21}$ f) $\frac{10}{27}$ g) $\frac{11}{120}$ h) $\frac{4}{119}$

* Rechnen Sie die Bruchzahlen evtl. um in Dezimalzahlen.

7 Kürzen Sie durch die jeweiligen Kürzungszahlen:

a) $\frac{2}{4}$ b) $\frac{3}{6}$ c) $\frac{4}{8}$ d) $\frac{5}{10}$

e) $\frac{7}{21}$ f) $\frac{4}{16}$ g) $\frac{12}{196}$ h) $\frac{35}{133}$

i) $\frac{68}{150}$ j) $\frac{72}{153}$ k) $\frac{175}{325}$ l) $\frac{133}{209}$

8 Ermitteln Sie zunächst den Hauptnenner. Kürzen Sie nach Möglichkeit:

a) $4 + \frac{3}{4}$ b) $3 + \frac{2}{5}$ c) $4 + \frac{5}{12}$ d) $12 + 3\frac{7}{8}$

e) $3\frac{1}{2} + \frac{1}{5}$ f) $4\frac{3}{5} + 2\frac{7}{10}$ g) $3\frac{1}{3} + 1\frac{3}{4}$

h) $\frac{1}{3} + \frac{2}{8}$ i) $\frac{4}{5} + \frac{3}{4}$ j) $4 - \frac{3}{4}$ k) $3 - \frac{2}{5}$

l) $4 - \frac{5}{12}$ m) $12 - 3\frac{7}{8}$ n) $3\frac{1}{2} - \frac{1}{5}$ o) $4\frac{3}{5} - 2\frac{7}{10}$

p) $3\frac{1}{3} - 1\frac{3}{4}$ q) $\frac{1}{3} - \frac{2}{8}$ r) $\frac{4}{5} - \frac{3}{4}$

9 Mit wie viel ℓ Abtönfarbe sind 60 ℓ weiße KD-Farbe zu mischen bei Mischungsanteilen von:

a) $\frac{1}{5}$ Rot und $\frac{1}{10}$ Schwarz?

b) $\frac{1}{6}$ Rot und $\frac{1}{12}$ Schwarz?

c) $\frac{1}{9}$ Blau und $\frac{1}{18}$ Schwarz?

d) Wie viel ℓ abgetönte KD-Farbe ergibt das jeweils?

10 Wie viel ℓ Abtönfarbe sind nötig für insgesamt 60 ℓ abgetönte KD-Farbe bei den Mischungsanteilen:

a) $\frac{1}{5}$ Rot und $\frac{1}{10}$ Schwarz?

b) $\frac{1}{6}$ Rot und $\frac{1}{12}$ Schwarz?

c) $\frac{1}{9}$ Blau und $\frac{1}{18}$ Schwarz?

d) Wie viel ℓ weiße KD-Farbe ist jeweils nötig?

Mit Dezimalzahlen rechnen

Beispielaufgaben

Berechnen Sie die Ergebnisse auf zwei Stellen nach dem Komma:

a) 6,574 · 4,983 = ?
b) 4,278 · 3,982 = ?
c) 6,95 – 1,01 + 3,3 = ?
d) 2,5 · 9,24 = ?
e) 23,1 : 1,05 = ?

Die Anzahl an Dezimalstellen legt die Genauigkeit eines Zahlenwertes fest; sie ist deshalb nicht beliebig. (Vorsicht beim Rechnen mit Taschenrechner!)

Im berufsfachlichen Rechnen wird mit zwei oder drei Dezimalstellen gerechnet.
Zwei Dezimalstellen nach dem Komma besitzen Längenmaße (5,15 m), Flächenmaße (36,74 m^2), Geldbeträge (25,47 €),
drei Dezimalstellen: Raummaße (48,175 m^3), Hohlmaße (1,620 ℓ), Gewichtsmaße (24,750 kg).

Die Zahlenwerte müssen entsprechend **gerundet** werden.

Wie werden Zahlenwerte gerundet?

Die jeweils letzte gewünschte Dezimalstelle (also die zweite oder die dritte Stelle nach dem Komma) wird …

… beim **Aufrunden** um den Wert 1 **erhöht:**
$12{,}75\underline{5}$ m = $12{,}7\underline{6}$ m
$12{,}755\underline{8}$ kg = $12{,}75\underline{6}$ kg bzw.

… beim **Abrunden unverändert** belassen:
$17{,}03\underline{4}$ m = $17{,}0\underline{3}$ m
$17{,}034\underline{2}$ kg = $17{,}03\underline{4}$ kg

Wie werden die Dezimalzahlen dargestellt (geschrieben)?

Nullen werden als letzte Dezimalstellen nur geschrieben, wenn erwünscht (z. B. 12,000 kg; 5,00 m)!

Um größere Zahlen besser lesen zu können, werden mitunter Dreierkolonnen durch Punkte abgetrennt (z.B. 1.234,567)! Der Punkt dient lediglich als Lesehilfe, er stellt kein Rechenzeichen dar.

Rechenregeln mit Beispiellösungen

1. **Aufrunden,** wenn 5; 6; 7; 8 oder 9 als nächste Ziffer folgt:

   Abrunden bei 0; 1; 2; 3; 4:

2. Beim **Rechnen mit Taschenrechner** (TR) wird nur das Endergebnis gerundet:

   Beim **schriftlichen Rechnen** wird jedes Teilergebnis gerundet:

Dezimalzahlen runden

zu a)

$\frac{6{,}574 \cdot 4{,}983}{32{,}758242} = \mathbf{32{,}76}$

zu b)

$4{,}278 \cdot 3{,}982 = 17{,}034996 = \mathbf{17{,}03}$

$\frac{4{,}28 \cdot 3{,}98}{17{,}0344} = \mathbf{17{,}03}$

Rechenhilfen mit Beispiellösungen

Addieren und Subtrahieren
Jeweils gleiche Rechenarten getrennt voneinander berechnen. Stets **Komma unter Komma** schreiben:

Multiplizieren
Zunächst ohne Komma multiplizieren. Vom Endergebnis so viele **Dezimalstellen abstreichen,** wie die Faktoren zusammen besaßen:

Dividieren
Zuerst wird der Divisor (Teiler) zu einer ganzen Zahl erweitert. Mit der **gleichen Erweiterungszahl** wird auch der Dividend (die Teilungszahl) erweitert. (Erweiterungszahlen sind: 10; 100; 1 000 usw.!) Dann wird der Dividend durch den Divisor dividiert.

Mit Dezimalzahlen rechnen (ohne Taschenrechner)

zu c)

```
  6,95        10,25
+ 3,3       – 1,01
 10,25         9,24
```

zu d)

```
2,5 · 9,24 =  25 · 924
             225
                50
               100
             23100     davon 3 Stellen abstreichen:
                       23,100 = 23,10
```

zu e)

```
23,1 : 1,05
        1,05 · 100 = 105
23,1         · 100 = 2310
2310 : 105 = 22 = 22,00
210
 210
 210
   0
```

Aufgaben

Runden Sie die Maße entsprechend:

1 Längenmaße

a) 5,758 m b) 0,909 m c) 25,4715 km
d) 33,333 m e) 24,155 m f) 125,049 m
g) 10,054 m h) 0,533 m

2 Flächenmaße

a) 99,995 m^2 b) 34,7535 dm^2 c) 150,0045 km^2
d) 0,9950 dm^2 e) 45,158 m^2 f) 148,148 dm^2
g) 0,0491 km^2 h) 12 057,998 cm^2

3 Raummaße und Hohlmaße

a) 4,7575 m^3 b) 0,7495 m^3 c) 1,9999 dm^3
d) 8,9876 ℓ e) 1 320,7755 dm^3 f) 379,9999 dm^3
g) 137,1371 ℓ h) 1 589,9097 m^3

4 Gewichtsmaße

a) 125,6745 kg b) 0,9994 kg c) 13,0707 kg
d) 10,0004 kg e) 0,0375 t f) 1,5555 t
g) 22,2222 kg h) 13,5987 kg

Berechnen Sie die Aufgaben und runden nach dem Prinzip:
a) schriftliches Rechnen
b) Rechnen mit TR

5 12,685 m + 5,2927 m + 7,518 m + 3,784 m + 0,716 m

6 25,7629 kg + 0,4075 kg + 3,8004 kg + 12,0292 kg – 1,5964 kg

Berechnen Sie die Aufgaben und runden ggf. die Ergebnisse auf zwei Stellen nach dem Komma:

7 24,5 + 55,25 + 13,6 + 0,5 + 106,14

8 38,2 + 32,07 + 125 + 0,07 + 4,66

9 87,08 + 154,79 + 401,32 + 15,15 + 119,43

10 12,075 + 3,403 + 4,01 + 9 + 5,23 + 1,5 + 2,152

11 258,05 + 43,725 + 67,926 + 100,4711 + 99,0009 + 187,5 + 20,993

12 320,75 – 78,5 – 45,25 – 12,05 – 29,4

13 256,75 – 58,675 – 26,05 – 33,9 – 27,015

14 5,7755 – 0,0329 – 0,904 – 3,75 – 0,0896

15 2,750 – 0,4 – 0,097 – 0,611 – 0,141 – 0,399 – 0,101

16 175,5 – 48,073 – 26,09 – 17,1 – 15,99 – 10 – 2,692

17 440,25 – 198,45 + 212,047 – 359,007 + 5,16

18 125 – 38,9 + 54,302 + 78,09 – 7,382

19 145,5 – 49,7 + 63,2 + 100 – 92,75 – 88,5 + 0,02

20 56,8 + 74,09 – 99,9 + 23,6 – 17,72 – 23,08 + 7,42

21 99,075 – 63,5 – 33,667 + 45,5 – 29,005 – 18,357 + 0,954

22 12,5 · 4,5

23 18,4 · 3,25

24 44,4 · 10,5

25 253,24 · 15

26 47,357 · 0,329

27 174,5 : 5,5

28 240,75 : 12,6

29 146,4 : 8,78

30 780 : 4,55

31 124,1 : 13,725

Rechenregeln beachten – Taschenrechner gezielt einsetzen

Beispielaufgaben

Rechnen Sie schriftlich aus:
a) 2 + 4 · 5 – 12 : 2 = ?
b) (2 + 4) · 5 – 12 : 2 = ?
c) [(2 + 4) · 5 – 12] : 2 = ?

Rechnen Sie mit dem Taschenrechner aus:
d) 2 + 4 · 5 – 12 : 2 = ?
e) (2 + 4) · 5 – 12 : 2 = ?
f) [(2 + 4) · 5 – 12] : 2 = ?

In gemischten Aufgaben treten unterschiedliche Rechenarten nebeneinander auf. Für ihre Berechnung gelten feste Regeln, die die Reihenfolge der Ausrechnung, die **Hierarchie,** festlegen. Um Taschenrechner (TR) sinnvoll als Rechenhilfe einsetzen zu können, muss man ihre jeweilige Rechenfähigkeit beachten. Außerdem muss man ständig „auf der Hut“ sein, denn TR rechnen immer genau das aus, was man ihnen eingibt, also auch jeden Tippfehler!
Wenn TR keine Klammerfunktion besitzen bzw. keine Hierarchie berücksichtigen, müssen bei der Lösung von gemischten Aufgaben Zwischenwerte bzw. Zwischenergebnisse entweder im Speicher abgespeichert oder notiert werden.

Welche Rechenarten treten in gemischten Aufgaben auf?

In gemischten Aufgaben können nebeneinander auftreten:

Strichrechnung	+ oder –
Punktrechnung	· oder :
Klammerrechnung*	( ); ggf. mit [ ]; ggf. mit { }

Welche Unterschiede weisen TR auf?

TR besitzen standardmäßig Speicherfunktionen und können teilweise selbst programmiert werden. Für die technische Mathematik sinnvoll sind Rechenfunktionen zur „Klammer-Setzung“ und die Fähigkeit, die Hierarchie (Punkt-vor-Strich-Regel) zu berücksichtigen.

* Klammern sind mathematisch immer dann notwendig, wenn etwas zusammengefasst und damit zuerst berechnet werden soll. Im berufskundlichen Rechnen üblich sind „runde“ und „eckige“ Klammern, seltener „geschweifte“ oder „spitze“ Klammern.

Wie wird festgestellt, ob ein TR die Hierarchie berücksichtigt?	Wenn ein TR die Hierarchie berücksichtigt, kann die „Eingabe" einer Aufgabe ohne Rücksicht auf Punkt- bzw. Strichrechnung erfolgen, z. B.: 3 + 2 · 5 =
I Eingabe in den TR I	3 I+I 2 IxI 5 I=I Anzeige **13** ⇨ TR berücksichtigt Hierarchie 3 I+I 2 IxI 5 I=I Anzeige **25** ⇨ TR berücksichtigt Hierarchie nicht

Rechenregeln mit Beispiellösungen

Rechenregeln in gemischten Aufgaben beachten

1. **Punkt**rechnung (· oder :) stets **vor Strich**rechnung (+ oder –) ausrechnen:

zu a) 2 + 4 · 5 – 12 : 2 =
2 + 20 – 6 = **16**

2. **Klammer**ausdrücke immer **zuerst** berechnen:

zu b) (2 + 4) · 5 – 12 : 2 =
6 · 5 – 12 : 2 =
30 – 6 = **24**

Dabei Klammern **von innen nach außen** auflösen:

zu c) [(2 + 4) · 5 – 12] : 2 =
[6 · 5 – 12] : 2 =
[30 – 12] : 2 =
18 : 2 = **9**

Rechenhilfen mit Beispiellösungen

Mit dem Rechenspeicher arbeiten

Die Aufgabe, den Rechenweg, notieren und die Reihenfolge der Ausrechnung, die Hierarchie, festlegen, ggf. unterstreichen, was zuerst zu rechnen ist:

zu d) 2 + 4 · 5 – 12 : 2 =
zu e) (2 + 4) · 5 – 12 : 2 =
zu f) [(2 + 4) · 5 – 12] : 2 =

Noch nicht benötigte Zahlenwerte bzw. Zwischenergebnisse abspeichern I M+ I bzw. Zwischenwerte im Speicher dazuzählen I M+ I oder abziehen I M– I:

zu d) 2 I M+ I — I CE I
4 I x I 5 I = I I M+ I — I CE I
12 I : I 2 I = I I M– I — I CE I

Nach jedem Rechenvorgang sicherheitshalber die Anzeige löschen I CE I:

zu e) 2 I + I 4 I = I I x I 5 I M+ I — I CE I
12 I : I 2 I = I I M– I — I CE I

zu f) 2 I + I 4 I = I I x I 5 I – I 12 I = I : I 2 I = I

Ergebnis aus dem Speicher abrufen: I MR I bzw. im Anzeigefeld (Display) ablesen. Speicherinhalt zum Schluss löschen: I MC I :

zu d) I MR I — Anzeige **16** — I MC I
zu e) I MR I — Anzeige **24** — I MC I
zu f) Anzeige **9** — I CE I

Das Eintippen stets im Anzeigefeld kontrollieren!

Fehler bei der Eingabe in TR korrigieren

– falsche Ziffer/Zahl: Mit **CE**-Taste die letzte Eingabe löschen und richtigen Wert eingeben. Aber: TR nicht ausschalten (off) bzw. nicht mit der AC-Taste löschen!

– falsches Rechenzeichen: Richtiges Rechenzeichen eingeben und wie geplant weiterrechnen.

– falscher Rechenweg: Mit entgegengesetzter Rechenoperation „neutralisieren", d. h., mit dem gleichen Zahlenwert, aber entgegengesetztem Rechenzeichen rechnen, z. B.: bei „+"75 mit „–" neutralisieren, bei „ · " 0,33 mit „ : " 0,33.

Aufgaben

Runden Sie die Ergebnisse auf zwei Stellen: Überprüfen Sie die Ergebnisse durch Nachrechnen der Aufgaben!

1 125 – 7,79 – 15,38 – 3,85 – 30 – 25,9 – 32,09

2 425,38 + 78,19 – 34,73 – 2,78 + 74,41 – 6,92 + 22

3 63,741 · 69,7268

4 7,454 · 6,6667 · 0,8943

5 1 586,313 : 47,589

6 20 + 2 · 5 – 12 : 4 + 3

7 16 + 44 : 4 · 2 – 7 · 3 + 81 : 27 – 10

8 12,80 + 3 · 4,55 – 2 · 6,50 + 6,55

9 25,5 · 3 + 23,5 · 2 – 70,5 : 3

10 365 – 12 · 7,25 + 14,5 · 6 – 13 · 5

11 151,25 – 3 · 28,5 + (2,5 · 12,5 – 18) · 3 – 3 · 18,5

12 (4,50 · 0,70 + 1,80 · 0,50 + 1,00 · 0,95) · 2

13 5 · (24 + 6) – 107 : 2 + 5 · 3

14 1 026 : 3 – 4 · (34,6 + 18,7 · 2) + 6

15 246 – 4 · (248,8 – 3 · 66,6)

16 13 · (67,5 – 3 · 14,8 + 26,7) + 13 : 5

17 0,75 · 3 + 4 · (2,25 – 0,50 · 3) + 1,75 – 2 · 1,25

18 663 – (3 · 15,50 + 4 · 25,00 + 2 · 17,50) · 2

19 (24,6 + 3 · 14,8) · 3 – (3,5 + 17 · 2,5) · 3,5 – 6

20 216 : 4 + (17,5 + 22,7 – 3,2) · 3 – 3 · 15

21 2 · [145 – 3 · (120 – 20 · 4)]

22 4 · [(7,50 + 4,00) · 3,00 + 7,50 · 4,00] · 2

23 5 · [(5,75 + 1,75 · 2) · 2 – 2 · 1,75]

24 512 : (98,5 – 3 · 17,5 – 56 : 4) + 125 : 5

25 875 : [(230 + 78 · 0,5 – 13 · 13) : 4]

26 (48 + 4,5 · 12) · 3,5 : (55 + 15 · 8 – 5 · 11 – 1)

27 3 · {248: [(13 · 5 – 1) : 4] + 22,5 : 3} – 64 : 8 + 5

28 12 · 15,5 + [224 : (35 – 3 · 7)] + 108 : (12 · 3)

29 40 · (2,75 m^2 – 0,25 m^2) · 2

30 (3 · 7,500 kg + 5 · 2,500 kg) : 7

Mit Maßen, Gewichten und Zeiteinheiten rechnen

Beispielaufgaben

a) 153 cm + 0,48 m + 6,70 dm + 70 mm = ? m
b) 0,75 m^2 + 45 dm^2 + 1 800 cm^2 + 0,12 m^2 = ? dm^2
c) 0,005 m^3 + 1 320 dm^3 + 300 000 cm^3 + 0,374 m^3 = ? dm^3
d) 0,030 t + 67 kg + 2 800 g + 199 000 mg = ? kg
e) Ein Gebinde mit 25 kg Dekorputz wiegt 25,750 kg. Wie viel wiegt der Eimer?
f) 2,50 m · 4 = ?
g) 10,00 m : 4 = ?
h) 5,00 m · 3,50 m = ?
i) 17,50 m^2 : 3,50 m = ?
j) In einem Raum wurden 32 ganze Bahnen Tapete von 2,50 m Länge geklebt, 8 halbe und 8 Viertel-Bahnen. Wie viele Rollen waren nötig, wenn man aus einer Europarolle jeweils vier ganze Bahnen erhält? Welche Fläche wurde insgesamt tapeziert?
k) Berechnen Sie die Arbeitszeit zur Vorbereitung einer Fahrzeuglackierung: Demontieren 40 Min., Reinigen $^1/_3$ Std., Abschleifen 0,4 Std., Spachteln 0,5 Std., Schleifen 3 Std. 20 Min., Nachspachteln 5 Min., Schleifen 10 Min., Abdecken $^2/_3$ Std.

In der Technik wird mit benannten Zahlen, mit **Größen,** gerechnet. Größen sind Produkte aus **Maßzahl** und **Maßeinheit** (Benennung): z. B. 5,00 m; 12,525 kg. Maler und Lackierer rechnen mit Maßen und Gewichten bei der Ermittlung der Werkstoffmengen sowie bei der Abrechnung mit den Kunden, Fahrzeuglackierer rechnen auch mit Zeiteinheiten bzw. Arbeitswerten.

Mit welchen Größen wird in der technischen Mathematik gerechnet?

Es wird gerechnet mit
Basis-Einheiten (SI-Einheiten): METER (m), KILOGRAMM (kg), SEKUNDE (s), TEMPERATUR (K),
daraus abgeleiteten Einheiten: Quadratmeter (m^2), Kubikmeter (m^3) usw. sowie
dezimalen Teilen (Dezi-, Zenti-, Milli-) bzw.
dezimalen Vielfachen (Deka-, Hekto-, Kilo-).

Mit welchen Maßen und Gewichten arbeiten Maler und Lackierer hauptsächlich?

Strecken werden in Meter (**m**) gemessen; Schichtdicken in Mikrometer (**µm**); Lichtwellen in Nanometer (**nm**); Pinselgrößen z. T. in englischen Zoll (1″ = 2,54 cm). Maler berechnen Flächen in **m^2,** Fahrzeuglackierer in **dm^2,** Zeiteinheiten in **Min.** oder **AW**. Flüssigkeiten werden in Liter (ℓ) gemessen (Volumen **1 ℓ = 1 dm^3** Rauminhalt); Massen in **kg**; dabei **brutto** „mit Verpackung“, **netto** „ohne Verpackung“, **Tara**: Gewicht der Verpackung, z. B. Gefäße.

Rechenregeln

Maße, Gewichte und Zeiteinheiten umrechnen

Größen können erst dann **addiert** und **subtrahiert** werden, wenn sie **gleich benannt** sind, d. h. die **gleiche Maßeinheit** besitzen. Folglich müssen nicht gleich benannte Größen umgerechnet werden:

Längenmaße umrechnen Umrechnungszahl: **10**

m	dm	cm	mm
1	10	100	1 000
0,1	**1**	10	100
0,01	0,1	**1**	10
0,001	0,01	0,1	**1**

10 m = 1 Dekameter (dam)
100 m = 1 Hektometer (hm)
1 000 m = 1 Kilometer (km)
1 Mikrometer (µm) = 0,001 mm
1 Nanometer (nm) = 0,000 001 mm

Flächenmaße umrechnen Umrechnungszahl: **100**

m^2	dm^2	cm^2	mm^2
1	100	10 000	1 000 000
0,01	**1**	100	10 000
0,000 1	0,01	**1**	100
0,000 001	0,000 1	0,01	**1**

100 m^2 = 1 Ar (a)
10 000 m^2 = 1 Hektar (ha)
1 000 000 m^2 = 1 Quadratkilometer (km^2)

Raummaße und Hohlmaße umrechnen Umrechnungszahl: **1 000**

m^3	dm^3 (ℓ)	cm^3 (ml)	mm^3
1	1 000	1 000 000	1 000 000 000
0,001	**1**	1 000	1 000 000
0,000 001	0,001	**1**	1 000
0,000 000 001	0,000 001	0,001	**1**

Gewichtsmaße umrechnen Umrechnungszahl: **1 000**

t	kg	g	mg
1	1 000	1 000 000	1 000 000 000
0,001	**1**	1 000	1 000 000
0,000 001	0,001	**1**	1 000
0,000 000 001	0,000 001	0,001	**1**

Zeiteinheiten umrechnen

Bruchteile von Stunden in Minuten umrechnen: Bruchteile (Bruch) mit 60 malnehmen.
Minuten in Bruchteile von Stunden umrechnen: Minuten durch 60 teilen.

Rechenhilfen mit Beispiellösungen

Maße und Gewichte umrechnen

Mithilfe von Umrechnungstabellen* lassen sich Einheiten von Maßen und Gewichten leichter in andere Maßeinheiten umrechnen:

Eintragen: Von der gegebenen Maß-Zahl (153) wird die Ziffer der EINER-Stelle** (3) in die Spalte der **gegebenen Maß-Einheit** (cm) eingetragen. Die weiteren Ziffern der ganzzahligen (Dezimal-)Stellen (ZEHNER, HUNDERTER usw.) folgen fortlaufend nach links (5 in dm-Spalte; 1 in m-Spalte)***:

Ablesen: In der Spalte der **gesuchten Maß-Einheit** (m) steht die Ziffer der EINER-Stelle der gesuchten Maß-Zahl (2). Zur nächstkleineren wird ein Komma gesetzt (2,) und die restlichen Ziffern werden ergänzt (2,750):

zu a) Umrechnungstabelle für Längenmaße

Aufgabe		m	dm	cm	mm
153 cm	in m	1	5	**3**	*0*
0,48 m	in m	**0**	4	*8*	*0*
6,70 dm	in m	*0*	**6**	7	0
+ 70 mm	in m	*0*	*0*	7	**0**
zusammen in m		**2**	7	5	0

Ergebnis: 2,750 m = **2,75 m**

* Die einzelnen Spalten der Umrechnungstabellen weisen jeweils so viele (Dezimal-)Stellen auf wie ihre entsprechenden Umrechnungszahlen Nullen: Längenmaße (10) je 1 Stelle, Flächenmaße (100) je 2 Stellen und Raum-/Hohl- und Gewichtsmaße (1 000) je 3 Stellen.

** Die EINER-Stelle einer (Dezimal-)Zahl ist stets die letzte Ziffer vor einem (Dezimal-)Komma.

*** Die Ziffern mit ganzen Zahlenwerten werden fortlaufend **nach links** eingetragen, die mit gebrochenen (Zehntel, Hundertstel etc.) **nach rechts**.

zu b) Umrechnungstabelle für Flächenmaße

Aufgabe		m^2	dm^2	cm^2	mm^2
0,75 m^2	in dm^2	**0**	7 5	0 0	0 0
45 dm^2	in dm^2	0	4 **5**	0 0	0 0
1 800 cm^2	in dm^2	0	1 8	0 **0**	0 0
+ 0,12 m^2	in dm^2	**0**	1 2	0 0	0 0
zusammen in dm^2		1	5 **0**	0 0	0 0

Ergebnis: 150,0000 dm^2 = **150 dm^2**

zu c) Umrechnungstabelle für Raummaße und Hohlmaße

Aufgabe		m^3	dm^3 (ℓ)	cm^3 (ml)	mm^3
0,005 m^3	in dm^3	**0**	0 0 5	0 0 0	0 0 0
1 320 dm^3	in dm^3	1	3 2 **0**	0 0 0	0 0 0
300 000 cm^3	in dm^3	0	3 0 0	0 0 **0**	0 0 0
+ 0,374 m^3	in dm^3	**0**	3 7 4	0 0 0	0 0 0
zusammen	in dm^3	1	9 9 **9**	0 0 0	0 0 0

Ergebnis: 1 999,000 000 dm^3 = **1 999 dm^3**

zu d) Umrechnungstabelle für Gewichtsmaße

Aufgabe		t	kg	g	mg
0,030 t	in kg	**0**	0 3 0	0 0 0	0 0 0
67 kg	in kg	0	0 6 **7**	0 0 0	0 0 0
2 800 g	in kg	0	0 0 2	8 0 **0**	0 0 0
+ 199 000 mg	in kg	0	0 0 0	1 9 9	0 0 **0**
zusammen	in kg	0	0 9 **9**	9 9 9	0 0 0

Ergebnis: 99,999 000 kg = **99,999 kg**

brutto – netto – Tara

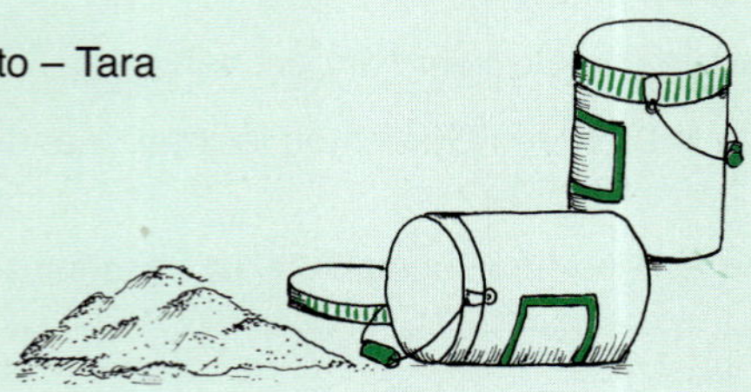

zu e)

verpackte Ware	= **Brutto**-Gewicht	25,750 kg
–	–	–
Ware	= **Netto**-Gewicht	25,500 kg
Verpackung	= **Tara**-Gewicht	**0,750 kg**

Rechenregeln mit Beispiellösungen

Mit benannten Zahlen rechnen

Größen können mit einer Zahl **vervielfacht** und **geteilt** werden. Dabei bleiben die Maßeinheiten erhalten:

zu f)
2,50 m · 4 = 2,50 · 4 · m = **10,00 m**

zu g)
10,00 m : 4 = 10,00 : 4 m = **2,50 m**

Größen können miteinander **multipliziert** und durcheinander **dividiert** werden. Dabei entstehen **neue Maßeinheiten:**

zu h)
5,00 m · 3,50 m = 5,00 · 3,50 · m · m = **17,50 m^2**

zu i)
17,50 m^2 : 3,50 m = 17,50 : 3,50 · m^2 : m = **5,00 m**

Rechenhilfe mit Beispiellösungen

Textaufgaben berechnen

Aus der Textaufgabe die eigentliche Rechenaufgabe herausfiltern: * Die Maße von Tapeten nach Euro(pa)-Norm betragen: 10,05 m Länge und 0,53 m Breite.	**zu j)** 32 ganze Bahnen à 2,50 m = 32 · 2,50 m 8 halbe Bahnen à 2,50 m : 2 = 8 · 2,50 m : 2 8 Viertelbahnen à 2,50 m : 4 = 8 · 2,50 m : 4 1 Rolle* ist 10,05m lang
Den Rechenweg (die Rechenschritte) notieren:	[32 · 2,50 m + 8 · (2,50 m : 2 + 2,50 m : 4)] : 10,05 m =
Zwischenergebnisse mit TR ausrechnen und notieren:	[80 m + 8 · (1,25 m + 0,625 m)] : 10,05 m = [80 m + 8 · 1,875 m] : 10,05 m = [80 m + 15 m] : 10,05 m =
Das Endergebnis berechnen:	95 m : 10,05 m = **9,45** Rollen 95 m · 0,53 m = **50,35 m²**
Den Antwortsatz formulieren:	Für die Tapezierarbeiten sind **10** Rollen nötig, es wurden **50,35 m²** tapeziert.

Zeiteinheiten umrechnen

Minuten in Bruchteile von Stunden umrechnen: durch 60 teilen:
Bruchteile von Stunden in Minuten umrechnen: mit 60 malnehmen:

zu k)

40 Min. : 60	=	0,67 Std.	= 40 Min.
1/3 Std.	= 1 : 3 =	0,33 Std. · 60	= 20 Min.
0,4 Std.	=	0,40 Std. · 60	= 24 Min.
0,5 Std.	=	0,50 Std. · 60	= 30 Min.
3 Std. 20 Min. : 60	=	3,33 Std. · 60	= 200 Min.
5 Min. : 60	=	0,08 Std. · 60	= 5 Min.
10 Min. : 60	=	0,17 Std. · 60	= 10 Min.
2/3 Std.	= 2 : 3 =	0,67 Std. · 60	= 40 Min.
Gesamtarbeitszeit	=	**6,15 Std.** · 60	= **369 Min.**

6,15 Std. = (6 Std. + 0,15 Std.) · 60 = **6 Std. 9 Min.**

Aufgaben

1 Ein Anstrichsystem besteht aus einer Grundierung von 80 µm, einem Zwischenanstrich von 140 µm und einem Schlussanstrich von 200 µm. Berechnen Sie die gesamte Schichtdicke in mm.

2 Ein wirksamer Korrosionsschutzanstrich sollte eine Mindestschichtdicke von 360 µm aufweisen. Wie viel mm dick müsste die Deckschicht sein, wenn Grund- und Zwischenanstrich zusammen 170 µm dick sind?

3 Berechnen Sie die Textlänge „FAHRZEUG-LACKIEREREI“ in einer schmalen Gleichstrich-Groteskschrift konstruiert, bei einer Balkenstärke von 3 cm und einem Buchstabenabstand von jeweils einer Balkenstärke.

4 Vor dem Abstandsausgleich ist die gesamte Länge eines Textes zu ermitteln, der aus 6 Buchstaben von je 4 cm Breite, 5 von je 7,5 cm und 3 von je 8,5 cm besteht, bei einem Buchstabenabstand von 20 mm.

5 Ein 80 cm langer und 15 cm hoher Text soll mittig auf ein Schild von 1,10 m Länge und 0,40 m Höhe konstruiert werden. Berechnen Sie die Abstände.

6 Berechnen Sie in dm²:

a) 0,65 m² + 0,088 m² + 57 cm² + 2 562 cm²
b) 13,52 dm² + 4 778 cm² + 0,12 m² + 15,58 dm²
c) 75,75 m² – 23,05 m² – 597 dm² – 2,29 m²
d) 60 000 cm² – 34 750 cm² – 123,70 dm² – 1 769 cm²
e) 0,135 m² + 79,64 dm² – 1 914 cm² + 37 700 mm²
f) 1,759 m² – 3 475 cm² – 66,35 dm² + 0,1408 m²

7 Berechnen Sie die Ergebnisse in dm³ bzw. in ℓ:

a) 47,500 ℓ + 3 280 cm³ + 0,013 m³ + 2,880 dm³
b) 0,104 m³ + 0,043 m³ + 23 500 cm³ + 27 500 cm³
c) 9 dm³ + 5 000 cm³ + 70 dm³ + 0,505 m³ + 300 dm³
d) 19,500 dm³ + 125 ml + 25,500 ℓ + 5,375 dm³
e) 3 500 ℓ – 1,150 m³ – 0,740 m³ – 500 ℓ
f) 100 ℓ – 23 750 cm³ – 750 ml – 45 dm³ – 17,500 ℓ

8 Berechnen Sie in kg:
a) 35,700 kg + 8 750 g + 0,005 t + 730 g
b) 25,750 kg + 0,104 t + 32 250 g + 0,038 t
c) 1,200 t + 0,032 t + 0,500 t + 268 kg
d) 0,050 t – 14,500 kg – 0,025 t – 5 kg
e) 0,125 t – 14 000 g – 0,150 kg – 35 350 g – 61,060 kg
f) 240,500 kg – 0,129 t – 0,038 t – 0,073 t
g) 0,150 t – 43 750 g + 21 kg – 0,099 t + 1,040 kg

9 Eine Warenlieferung wiegt brutto 78,750 kg. Wie viel wiegt die Verpackung bei einem Netto-Gewicht von 76 250 g?

10 25 ℓ eines Werkstoffs wiegen netto 26,250 kg. Das Tara-Gewicht des Kanisters beträgt 2 375 g. Berechnen Sie das Brutto-Gewicht für den 25-ℓ-Kanister.

11 Berechnen Sie die anteiligen Frachtkosten je kg einer Warenlieferung netto, die brutto 225,750 kg wiegt. Die Tara beträgt 12,500 kg, und je kg Fracht betragen die Kosten 18 Cent.

12 Welcher Lieferant macht das günstigere Angebot? A verlangt für die Netto-Warenlieferung 789,25 €, 56,80 € für Verpackung, 75,35 € für die Lieferung, zuzüglich 175,07 € MwSt. B bietet einen bfn-Preis von 1 100,00 € an und Lieferung frei Haus.

13
a) Ein Malermeister bestellt: 9 Rollen Tapeten 74,35 €, 3 Pakete Kleister 4,35 €, 3 Cuttermesser 4,65 €, 5 Heizkörperpinsel 12,75 €, 1 Streichbürste 18,75 €. Wie hoch wird die Rechnung ausfallen?
b) Der Verbrauch an Lackfarben betrug auf einer Arbeitsstelle: 13,567 ℓ; 9,400 ℓ; 27,368 ℓ; 45 ml und 1,030 ℓ. Wie viel ℓ werden dem Kunden in Rechnung gestellt?
c) In einem Raum wurden folgende Längen für Sockelleisten gemessen: 17,30 m; 1,56 m; 12 m; 35 cm und 40 mm. Wie viel m ergibt das insgesamt?
d) Folgende Mengen gebrauchte Lösemittel wurden zur Sondermülldeponie geliefert: 150 ℓ; 1,235 ℓ; 4,500 ℓ; 250 ml und 73,550 ℓ. Wie viel ℓ wurden dem Betrieb in Rechnung gestellt?
e) Von einer 50-m-Rolle Umleimer wurden abgeschnitten: 1,40 m; 3,70 m; 12 cm; 14,25 m; 1,05 m und 8,36 m. Wie lang ist der Rest?
f) Berechnen Sie den Nettolohn für einen Bruttoverdienst von 2 240,00 €. Lohnsteuer 329,33 €, Solidaritätszuschlag 18,11 €, Kirchensteuer 26,34 €, Krankenversicherung 150,08 €, Pflegeversicherung 19,04 €, Rentenversicherung 218,40 €, Arbeitslosenversicherung 72,80 €.
g) Der Umfang eines Raumes beträgt 46,20 m. Für Türen und Nischen werden abgezogen: 98 cm; 87 cm; 1,01 m; 2,04 m und 3,17 m. Wie viel m Sockelleisten werden für den Raum benötigt?
h) Ein Auszubildender hat 698,87 € auf seinem Girokonto. Im Laufe des Monats hebt er folgende Beträge ab: 120 €; 34,50 €; 198,67 €; 149,75 € und 94,94 €. Wie hoch ist der Kontostand?
i) Auf einem Bankkonto finden folgende Geldbewegungen statt: Einzahlungen 356,00 €; 512,45 € und 56,12 €; Auszahlungen 145,67 €; 267,85 € und 443,17 €. Der Kontostand beträgt danach 1 356,8 €. Wie hoch war der Anfangskontostand vor den Geldbewegungen?

14

a) 55 Min. · 12	b) 17,85 € · 8	c) 5,65 m · 0,3
d) 45,750 kg · 4	e) 34,75 m^2 · 6	f) 122,80 m^2 · 2
g) 24,500 ℓ : 5	h) 1 274 cm : 14	i) 100 m^2 : 5,5

15

a) 5,55 m · 4,80 m	b) 120 cm · 75 cm
c) 0,70 dm · 0,45 dm	d) 36,00 m^2 · 2,50 m
e) 45,00 m^2 · 3,80 m	f) 75 W · 60 s
g) 26,64 m^2 : 5,55 m	h) 0,90 m^2 : 1,20 m
i) 55,68 dm^2 : 8,70 dm	j) 12,60 m^2 : 2,80 m
k) 1 786 dm^2 : 38 dm	l) 148 kg : 96 dm^3

16
a) Wie viele Teppichfliesen der Größe 0,50 x 0,50 m (= 0,25 m^2) werden für einen Raum mit einer Bodenfläche von 34,70 m^2 benötigt?
b) Mit dem Firmen-Pritschenwagen wurden in einem Jahr 64 500 km gefahren. Insgesamt wurde für 16 602,30 € Treibstoff getankt, zu einem Durchschnittspreis von 1,56 € je ℓ. Berechnen Sie den Gesamtverbrauch und den Durchschnittsverbrauch je 100 km.

17 Rechnen Sie die Zeiteinheiten um:

a) 1/4 Std.	b) 35 Min.	c) 50 Min.
d) 0,25 Std.	e) 1/6 Std.	f) 185 Min.
g) 230 Min.	h) 2,6 Std.	i) 1/5 Std.
j) 205 Min.	k) 34,9 Std.	l) 12,7 Std.

18 Wie lang war der Arbeitstag: Anfahrt 1 1/4 Std., Baustelleneinrichtung 25 Min., Untergrundvorbereitung 6,5 Std., Rückfahrt 1 Std. 20 Min.

19 Berechnen Sie die Wochenarbeitszeit: Montag 8,5 Std., Dienstag 8 Std. 40 Min., Mittwoch 7 3/4 Std., Donnerstag 9,2 Std., Freitag 6 Std. 20 Min.

20 Berechnen Sie die Monatsarbeitszeit: 1. Woche 42,5 Std., 2. Woche 44 Std. 35 Min., 3. Woche 43 3/4 Std., 4. Woche 46 Std. 55 Min.

Formeln umstellen – Dichte berechnen

Beispielaufgaben

a) 2 ℓ Testbenzin wiegen 1 600 g. Welche Dichte besitzt Testbenzin demzufolge?
b) Wie viel wiegen 500 ml Kunstharz-Verdünnung, wenn die Dichte ϱ 0,850 kg/dm³ beträgt?
c) Welches Volumen (in ℓ) muss ein Eimer aufweisen, in den 15 kg Kunststoffputz abgefüllt werden sollen, dessen Dichte 4 kg/dm³ beträgt?

Jeder Körper hat eine bestimmte Körper-Masse („*m*“, gemessen in kg) und ein bestimmtes Körper-Volumen („*V*“, gemessen in dm³). Die **Masse** *m* **geteilt** durch das **Volumen** *V* ergibt die **Dichte,** bezeichnet mit dem griechischen Buchstaben „ϱ“ (rho) und der Maßeinheit „**kg/dm³**“.

Unbekannte Größen werden berechnet, indem bekannte Gleichungen „umgestellt“ werden*.

Zu welchen Zwecken wird mit der Dichte gerechnet?

Mithilfe der Dichte können Gewichtsmaße (kg), z. B. von Beschichtungsstoffen, umgerechnet werden in Raum- bzw. Hohlmaße (dm³ bzw. ℓ) und umgekehrt. Benötigt bei der Umrechnung von Kilo- in Literpreise!

Wie werden Formeln umgestellt?

(Formel-)Gleichungen werden umgestellt, indem auf beiden Seiten der Gleichung die jeweils gleichen Rechenoperationen ausgeführt werden, bis die gesuchte, zu berechnende Größe allein auf einer Seite der Gleichung steht, „isoliert“ ist.

Rechenregel mit Beispiellösung

Dichte $(\varrho) = \dfrac{\text{Masse } (m)}{\text{Volumen } (V)}$;

$(\varrho) = \dfrac{(m)}{(V)}$ in $\dfrac{\text{kg}}{\text{dm}^3}$

Maßeinheiten:

Dichte berechnen

$\dfrac{\text{t}}{\text{m}^3}$; $\dfrac{\text{kg}}{\text{dm}^3}$; $\dfrac{\text{g}}{\text{cm}^3}$; evtl. $\dfrac{\text{kg}}{\text{m}^3}$

zu a)

$\varrho = \dfrac{1\,600 \text{ g}}{2\ \ell} = \dfrac{1{,}600 \text{ kg}}{2 \text{ dm}^3} = \mathbf{0{,}8\ \dfrac{kg}{dm^3}}$

Rechenhilfe mit Beispiellösungen

Die gegebene Ausgangsformel (hier: $\varrho = \dfrac{m}{V}$) als Bruch in ein „Bestimmungsdreieck“ schreiben:

Formeln* mithilfe des **Bestimmungsdreiecks** umstellen:

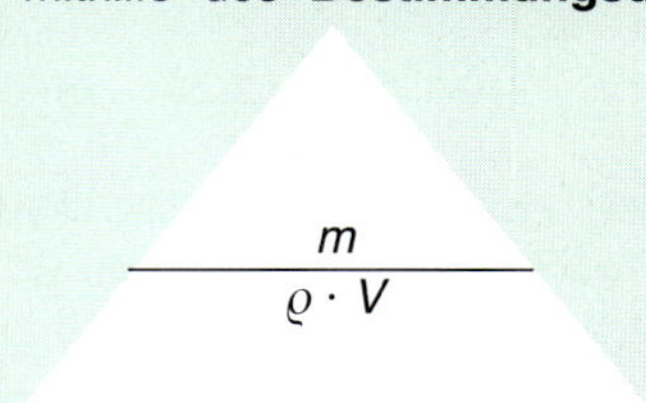

Die jeweils gesuchte Größe (mit dem Finger) abdecken und das Verhältnis der beiden anderen Größen ablesen:

$(\varrho) = \dfrac{m}{V}$ $(m) = \varrho \cdot V$ $(V) = \dfrac{m}{\varrho}$

* Rechnerische Umstellung von (Formel-)Gleichungen:
Aus

$\varrho = \dfrac{m}{V}$	folgt durch Multiplikation mit *V*	$\mid \cdot V$
$m = \varrho \cdot V$	daraus durch Division durch ϱ	$\mid : \varrho$
$V = \dfrac{m}{\varrho}$	hieraus die Ausgangsgleichung durch Multiplikation mit ϱ bei gleichzeitiger Division durch *V*	$\mid \cdot \varrho \mid : V$

Zur Berechnung die gegebenen Werte in die umgestellte Formel einsetzen:

zu b)

$\varrho = 0{,}850 \, \frac{kg}{dm^3}$; $V = 500 \text{ ml} = 0{,}500 \text{ dm}^3$

$m = \varrho \cdot V = 0{,}850 \frac{kg}{dm^3} \cdot 0{,}500 \text{ dm}^3 = \mathbf{0{,}425\ kg}$

zu c)

$m = 15 \text{ kg}$; $\varrho = 4 \, \frac{kg}{dm^3}$

$V = \frac{m}{\varrho} = \frac{15 \text{ kg}}{4 \text{ kg/dm}^3} = \mathbf{3{,}750\ \ell}$

Umrechnung:

$\text{Preis je Masseneinheit (kg)} = \frac{\text{Preis je Volumeneinheit } (\ell)}{\text{Dichte}}$

Preis je Volumeneinheit (ℓ) = Preis je Masseneinheit (kg) · Dichte

Aufgaben

1 Welche Dichte (in kg/dm³) besitzt der jeweilige Werkstoff,
a) wenn 1 ℓ 1 250 g wiegt?
b) wenn 1 ℓ 1,750 kg wiegt?
c) wenn 500 ml 700 g wiegen?
d) wenn 1,500 dm³ 2 000 g wiegen?
e) wenn 1,500 kg ein Volumen von 750 ml einnehmen?

2 Ein Eimer mit KD-Wandfarbe hat ein Volumen von 15,900 ℓ. Wie schwer ist die Wandfarbe bei einer Dichte (in kg/dm³) von:
a) $\varrho = 1{,}95$ b) $\varrho = 2{,}14$ c) $\varrho = 2{,}25$ d) $\varrho = 2{,}40$?

3 Wie viel wiegt ein 2,500-ℓ-Gebinde Alkydharzlackfarbe, wenn die Dichte (in kg/dm³) beträgt:
a) $\varrho = 1{,}45$ b) $\varrho = 1{,}6$ c) $\varrho = 1{,}75$ d) $\varrho = 1{,}82$
e) $\varrho = 1{,}9$?

4 Welches Volumen besitzt ein Kanister Testbenzin, wenn der Inhalt 4,750 kg wiegt und das Lösemittel eine Dichte besitzt von:
a) 0,87 kg/dm³ b) 0,9 g/ml c) 0,92 kg/ℓ
d) 0,94 g/cm³ e) 0,95 kg/ℓ ?

5 Wie groß muss ein Eimer mindestens sein, wenn 25 kg Streichplastik abgefüllt werden sollen mit einer Dichte (in kg/dm³) von:
a) $\varrho = 2$ b) $\varrho = 2{,}2$ c) $\varrho = 2{,}36$
d) $\varrho = 2{,}42$ e) $\varrho = 2{,}5$?

6 Welches Volumen (in ℓ) weisen 50 kg Kunststoffputz auf, wenn die Dichte (in kg/dm³) beträgt:
a) $\varrho = 2{,}95$ b) $\varrho = 3$ c) $\varrho = 3{,}2$
d) $\varrho = 3{,}33$ e) $\varrho = 3{,}5$?

7 Berechnen Sie den Kilogrammpreis einer KH-Lackfarbe, wenn der ℓ 24,50 € kostet, bei einer Dichte (in g/cm³) von:
a) $\varrho = 1{,}1$ b) $\varrho = 1{,}25$ c) $\varrho = 1{,}3$
d) $\varrho = 1{,}44$ e) $\varrho = 1{,}5$?

8 Kunststoff-Dispersionskleber kostet je kg 12,80 €. Wie teuer ist 1 ℓ, bei einer Dichte (in g/cm³) von:
a) $\varrho = 1{,}8$ b) $\varrho = 2$ c) $\varrho = 2{,}1$
d) $\varrho = 2{,}22$ e) $\varrho = 2{,}4$?

9 Wie schwer ist die gesamte Warenlieferung von 10-ℓ-Gebinden: 12 Gebinde Wandfarbe ($\varrho = 2{,}0$), 7 Gebinde Deckenfarbe ($\varrho = 1{,}5$), 25 Gebinde Latexfarbe ($\varrho = 2{,}2$).

10 Wie viel 15-ℓ-Gebinde Streichplasitk ($\varrho = 2{,}6$) können transportiert werden, wenn ein Anhänger eine freie Zuladung hat von:
a) 0,400 t b) 0,350 t c) 0,250 t d) 0,150 t?

11 Wie viel ℓ Inhalt weisen die Reibeputz-Gebinde ($\varrho = 3{,}1$) auf:
a) 25 kg b) 27 kg c) 30 kg d) 33 kg?

Mit Tabellen, Schaubildern, Diagrammen rechnen

Beispielaufgaben

a) Wie teuer sind 3 ℓ Acryllack?

Acryllack in ℓ	1	2	3	4	5
Preis in €	16,00	30,20	42,60	53,20	62,00

b) Wie hoch ist der Schütt- und Schwundverlust?

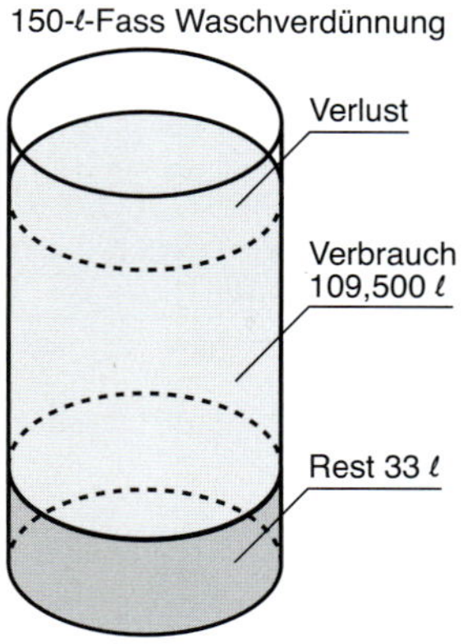

c) In welchem Monat lag der Umsatz am höchsten?

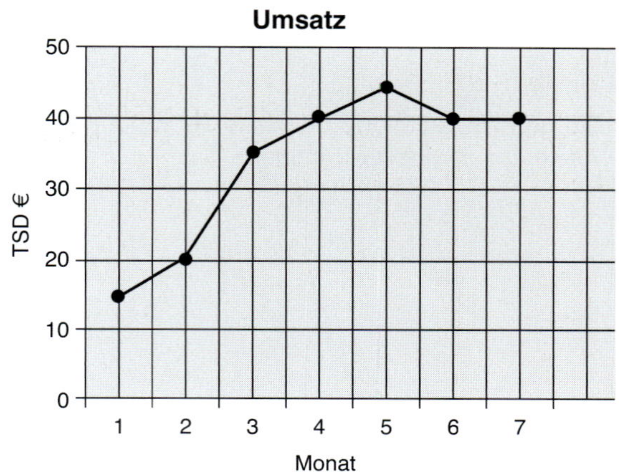

Gezeichnete Darstellungen sollen helfen, die Abhängigkeiten von Größen voneinander zu veranschaulichen und damit verständlich zu machen.
Um aus Tabellen, Schaubildern und Diagrammen die gewünschten Informationen zu erhalten, muss man das jeweilige Aufbauprinzip der Darstellungen verstanden haben.

Wie sind Tabellen aufgebaut?

In Tabellen sind Größen einander direkt in Spalten und Zeilen zugeordnet und **tabellarisch** aufgeführt: z. B. Lohnsteuertabelle, Seite 142.
(vgl. **Beispielaufgabe** a)

Wie sind Schaubilder aufgebaut?

In Schaubildern werden Größen **anschaulich** grafisch dargestellt: z. B. EurotaxSCHWACKE Positionsbezeichnung für Personenwagen, Seite 70.
(vgl. **Beispielaufgabe** b)

Wie sind Diagramme aufgebaut?

In Diagrammen werden die Abhängigkeiten von Größen einfach **gezeichnet** dargestellt:
Kurvendiagramme (bei zeitlichen Abläufen)
(vgl. **Beispielaufgabe** c)

Säulen-/Balkendiagramme (bei Größenvergleichen)
(vgl. Aufgabe 7, Seite 97)

Kreis-/Tortendiagramme (bei prozentualen Vergleichen)
(vgl. Aufgabe 8, Seite 97)

Rechenhilfen mit Beispiellösungen

Mit Tabellen, Schaubildern, Diagrammen rechnen

Welche Größen sind jeweils dargestellt?

zu a) Menge Lack in ℓ und Preis in €

zu b) Einzelmengen der Waschverdünnung in ℓ

zu c) Umsatz in € nach Monaten;

Welche Größen sind zu ermitteln?

zu a) Preis für 3ℓ Lack (in €)

zu b) Verlust an Waschverdünnung (in ℓ)

zu c) Monat mit höchstem Umsatz (in €)

Die gegebenen Werte aufsuchen und die gesuchten Werte ablesen bzw. errechnen:

zu a) 3ℓ Lack kosten **42,60 €**

zu b)

Gesamtmenge	150,000 ℓ
– Verbrauch	– 109,500 ℓ
– Rest	– 33,000 ℓ
Verlust	**7,500 ℓ**

zu c) Höchster Umsatz im Monat **Mai.**

Aufgaben

1 Wie viel € Lohnsteuer sind nach Tabelle zu entrichten bei einem Brutto-Arbeitsverdienst von:

a) 2240,00 € bei StKl. I
b) 2240,00 € bei StKl. III
c) 2525,00 € bei StKl. I
d) 2525,00 € bei StKl. III
e) 2175,65 € bei StKl. V
f) 2175,65 € bei StKl. I
g) 3268,50 € bei StKl. III
h) 3268,50 € bei StKl. IV
i) 3268,50 € bei StKl. II
j) 3268,50 € bei StKl. I
k) 3268,50 € bei StKl. V
l) 2710,00 € bei StKl. I
m) 2710,00 € bei StKl. V
n) 2710,00 € bei StKl. IV
o) 2710,00 € bei StKl. II
p) 2710,00 € bei StKl. III
q) Wie hoch ist jeweils der Solidaritätszuschlag?

2 Berechnen Sie für die Brutto-Arbeitsverdienste aus Aufgabe **1** die Beiträge zur Sozialversicherung (KV: Kranken-, RV: Renten-, AV: Arbeitslosen-, PV: Pflegeversicherung) nach Tabelle Sozialversicherungen.

3

a) Wie hoch ist der Anteil an Füllstoff (in Gew.-%)?

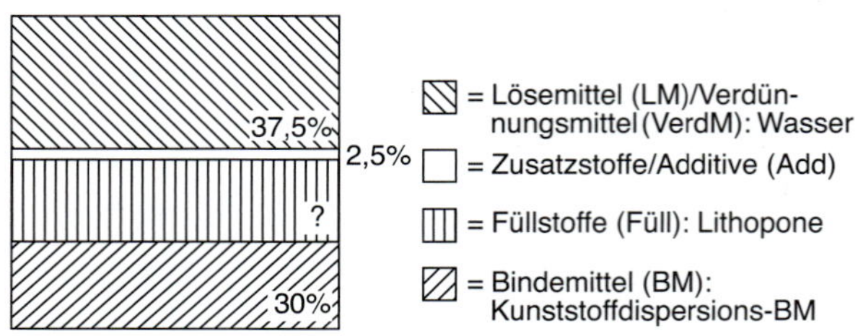

Latex-Farbe

b) Wie viel Wasser (in Vol.-%) enthält die KD-Farbe?

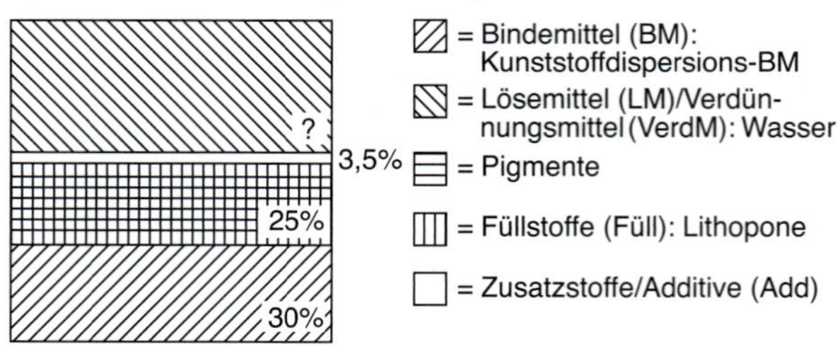

KD-Fassadenfarbe

4 Welchen Anteil Bindemittel (in Vol.-%) enthält die NC-Grundierung?

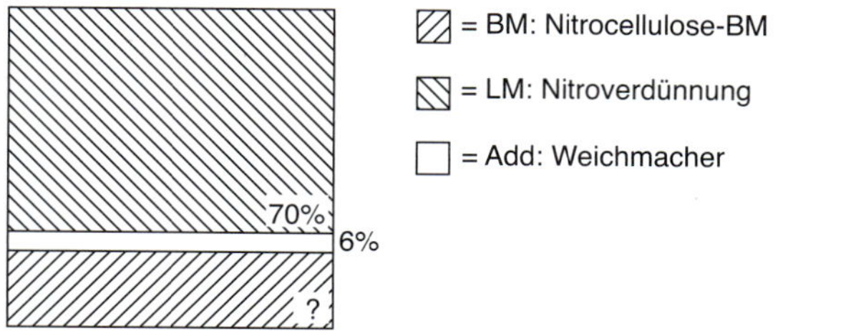

NC-Grundierung

5 Mit wie viel Vol.-% Verdünnungsmittel muss der Eiko-Epoxidharz-Lack auf Spritzviskosität (= 100 %) eingestellt werden?

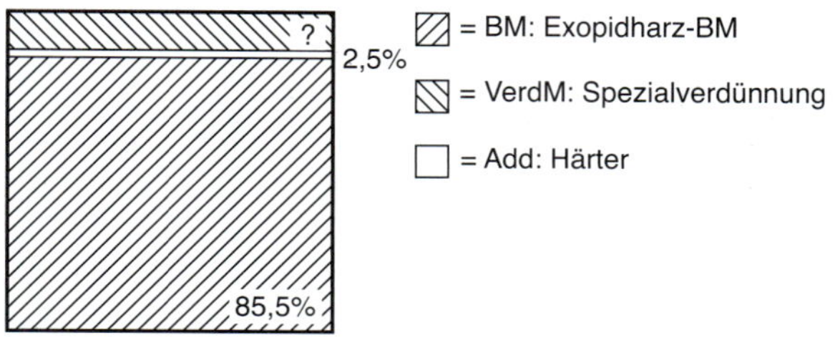

Eiko-Epoxidharz-Lack

6 Geben Sie die prozentuale Zusammensetzung der KH-Lackfarbe an:

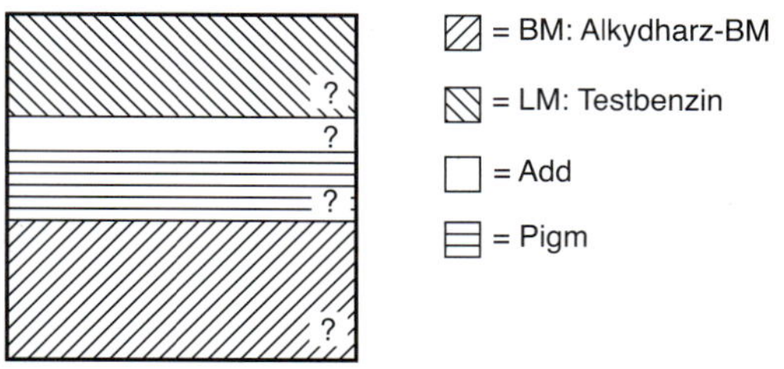

Kunstharzlackfarbe

7

a) Wie viel ℓ wasserverdünnbare Lacke wurden 2012 mehr verkauft als 2011?
b) Wie viel ℓ 2K-Lacke wurden 2011 und 2012 verkauft?
c) Wie viel ℓ lösemittelhaltige Lacke wurden 2012 weniger verkauft?

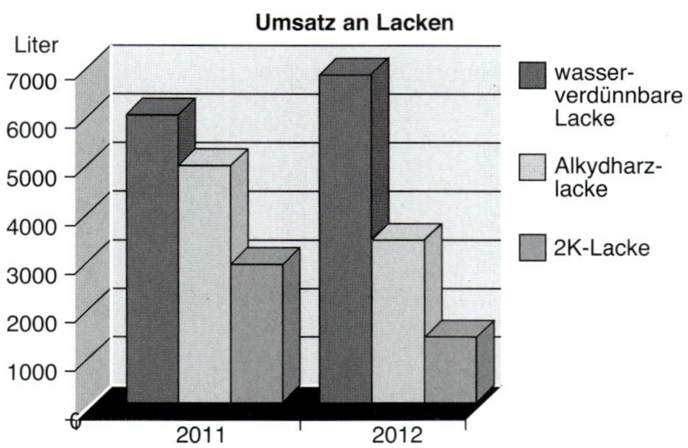

8 Von welchem Beschichtungsstoff wurde 2012

a) am meisten verkauft?
b) am wenigsten verkauft?
c) Wurden mehr lösemittelhaltige oder -freie Produkte verkauft?

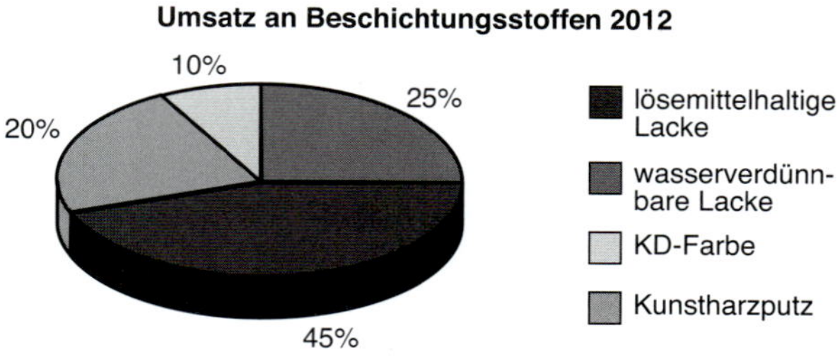

9

a) Wie viele Schüler sind in der Maler-Grundstufen-Klasse?
b) Wie viele Schüler lernen den Beruf „Bauten- und Objektbeschichter"?

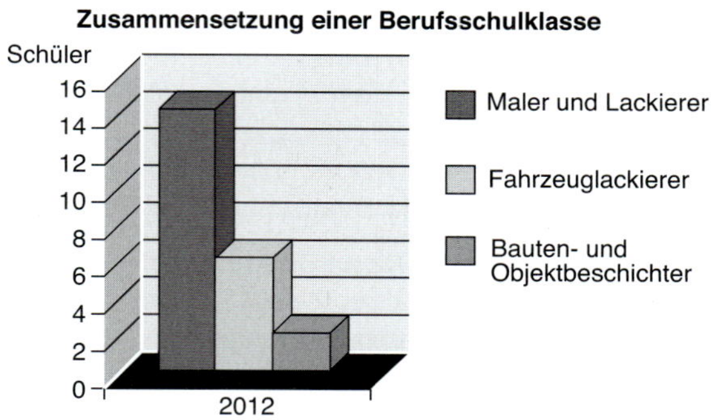

10 Zeichnen Sie ein Kreisdiagramm für die Angaben in Aufgabe **9**. Tragen Sie die Ausbildungsberufe in prozentualen Anteilen ein (Gesamtzahl der Schüler = 100 %).

11

a) In welchem Jahr lernten am meisten Auszubildende den Beruf „Maler und Lackierer"?
b) Wann lernten am wenigsten Auszubildende den Beruf „Fahrzeuglackierer"?
c) Wie viele Auszubildende lernten von 2008 bis 2012 im Ausbildungsschwerpunkt „Maler und Lackierer"?

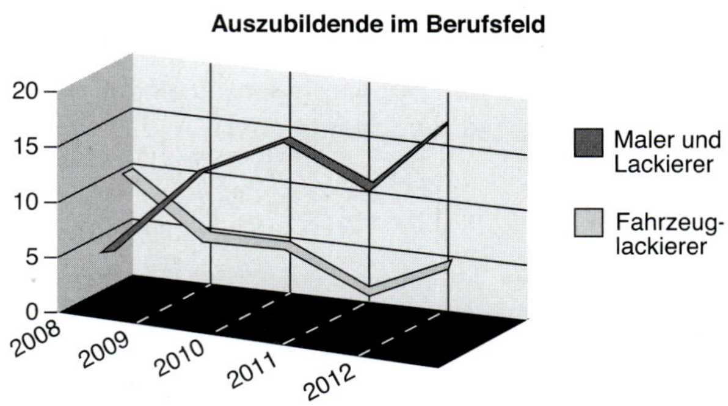

12 Berechnen Sie den Tapetenbedarf für die Tapezierung eines Raumes mit folgenden Maßen (Fenster und Türen sind bereits abgezogen):

a) Länge (l): 4,50 m; Breite (b): 4,50 m; Höhe (h): 2,50 m
b) l: 6,00 m; b: 4,00 m; h: 3,10 m
c) l: 7,00 m; b: 5,00 m; h: 3,50 m
d) l: 5,75 m; b: 4,25 m; h: 2,31 m
e) l: 6,80 m; b: 5,20 m; h: 3,98 m
f) l: 3,98 m; b: 3,82 m; h: 2,48 m
g) l: 5,37 m; b: 4,98 m; h: 2,35 m

Raumumfang in Metern	Anzahl der Rollen bei einer Raumhöhe von		
	2,10–2,35 m	2,40–3,05 m	3,10–4,00 m
6	3	4	5
10	5	7	9
12	6	8	11
15	8	10	14
18	9	12	17
20	10	14	19
24	12	16	23

Proportionsrechnung anwenden – Der Goldene Schnitt

Beispielaufgaben

a) Ein Text soll in einer schmalen Gleichstrich-Grotesk-Schrift mit 4 cm Balkenstärke konstruiert werden. Wie hoch wird die Schrift, wenn das Verhältnis von Balkenstärke zu Schrifthöhe 1 : 6 beträgt?
b) Eine 7 cm lange Strecke ist so in zwei Abschnitte zu teilen, dass die Abschnitte zueinander in einem ausgewogenen Verhältnis stehen und „harmonisch" wirken.

Mithilfe von Verhältnissen werden Beziehungen von Zahlen oder von Größen zueinander ausgedrückt (z. B. Mischungsverhältnis 3 : 1).

Der **Goldene Schnitt** drückt ein **„harmonisches" Teilungsverhältnis** aus, nach dem schon vor 3000 Jahren selbst Bauwerke gegliedert wurden. Heutzutage hat das „göttliche Gesetz" seine Bedeutung weitgehend eingebüßt.

Aus welchen Bestandteilen bestehen Proportionen?

In Proportionen werden Verhältnisse einander gleichgesetzt (=). Proportionen besitzen **Außenglieder** und **Innenglieder:**

1 : 5 = 2 : 10

gesprochen: 1 verhält sich zu 5 wie 2 zu 10.

Wie werden Strecken nach dem goldenen Schnitt geteilt?

Strecken können **geometrisch,** d. h. zeichnerisch, im Verhältnis des Goldenen Schnitts geteilt werden oder **arithmetisch,** d. h. rechnerisch. Immer wird eine gegebene Gesamtstrecke in eine kleinere Teilstrecke, den Minor, und in eine größere Teilstrecke, den Major, geteilt. Beide Teilstrecken stehen in einem „harmonischen" Verhältnis zueinander:
Minor : Major = Major : Gesamtstrecke.

Rechenregeln

Das **Produkt der Außenglieder** ist **gleich groß** wie das **Produkt der Innenglieder:**

Proportionsrechnung als Lösungsmethode anwenden

1 : 5 = 2 : 10
1 · 10 = 5 · 2
10 = 10

Die Lamé'sche Zahlenreihe drückt das **Teilungsverhältnis** des Goldenen Schnitts aus:

Goldener Schnitt – Lamé'sche Zahlenreihe

3 : **5 : 8 : 13 : 21** : 34 : 55 …

Danach werden die Proportionen gebildet:

5 : 8 bzw. 8 : 13 bzw. 13 : 21 usw.

Rechenhilfen mit Beispiellösungen

1. Die Proportionsgleichung aufstellen, dabei „x" für den unbekannten Wert setzen:
2. Die Produkte der Außenglieder und der Innenglieder bilden und einander gleichsetzen:
3. Den unbekannten Wert („x") isolieren, d. h. auf eine Seite der Gleichung bringen:
4. Den Wert von „x" berechnen:

Proportionsrechnung als Lösungsmethode*

zu a)
$$1 : 6 = 4\,\text{cm} : x \quad | \cdot 6 \cdot x$$
$$1 \cdot x = 6 \cdot 4\,\text{cm} \quad | : 1$$
$$x = \frac{6 \cdot 4\,\text{cm}}{1}$$
$$\mathbf{x = 24\,cm}$$

1. Eine Proportion der Lamé'schen Zahlenreihe auswählen für das Verhältnis von Major zu Gesamtstrecke:
2. Die Proportionsgleichung aufstellen:
3. Die Produkte der Außen- und der Innenglieder einander gleichsetzen:
4. „x" auf einer Seite der Gleichung isolieren und den Wert von „x" berechnen:

Der Goldene Schnitt

zu b) – arithmetisch berechnet**

$$8 : 13$$
$$8 : 13 = x : 7\,\text{cm}$$
$$8 \cdot 7\,\text{cm} = 13 \cdot x \quad | :13$$
$$\frac{8 \cdot 7\,\text{cm}}{13} = x$$
$$\textbf{Major}\ x = \mathbf{4{,}3\,cm}$$
$$\textbf{Minor} = 7\,\text{cm} - 4{,}3\,\text{cm} = \mathbf{2{,}7\,cm}$$

1. Die Gesamtstrecke zeichnen ($\overline{AB}$ = 7 cm):
2. In Punkt A ein Lot errichten:
3. Um A einen Kreis mit dem Radius halbe Strecke $\overline{AB}$ schlagen (r = $\overline{AB}$/2):
4. Den gefundenen Schnittpunkt C mit Punkt B verbinden:
5. Um C einen Kreis mit r = $\overline{CA}$ schlagen:
6. Um B einen Kreis mit r = $\overline{BD}$ schlagen:
7. Der Schnittpunkt E teilt die Gesamtstrecke $\overline{AB}$ in:

zu b) – geometrisch konstruiert***

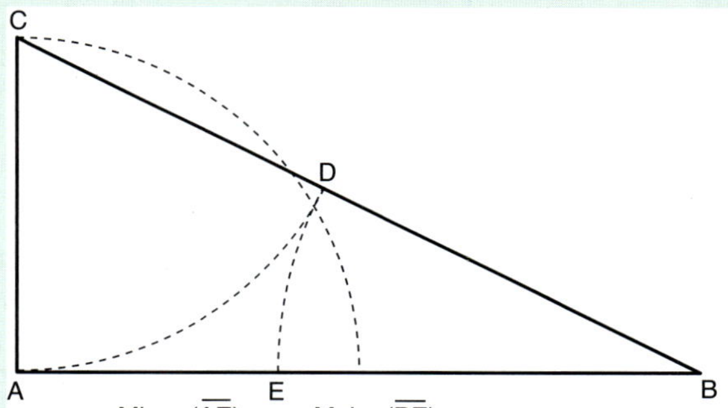

* Bei der Aufstellung von Proportionen ist darauf zu achten, dass die richtigen Zahlen zueinander ins Verhältnis gesetzt werden (a : b = c : d), das gilt insbesondere bei „umgekehrten Verhältnissen" (a · b = c · d).

** Diese Aufgabe kann ebenso mithilfe der Verteilungs- bzw. der Schlussrechnung gelöst werden: Die Verhältniszahlen der ausgewählten Proportion (8 : 13) zusammenzählen (8 + 13 = 21) und durch die Gesamtstrecke teilen (7 cm : 21 = 0,33 cm). Den errechneten Wert für ein Teilstück malnehmen mit den Verhältniszahlen der Teilstrecken: Major (0,33 cm · 13 =) **4,33 cm** und Minor (0,33 cm · 8 =) **2,67 cm.**

*** Je nachdem mit welcher Proportion der Lamé'schen Zahlenreihe gerechnet wird, weichen die Teilungsergebnisse geringfügig voneinander ab. Am genauesten ist die geometrische Konstruktion.

Aufgaben

1 Berechnen Sie jeweils den unbekannten Wert „x":

a) x : 24 = 6 : 1
b) x : 14 = 7 : 4
c) 35 : x = 5 : 3
d) 6 : x = 1 : 8
e) 3,7 : 18,5 = x : 5
f) 1 215 : 270 = x : 2
g) 143 : 66 = 13 : x
h) 11,7 : 351 = 1 : x

2 Welche Proportionen sind richtig (wahr)?

a) 25 : 85 = 5 : 17
b) 47 : 122,2 = 5 : 13
c) 1 044 : 65 = 16 : 1
d) 3 : 4,5 = 5,5 : 7,5

3 Ein Signet mit den Maßen 9 cm x 7 cm (Breite x Höhe) soll vergrößert werden. Berechnen Sie:

a) die Breite – für eine Höhe von 23 cm;
b) die Breite – für eine Höhe von 63 cm;
c) die Höhe – für eine Breite von 0,99 m;
d) die Höhe – für eine Breite von 1,08 m.

4 Berechnen Sie für eine Blockschrift (Verhältnis 1 : 7):

a) die Balkenstärke bei einer Schrifthöhe von 28 cm;
b) die Schrifthöhe bei einer Balkenstärke von 3,7 cm;
c) die Schrifthöhe bei einer Balkenstärke von 4,5 cm.

5 Der Text „FASSADENGESTALTUNG“ soll in Versalien (Großbuchstaben) der schmalen Gleichstrich-Grotesk (Gitterblockschrift) konstruiert werden. Berechnen Sie Textlänge und -höhe, wenn das Verhältnis Balkenstärke zu Schrifthöhe 1 : 7, eine Balkenstärke 4 cm und ein Buchstabenabstand vor dem Ausgleich 3 cm beträgt!

6 Berechnen Sie für den Text „WERKSTATT“ die Textlänge sowie die -höhe in einer konstruierten schmalen Gleichstrich-Grotesk (Gitterblockschrift) mit einem Verhältnis 1 : 6 und einer Balkenstärke von 3 cm, wenn der Buchstabenabstand eine Balkenstärke beträgt!

7 Aus zwei Farbtönen soll ein Mischfarbton hergestellt werden. Wie viel ℓ vom zweiten Farbton sind nötig, um 4 ℓ des ersten Farbtons abzutönen, bei einem Mischungsverhältnis von:
a) 1 : 2 b) 2 : 3 c) 2 : 5 d) 3 : 5?

8 Um Raufaser zu tapezieren, ist Spezialkleister im Verhältnis 1 : 20 anzusetzen. Wie viel ℓ Wasser sind nötig für:
a) 125 g b) 175 g c) 300 g
d) 500 g Spezialkleister?

9 Zur Erhöhung der Klebkraft wird einem Tapetenkleister KD-Kleber im Verhältnis von 1 : 15 zugesetzt. Wie viel ℓ Kunststoff-Dispersions-Kleber sind als Zusatz nötig für:
a) 10 ℓ b) 12 ℓ c) 15 ℓ
d) 25 ℓ Kleister?

10 Teilen Sie die Strecken geometrisch und arithmetisch nach dem Goldenen Schnitt:
a) 8 cm b) 13 cm c) 21 cm

11 Teilen Sie die Strecken nach dem Goldenen Schnitt und zeichnen Sie aus den Abschnitten Minor und Major „harmonische“ Rechtecke:
a) 20 cm b) 15 cm c) 10 cm

12 Auf einer Hausfassade soll im Verhältnis des Goldenen Schnitts eine rechteckige Werbefläche abgeteilt werden. Wie hoch wird die Fläche, wenn sie 4,60 m breit sein soll?

Mit Maßstäben rechnen

Beispielaufgaben

a) Wie lang ist eine Strecke von 20 cm im Maßstab M 1 : 10 verkleinert zu zeichnen?
b) Berechnen Sie die wirkliche Länge einer Strecke, die im Maßstab M 1 : 5 verkleinert 8 cm lang gezeichnet wurde.
c) In welchem Maßstab wurde eine 60 cm lange Strecke verkleinert, wenn sie in der Zeichnung 4 cm lang ist?
d) Eine 2 cm lange Strecke soll im Maßstab M 10 : 1 vergrößert werden. Berechnen Sie das Zeichnungsmaß.
e) Wie lang ist eine Strecke wirklich, wenn sie im Maßstab M 5 : 1 vergrößert 40 cm lang gezeichnet wurde?
f) Eine 4 cm lange Strecke wurde in der Zeichnung auf 60 cm vergrößert. Berechnen Sie den Maßstab.

Maler müssen Bauzeichnungen „lesen“ können, das heißt, Maße daraus entnehmen und errechnen, wie Fahrzeuglackierer Teilezeichnungen oder Vorlagen für Schriften und Signets. Im Beruf wird sowohl mit **maßstäblich verkleinerten** Plänen und Zeichnungen gearbeitet als auch mit Vorlagen, die **im Maßstab zu vergrößern** sind.

Mit welchen Größen wird beim Maßstabsrechnen gearbeitet?

Die wirkliche Länge wird als **Wirklichkeitsmaß** (*WM*) bezeichnet, die gezeichnete Länge als **Zeichnungsmaß** (*ZM*). Zueinander ins Verhältnis gesetzt, bestimmen diese Größen das Verkleinerungs- bzw. das Vergrößerungsverhältnis (*M* 1 : n bzw. *M* n : 1), den **Maßstab** (*M*). Maßstäbe sind Proportionen und werden dargestellt und *gelesen:*

Verkleinerungen	*M* 1 : 100	*Maßstab 1 zu 100*
Vergrößerungen	*M* 5 : 1	*Maßstab 5 zu 1*

Welche Maßstäbe sind im Beruf gebräuchlich?

Bauzeichnungen sind üblicherweise im Maßstab 1 : 200, 1 : 100, 1 : 50 verkleinert, besondere Details im M 1 : 10, 1 : 5; Vergrößerungsmaßstäbe sind M 2 : 1, 5 : 1, 10 : 1; der Originalmaßstab beträgt M 1 : 1.

Rechenhilfen mit Beispiellösungen*)

Das **Zeichnungsmaß** kann aus dem Wirklichkeitsmaß errechnet werden:

bei Verkleinerungen durch **TEILEN**
bei Vergrößerungen durch **MALNEHMEN**

Das **Wirklichkeitsmaß** kann aus dem Zeichnungsmaß errechnet werden:

bei Verkleinerungen durch **MALNEHMEN**
bei Vergrößerungen durch **TEILEN**

Maßstabsrechnungen können auch mithilfe von **Proportionen** gelöst werden:

Ebenso können **Maßstabsrechnungen** mithilfe von **Formeln**** gelöst werden:

Maßstab***	$M = \frac{ZM}{WM}$
Zeichnungsmaß	$ZM = WM \cdot M$
Wirklichkeitsmaß	$WM = \frac{ZM}{M}$

* Die Lösungen der Beispielaufgaben zeigen, dass Aufgaben zum Maßstabsrechnen auf verschiedene Weisen gelöst werden können.

** Rechnerische Umstellung von (Formel-)Gleichungen:
Aus $M = \frac{ZM}{WM}$ folgt durch $| \cdot WM$

$ZM = WM \cdot M$ daraus durch $| : M$

$WM = \frac{ZM}{M}$ daraus die Ausgangsgleichung durch $| \cdot M \; | : WM$

Mit Maßstäben rechnen

zu a) 20 cm : **10 = 2 cm**

zu d) 2 cm · **10 = 20 cm**

zu b)
$$1 : 5 = 8\,\text{cm} : x$$
$$1 \cdot x = 5 \cdot 8\,\text{cm}$$
$$x = \frac{5 \cdot 8\,\text{cm}}{1} = \mathbf{40\,cm}$$

zu f)
$$x : 1 = 60\,\text{cm} : 4\,\text{cm}$$
$$x \cdot 4\,\text{cm} = 1 \cdot 60\,\text{cm}$$
$$x = \frac{1 \cdot 60\,\text{cm}}{4\,\text{cm}} = \frac{60}{4} = \frac{15}{1}$$
$$\mathbf{x = 15 : 1}$$

$$\frac{ZM}{M \cdot MW}$$

zu c) $M = \frac{ZM}{WM} = \frac{4\,\text{cm}}{60\,\text{cm}} = \frac{1}{15} = \mathbf{1 : 15}$

zu e) $WM = \frac{ZM}{M} = \frac{40\,\text{cm}}{\frac{5}{1}} = \frac{40\,\text{cm}}{5} = \mathbf{8\,cm}$

*** Üblicherweise wird der Maßstab als Proportion dargestellt (1 : 15), ebenso ist die Darstellung als gebrochene Zahl möglich (als Bruchzahl $\frac{1}{15}$ bzw. als Dezimalzahl 0,067). Letzteres kann beim Rechnen mit dem Maßstab hilfreich sein.

Aufgaben

1 Zeichnen Sie die Vierecke und bemaßen Sie sie normgerecht:

a) Rechteck: 9,00 m lang und 6,40 m breit im *M* 1 : 100 / *M* 1 : 50
b) Quadrat: 3,80 m Seitenlänge im *M* 1 : 50 / *M* 1 : 20
c) Rechteck: 2,8 cm lang und 1,9 cm breit im *M* 2 : 1 / *M* 5 : 1
d) Quadrat: 2,5 cm Seitenlänge im *M* 2 : 1 / *M* 5 : 1

2 Berechnen Sie das jeweilige Zeichnungsmaß (*ZM*), wenn die Maßstäbe und die Wirklichkeitsmaße (*WM*) gegeben sind:

M 1 : 10; *WM* =
a) 3,72 m b) 2,75 m c) 2,02 m d) 8,65 m

M 1 : 20; *WM* =
a) 4,52 m b) 3,78 m c) 1,78 m d) 2,52 m

M 1 : 50; *WM* =
a) 3,75 m b) 4,02 m c) 8,75 m d) 3,50 m

$M\,2:1$; $WM =$
a) 3,7 cm b) 2,5 cm c) 0,30 m d) 0,48 m

$M\,5:1$; $WM =$
a) 12,9 cm b) 48 cm c) 0,17 m d) 1,00 m

3 In welchem Maßstab (*M*) wurde jeweils verkleinert bzw. vergrößert?

a) *WM* = 3,75 m	*ZM* = 37,5 cm
b) *WM* = 2,50 m	*ZM* = 0,50 m
c) *WM* = 2,50 m	*ZM* = 25 cm
d) *WM* = 7,5 cm	*ZM* = 1,50 m
e) *WM* = 36 cm	*ZM* = 1,80 m
f) *WM* = 9,5 cm	*ZM* = 38 cm

4 Wie groß ist das jeweilige Wirklichkeitsmaß (*WM*), wenn die Maßstäbe und die Zeichnungsmaße (*ZM*) gegeben sind?

$M\,1:5$; $ZM =$
a) 15 cm b) 20 cm c) 47,5 cm d) 0,85 m

$M\,1:50$; $ZM =$
a) 4,5 cm b) 6,2 cm c) 84 mm d) 13,7 cm

$M\,3:1$; $ZM =$
a) 15 cm b) 27 cm c) 30,6 cm d) 0,66 m

$M\,10:1$; $ZM =$
a) 17 cm b) 38 cm c) 47 cm d) 0,52 m

Schlussrechnung anwenden – Zweisatz und einfacher Dreisatz

Beispielaufgaben

a) 5 ℓ Kunstharz-Lack kosten 30,00 €. Wie viel € kostet 1 ℓ KH-Lack?
b) 5 Gesellen benötigen für Lackierarbeiten 30 Arbeitsstunden. Wie lange braucht 1 Geselle alleine?
c) 5 ℓ Kunstharz-Lack kosten 30,00 €. Wie teuer sind 3 ℓ KH-Lack?
d) 5 Gesellen brauchen zum Lackieren 30 Stunden. Wie lange brauchen 3 Gesellen?

Schlussrechnen ist eine gebräuchliche Lösungsmethode. Von einer bekannten Größe wird auf eine unbekannte, zu berechnende Größe „geschlossen". Unterschieden werden einfache Verhältnisse in **direkten Proportionen,** z. B. „**je mehr** Ware man kauft – **desto mehr** Geld muss man bezahlen" bzw. „je weniger … – desto weniger …". Ferner gibt es umgekehrte Verhältnisse in **indirekten Proportionen,** z. B. „**je mehr** Arbeitskräfte man einsetzt – **desto weniger** Arbeitszeit der Einzelnen wird benötigt" bzw. „je weniger … – desto mehr".

Mit welchen „Sätzen" wird beim Schlussrechnen gearbeitet?

Beim **Zweisatz** wird in zwei Sätzen von einer bekannten Größe (= Vielheit) auf deren **Einheit** (= 1) geschlossen und
beim **Dreisatz** in einem dritten Satz auf die gesuchte **Mehrheit**:
1. Satz: Bedingungssatz, eingeleitet mit ***wenn …***;
2. Satz: Einheitsbildung, mit ***dann … 1 …***;
3. Satz: Mehrheitsbildung, mit ***folglich … mehrere …***

Rechenhilfe mit Beispiellösungen Schlussrechnung anwenden

Kontrollüberlegung: also: DIREKTES Verhältnis **dividieren …** oder INDIREKTES Verhältnis? **multiplizieren …**

… um die Einheit (= 1) zu errechnen!

zu a)
Schlussrechnung anwenden – **Zweisatz**

Kontrollüberlegung: Je weniger ℓ – desto weniger €: DIREKTES Verhältnis

Bedingungssatz: ***Wenn*** 5 ℓ KH-Lack 30,00 € kosten,
Einheitsbildung: ***dann*** kostet ***1*** ℓ den 5. Teil davon,

nämlich $\frac{30{,}00\ €}{5} = \mathbf{6{,}00\ €}$

Antwortsatz: 1 ℓ Kunstharz-Lack kostet 6,00 €.

zu b)

Kontrollüberlegung: Je weniger Gesellen – desto mehr Zeit: INDIREKTES Verhältnis

Bedingungssatz:	***Wenn***	5 Gesellen 30 Std. brauchen,
Einheitsbildung:	***dann*** brauchte	***1*** Geselle das 5-Fache davon,
	nämlich	30 Std. · 5 = **150 Std.**
Antwortsatz:	1 Geselle braucht 150 Arbeitstunden.	

zu c)

Schlussrechnung* anwenden – Einfacher **Dreisatz**

Kontrollüberlegung: Je weniger ℓ – desto weniger €: DIREKTES Verhältnis

Bedingungssatz:	***Wenn***	5 ℓ KH-Lack 30,00 € kosten,
Einheitsbildung:	***dann*** kostet	***1*** ℓ den 5. Teil davon
	nämlich	$\frac{30{,}00\ €}{5}$
Mehrheitsbildung:	***folglich*** kosten	**3** ℓ das 3-Fache davon
	also	$\frac{30{,}00\ € \cdot \mathbf{3}}{5} = \mathbf{18{,}00\ €}$
Antwortsatz:	3 ℓ Kunstharz-Lack kosten 18,00 €.	

zu d)

Kontrollüberlegung: Je weniger Gesellen – desto mehr Zeit: INDIREKTES Verhältnis

Bedingungssatz:	***Wenn***	5 Gesellen 30 Std. brauchen,
Einheitsbildung:	***dann*** braucht	***1*** Geselle das 5-Fache davon,
	nämlich	30 Std. · 5
Mehrheitsbildung:	***folglich*** brauchen	**3** Gesellen den 3. Teil davon,
	also	$\frac{30\ \text{Std.} \cdot 5}{\mathbf{3}} = \mathbf{50\ Std.}$
Antwortsatz:	3 Gesellen brauchen 50 Stunden.	

* Die ausführliche Formulierung der „Sätze“ beim Schlussrechnen kann mit zunehmender Rechensicherheit abgekürzt werden, z. B.:
zu c) (wenn) 5 ℓ ≙ 30 € (dann) 1 ℓ ≙ $\frac{30\ €}{5}$ (folglich) 3 ℓ ≙ $\frac{30\ € \cdot 3}{5}$ = **18 €**

Aufgaben

Einfacher Dreisatz – DIREKTES Verhältnis (also: ...!)

1 30 ℓ KH-Lack kosten 240,00 €. Wie viel kosten:
a) 2 ℓ b) 5 ℓ c) 14 ℓ d) 24 ℓ?

2 Mit 2,500 ℓ Korrosionsschutzgrund können 20 m^2 Stahlblech beschichtet werden. Wie viel ℓ sind nötig für:
a) 30 m^2 b) 45 m^2 c) 50 m^2 d) 65 m^2?

3 Ein Firmenlieferwagen verbraucht auf 100 km durchschnittlich 15 ℓ Treibstoff. Welche Strecke kann man mit einem Tankinhalt fahren von:
a) 20 ℓ b) 35 ℓ c) 42 ℓ d) 50 ℓ?

4 Ein Fahrzeuglackierer erhält für 8 Stunden einen Lohn von 112,00 €. Welchen Lohn bekommt er dann für:
a) 10 Std. b) 14 Std. c) 22 Std. d) 35 Std.?

5 Für einen Voranstrich werden 20 ℓ KD-Farbe mit 1,500 ℓ Wasser verdünnt. Mit wie viel ℓ Wasser sind
a) 5 ℓ b) 15 ℓ c) 17 ℓ d) 24 ℓ zu verdünnen?

6 Um 3 ℓ 2-K-Autolackfarbe anzusetzen, sind 0,150 ℓ Härter nötig. Wie viel ℓ Härter sind nötig für:
a) 1,200 ℓ b) 1,800 ℓ c) 2 ℓ d) 2,500 ℓ?

7 Wie viel kosten die benötigten Rindshaarpinsel, wenn 5 Stück zusammen 11,85 € kosten?
a) 3 Stück b) 7 Stück c) 9 Stück d) 1 Dutzend

8 Ein Malergeselle benötigt zum Streichen von 8 m^2 Wandfläche 96 Minuten. Wie lange braucht er für:
a) 15 m^2 b) 20 m^2 c) 25 m^2 d) 30 m^2?

9 Ein Geselle verarbeitet in 20 Minuten 0,250 ℓ Highsolid-Lackfarbe. In welcher Zeit verarbeitet er
a) 0,100 ℓ b) 0,150 ℓ c) 0,200 ℓ d) 0,300 ℓ?

Einfacher Dreisatz –
INDIREKTES Verhältnis (also: ...!)

10 3 Gesellen streichen eine Fassade in 8 Stunden mit Dispersions-Silikatfarbe. In welcher Zeit würde die gleiche Arbeit erledigt werden von:
a) 2 Ges. b) 4 Ges. c) 5 Ges. d) 6 Ges.?

11 Wie lange dauert das Tapezieren von Räumen, wenn 2 Gesellen dafür 25 Arbeitsstunden benötigen?
a) 3 Ges. b) 4 Ges. c) 5 Ges. d) 6 Ges.

12 Das Verlegen von Linoleum-Bodenbelag dauert bei 2 Gesellen 12 Stunden. Wie viel zusätzliche Arbeitskräfte wären nötig, wenn das Verlegen nicht länger als
a) 8 Stunden b) 6 Stunden dauert?

13 In einem Wohnblock waren 6 Gesellen 20 Tage à 8 Arbeitsstunden mit Tapezierarbeiten beschäftigt. Wie lange hätten die gleichen Arbeiten gedauert bei
a) 3 Ges. b) 4 Ges. c) 5 Ges. d) 7 Ges.?

14 3 Auszubildende sollen Ölfarbensockel ablaugen und haben dafür 16 Stunden Zeit. Wie lange dauert das Ablaugen, wenn zusätzlich mithelfen würden:
a) 1 Azubi b) 2 Azubi c) 3 Azubi d) 4 Azubi?

Schlussrechnung anwenden – Kettensatz

Beispielaufgabe 3 Gesellen lackieren 6 Türen in 4 Arbeitsstunden. Wie lange brauchen 4 Gesellen für 10 Türen?

Der zusammengesetzte Dreisatz (= **Kettensatz**) ist ein erweiterter Dreisatz, bei dem mehrere Größen verändert, das heißt neu berechnet werden. Im zusammengesetzten Dreisatz treten mitunter direkte und indirekte Verhältnisse nebeneinander auf.

Aus wie vielen Sätzen besteht ein zusammengesetzter Dreisatz?

Im Prinzip wird mit den gleichen drei Sätzen gerechnet wie beim einfachen Dreisatz. Allerdings erfolgt die **„Einheitsbildung"** in **mehreren Stufen** (= Nebensätzen), wie dann auch die **Mehrheitsbildung!**

Rechenhilfe mit Beispiellösung	Schlussrechnung anwenden – Kettensatz	
Kontrollüberlegungen:	Je mehr Gesellen – desto weniger Zeit: INDIREKTES Verhältnis	
	Je mehr Türen – desto mehr Zeit: DIREKTES Verhältnis	
Bedingungssatz:	***Wenn***	3 Ges. für 6 Türen 4 Std. brauchen,
1. Einheitsbildung:	***dann*** braucht ***nämlich***	***1*** Ges. für 6 Türen das 3-Fache davon, $4\text{ Std.} \cdot \mathbf{3}$
2. Einheitsbildung:	***dann*** braucht ***nämlich***	1 Ges. für ***1*** Tür den 6. Teil davon, $\frac{4\text{ Std.} \cdot 3}{\mathbf{6}}$
1. Mehrheitsbildung:	***folglich brauchen*** ***also***	**4** Ges. für 1 Tür den 4. Teil davon, $\frac{4\text{ Std.} \cdot 3}{6 \cdot \mathbf{4}}$
2. Mehrheitsbildung:	***folglich brauchen*** ***also***	4 Ges. für **10** Türen das 10-Fache davon, $\frac{4\text{ Std.} \cdot 3 \cdot \mathbf{10}}{6 \cdot 4} = \mathbf{5\text{ Std.}}$
Antwortsatz:	4 Gesellen lackieren 10 Türen in 5 Arbeitsstunden.	

Aufgaben

1 Zum Lackieren von 196 m^2 Jalousieläden benötigen 3 Gesellen 25 Arbeitsstunden. Wie lange brauchen
a) 4 Gesellen für 120 m^2 b) 5 Gesellen für 180 m^2
c) 6 Gesellen für 250 m^2 d) 2 Gesellen für 150 m^2?

2 5 Gesellen verarbeiten in 30 Arbeitsstunden 2 250 ℓ Wand- und Deckenfarbe. Wie viel ℓ verstreichen:
a) 2 Gesellen in 10 Std. b) 3 Gesellen in 20 Std.
c) 4 Gesellen in 25 Std. d) 7 Gesellen in 35 Std.?

3 In 60 Arbeitsstunden streichen 3 Gesellen 80 Fenster vor.
a) Wie viele Fenster schaffen 2 Gesellen in 35 Std.?
b) Wie viele Fenster schaffen 4 Gesellen in 24 Std.?
c) Wie lange brauchen 2 Gesellen für 55 Fenster?
d) Wie lange brauchen 5 Gesellen für 95 Fenster?

4 Zum Grundieren von 6 Türen brauchen 2 Auszubildende 8 Arbeitsstunden.
a) Wie lange brauchen 3 Azubis für 8 Türen?
b) Wie lange brauchen 5 Azubis für 20 Türen?
c) Wie viele Türen schaffen 3 Azubis in 10 Std.?
d) Wie viele Türen schaffen 5 Azubis in 15 Std.?

5 In einem Neubau tapezieren und streichen 3 Gesellen in 5 Tagen bei täglich achtstündiger Arbeitszeit 960 m^2 Wand- und Deckenflächen.
a) Wie viel m^2 bearbeiten 4 Gesellen in 4 Tagen?
b) Wie viel m^2 bearbeiten 5 Gesellen in 7 Tagen?
c) Wie lange brauchen 4 Gesellen für 800 m^2 Fläche?
d) Wie lange brauchen 5 Gesellen für 1 200 m^2 Fläche?

6 4 Gesellen streichen 78 Fenster in 64 Arbeitsstunden. In wie viel Stunden streichen:
a) 3 Gesellen 60 Fenster b) 5 Gesellen 95 Fenster?

7 2 Lackierer spritzlackieren in 3,5 Arbeitsstunden 7 Blechtafeln der Größe 0,95 m x 1,35 m. Wie lange brauchten
a) 3 Lackierer für 5 Blechtafeln der Größe 0,80 m x 1,15 m?
b) 4 Lackierer für 6 Blechtafeln der Größe 1,20 m x 1,20 m?
c) 5 Lackierer für 11 Blechtafeln der Größe 1,10 m x 1,45 m?
d) 1 Lackierer für 1 Blechtafel der Größe 1,00 m x 100 cm?

8 In den Treppenhäusern einer Neubausiedlung verarbeiten 4 Gesellen innerhalb von 3,5 Tagen 840 kg Kunstharz-Reibeputz, bei täglich 8 Stunden Arbeitszeit.
a) In welcher Zeit verarbeiten 3 Gesellen 225 kg?
b) In welcher Zeit verarbeiten 5 Gesellen 600 kg?
c) In welcher Zeit verarbeiten 2 Gesellen 150 kg?
d) In welcher Zeit verarbeiten 1 Geselle 10 kg?

9 Zur Beschichtung von 7 Metallplatten mit einer Fläche von jeweils 4,15 m^2 sind 2,750 ℓ Lackfarbe nötig. Wie viel ℓ Lackfarbe sind nötig für
a) 9 Metallplatten mit einer Fläche von je 3,75 m^2?
b) 13 Metallplatten mit einer Fläche von je 2,05 m^2?
c) 1 Metallplatte mit einer Fläche von 1,00 m^2?

Prozentrechnung anwenden – Prozentwert, Grundwert, Prozentsatz

Beispielaufgaben

a) Von den 24 Schülern einer Maler-Berufsschulklasse sind 25 % weiblich. Wie viele Schülerinnen sind das?
b) Beim Verlegen von Bodenbelag fielen aufgrund des Rapports (= Musterhöhe) 21,60 m^2 Verschnitt an, das entspricht 18 %. Wie viel m^2 wurden insgesamt verlegt?
c) Mit wie viel Prozent (%) Wasser wurden 25 ℓ KD-Wandfarbe verdünnt, wenn 1,500 ℓ Wasser zugegeben wurden?

Größen können in absoluten Zahlenwerten dargestellt werden und relativ, d. h. **prozentual** (= in Prozenten). Beim Prozentrechnen steht die **Zahl 100** als Bezugsgröße (*pro centum, lat.* = von Hundert). Anwendung findet das Prozentrechnen beim Mischungs- und Verteilungsrechnen, beim Zinsrechnen, bei Kreisdiagrammen.

Mit welchen Größen wird beim Prozentrechnen gerechnet?

Der **Grundwert** (*GW*) ist der Basiswert und wird zu 100 ins Verhältnis gesetzt. Der **Prozentwert** (*PW*) ist der ausgerechnete prozentuale Teil des Grundwertes. Der **Prozentsatz** (*p*) gibt an, wie viele Teile von Hundert (= Prozent) gemeint sind.

z. B.: $p = 5\,\% = \frac{5}{100} = 5 : 100 = 0{,}05$

Rechenhilfe

$$\frac{PW}{GW \cdot \frac{p}{100}}$$

Formeln mithilfe des Bestimmungsdreiecks umstellen

$PW = GW \cdot \frac{p}{100}$ $GW = PW \cdot \frac{100}{p}$ $p = \frac{PW}{GW} \cdot 100$

Rechenregeln mit Beispiellösungen

Prozentwert* $= \text{Grundwert} \cdot \frac{\text{Prozentsatz}}{100}$

Grundwert $= \text{Prozentwert} \cdot \frac{100}{\text{Prozentsatz}}$

Prozentsatz $= \frac{\text{Prozentwert} \cdot 100}{\text{Grundwert}}$

* Der Prozentwert kann mit dem TR (%-Taste) berechnet werden.

Prozentrechnung anwenden –
Prozentwert, Grundwert, Prozentsatz

$\mathbf{PW = GW \cdot \frac{p}{100}}$ **zu a)** ** $= 24 \text{ Sch.} \cdot \frac{25}{100}$ **= 6 Sch.**

$\mathbf{GW = PW \cdot \frac{100}{p}}$ **zu b)** $= \frac{21{,}60 \text{ m}^2 \cdot 100}{18}$ **= 120 m²**

$\mathbf{p = \frac{PW \cdot 100}{GW}}$ **zu c)** $= \frac{1{,}500\ \ell \cdot 100}{25\ \ell}$ **= 6 %**

** Berechnung mit TR: Eingabe 24 | x | 25 | % | **Anzeige 6.**

Aufgaben

1 Wie viel € an Mehrwertsteuer sind auf folgende Waren-Netto-Preise zu entrichten:
a) 385,00 € b) 496,00 € c) 635,00 € d) 1 375,00 €

2 Berechnen Sie die Brutto-Preise für eine Rolle Tapete, also inkl. MwSt., bei einem Rollen-Netto-Preis:
a) 16,80 € b) 18,75 € c) 19,40 € d) 27,80 €

3 Die Preise für KH-Lackfarben wurden um jeweils 5% erhöht. Wie teuer sind die 0,750-ℓ-Gebinde nach Verteuerung (gegeben: alte Preise)?
a) 9,90 € b) 10,75 € c) 11,80 € d) 14,50 €

4 Ein Pinselhersteller gewährt Mengenrabatt: ab 12 Stück 3%, ab 24 Stück 4%, ab 36 Stück 5%. Ein Pinsel kostet 8,20 €. Berechnen Sie die Preise:
a) 15 Pinsel b) 25 Pinsel c) 30 Pinsel d) 40 Pinsel!

5 Ein Betrieb erhält bei Zahlung innerhalb von 14 Tagen 2% Skonto (Preisabzug). Welcher Betrag ist zu überweisen?
a) Fließbecher-Spritzpistole 178,80 €
b) Kleistergerät 398,90 €
c) Airless-Wandroller 599,00 €
d) Vibrationsschleifmaschine (Rutscher) 187,75 €

6 Im Betrieb wird der Schütt- und Schwundverlust ermittelt. Welche Menge war ursprünglich in den Gebinden, wenn eingetrocknet sind:
a) 135 g gleich 7,5% b) 220 g gleich 4%
c) 190 g gleich 5% d) 0,240 ℓ gleich 3%
e) 0,400 ℓ gleich 5% f) 350 ml gleich 7% ?

7 Um wie viel Prozent hat sich eine Nassfilmschichtdicke von 135 µm durch Lösemittelverdunstung verringert bei einer gemessenen Trockenschichtdicke von:
a) 60 µm b) 66 µm c) 70 µm d) 74 µm?

8 Berechnen Sie die Trockenschichtdicke einer KH-Lasur für eine Auftragsmenge von 130 ml/m² (1 ml/m² Auftrag = 1 µm Nassfilmschichtdicke) bei einem flüchtigen Lösemittelanteil von:
a) 40% b) 35% c) 32% d) 30%.

9 Wie stark war die Nassfilmschichtdicke bei einem Schwund durch Lösemittelverdunstung von:
a) 20% gleich 60 µm b) 30% gleich 87 µm
c) 35% gleich 98 µm d) 45% gleich 117 µm?

10 Berechnen Sie für einen HS-Füllprimer, der in zwei Spritzgängen mit je 85 µm aufgetragen wird, die Trockenschichtdicke bei einem Festkörpergehalt von:
a) 68% b) 72% c) 75% d) 79%.

11 Berechnen Sie den Preis für Dickschicht-Lasurfarben, die erhöht wurden um:
a) 0,12 € gleich 1% b) 0,18 € gleich 1,8%
c) 0,25 € gleich 2% d) 0,27 € gleich 3%

12 Berechnen Sie die Fläche. Beim Tapezieren von Tapeten mit Versatzmuster fiel ein Verschnitt an von:
a) 18% gleich 7,20 m² b) 24% gleich 10,80 m²
c) 27% gleich 22,95 m² d) 19% gleich 21,09 m²

13 Wie hoch (in %) war der bei der Inventur des Lacklagers ermittelte Verlust?
a) 2,955 ℓ von 98,500 ℓ b) 4,980 ℓ von 124,500 ℓ
c) 0,750 ℓ von 37,500 ℓ d) 20,480 ℓ von 640 ℓ

14 Wie viel Prozent (%) Abzüge für Steuern und Sozialabgaben werden vom Brutto-Lohn einbehalten?
a) 368,50 € von 1 350,00 € b) 605,50 € von 1 800,00 €
c) 682,50 € von 1 950,00 € d) 844,00 € von 2 850,00 €

15 Um wie viel % hat sich der Preis von 1640,00 € erhöht, wenn sich die Lackierung um 123,00 € verteuert?

Prozentrechnung anwenden – Vermehrter und verminderter Grundwert

Beispielaufgaben

a) Ein PUR-Lack kostet nach einer Preiserhöhung von 4 % neuerdings 19,75 €. Wie hoch war der alte Preis?

b) Nach Abzug von 2 % Skonto wurden für eine Warenlieferung 1 250 € überwiesen. Wie lautete der ursprüngliche Rechnungspreis?

Im Berufsalltag wird nicht allein mit dem **absoluten Grundwert** gerechnet, sondern mit dem **vermehrten Grundwert** bei Verteuerungen, Zuschlägen, Gewinnberechnungen bzw. **verminderten Grundwert** bei Preisnachlässen, Abschlägen, Verlustberechnungen.

Wie wird der jeweilige Grundwert berechnet?

Der reine, der **absolute Grundwert** wird zu 100 ins Verhältnis gesetzt, der **vermehrte Grundwert** ist um einen Prozentsatz größer als 100, der **verminderte Grundwert** um einen Prozentsatz kleiner als 100:

absoluter $GW \triangleq 100\,\%$
vermehrter $GW \triangleq (100 + p)\,\%$
verminderter $GW \triangleq (100 - p)\,\%$

Rechenhilfen mit Beispiellösungen*

Prozentrechnung anwenden – Vermehrter und verminderter Grundwert

zu a)
(Lösungsmethode Schlussrechnen)

Kontrollüberlegung: Je mehr % – desto mehr Geld: DIREKTES Verhältnis

Wenn $(100 + 4)\,\% \triangleq 19{,}75\ €$

dann $1\,\% \triangleq \dfrac{19{,}75\ €}{104}$

folglich $\mathbf{100\,\%} \triangleq \dfrac{19{,}75\ € \cdot \mathbf{100}}{104} = \mathbf{18{,}99\ €}$

zu b)
(Lösungsmethode Proportionsrechnen)

$$(100 - 2)\,\% : 1\,250\ € = 100\,\% : x$$
$$98\,\% \cdot x = 1\,250\ € \cdot 100\,\%$$
$$x = \frac{1\,250\ € \cdot 100\,\%}{98\,\%}$$
$$x = \mathbf{1\,275{,}51\ €}$$

* Der absolute Grundwert kann auch nach einer (Formel-)Gleichung errechnet werden:

$$\text{absoluter } GW = \frac{\text{vermehrter } GW \cdot 100\%}{(100\,\% + \%\text{ der Erhöhung})} \qquad \text{absoluter } GW = \frac{\text{verminderter } GW \cdot 100\,\%}{(100\,\% - \%\text{ der Verminderung})}$$

Aufgaben

Rechnen Sie mit dem vermehrten Grundwert:

1 Berechnen Sie jeweils den Einkaufspreis der Waren, die mit einem 15-%-Aufschlag verkauft wurden für:
a) 17,02 € b) 20,47 € c) 20,70 € d) 22,54 €
e) 51,75 € f) 55,89 € g) 113,85 € h) 138,00 €

2 Wie hoch sind die Netto-Preise, also ohne MwSt.?
a) 31,35 € b) 33,06 € c) 39,90 €
d) 56,90 € e) 61,56 € f) 62,70 €
g) 68,97 € h) 77,52 € i) 145,00 €

3 Wie teuer waren die Lackmaterialien, die nach einer Preiserhöhung um 5 % nun kosten:
a) 8,19 € b) 8,32 € c) 9,24 € d) 9,45 €
e) 10,50 € f) 17,43 € g) 18,48 € h) 20,58 €?

4 Auf die Tapeten wurde ein Aufschlag von 10 % erhoben. Inkl. MwSt. werden die Tapeten nun zu folgenden Brutto-Verkaufspreisen je Rolle verkauft:
1) 18,18 € 2) 19,56 € 3) 23,45 € 4) 26,08 €
a) Berechnen Sie die Netto-Verkaufspreise für die Tapeten, also ohne MwSt.
b) Berechnen Sie aus den Netto-Verkaufspreisen die Einkaufspreise für die Tapeten, also ohne den Aufschlag von 10 %.

5 Nach der tariflichen Lohnanhebung um 4 % wird folgender Lohn ausgezahlt. Wie hoch war der alte Lohn?
a) 2 352,00 € b) 2 428,80 € c) 2 560,00 €
d) 2 568,00 €

Rechnen Sie mit dem verminderten Grundwert:

6 Einige Werkzeuge werden um 15 % billiger angeboten. Wie teuer waren die Werkzeuge ursprünglich?
a) 2,38 € b) 3,23 € c) 4,59 € d) 6,63 €
e) 19,38 € f) 22,95 € g) 38,93 € h) 54,40 €

7 Aus einer Konkursmasse konnten einige Geräte und Maschinen 35 % unter dem ursprünglichen Preis erworben werden. Wie lauteten die ursprünglichen Preise?
a) Airless-Gerät 987,50 €
b) Kompressor 468,50 €
c) Saugbecher-Spritzpistole 88,70 €
d) Alu-Leiter 224,25 €

8 Eine Werkstoffrechnung weist nach Abzug von 3 % Rabatt und 2 % Skonto folgenden Überweisungsbetrag auf. Wie lautete der ursprüngliche Rechnungsbetrag?
a) 182,88 € b) 327,37 € c) 370,41 €
d) 391,64 € e) 422,22 € f) 464,90 €
g) 505,40 € h) 644,29 € i) 665,42 €

9 Die betriebliche Nachkalkulation ergab, dass die Arbeiten 6 % unter den kalkulierten Kosten ausgeführt werden konnten. Wie lautete der Preis der Vorkalkulation?
a) 7 896,00 € b) 9 165,00 € c) 10 152,00 €
d) 12 116,60 €

10 Auslaufende Tapeten werden in einem Sonderverkauf günstiger abgegeben. Wie viel kosteten die Tapeten ursprünglich im Verkauf?
a) 8 % billiger für 16,38 €
b) 9 % billiger für 18,11 €
c) 10 % billiger für 19,35 €
d) 12 % billiger für 24,64 €

Zinsrechnung anwenden

Beispielaufgaben

a) Für ein Darlehen in Höhe von 5 000 € sind 7 % Zinsen im Jahr zu zahlen. Wie viel € Zinsen sind das?
b) Da ein Kunde eine Rechnung in Höhe von 748,50 € nicht rechtzeitig bezahlt hat, wurden ihm für 2 Monate Verzugszinsen in Höhe von 18,75 € berechnet. Wie hoch ist der dabei zugrunde gelegte Zinssatz?
c) Für ein kurzfristiges Darlehen für 64 Tage mussten bei einem Zinssatz von 13,5 % insgesamt 231,98 € Zinsen gezahlt werden. Wie hoch war das Darlehen?
d) Nach welcher Zeit wurde ein Darlehen über 7 500 € zurückgezahlt, wenn bei einem Zinssatz von 8 % 246,58 € an Zinsen gezahlt wurden?

Zinsen werden erhoben bzw. gewährt auf verliehenes bzw. geliehenes Geld (Kapital). Zinsrechnen ist eigentlich ein Prozentrechnen unter **Einbeziehung der Zeit.** Wurde früher mit einem Zins-Jahr, entsprechend zwölf Zins-Monaten mit jeweils 30 Zins-Tagen gerechnet, werden Zinsen heute taggenau berechnet.
Zinsen auf ein Jahr berechnet heißen Jahres-Zinsen. Zinsen für mehr als ein Jahr werden nach der Staffelrechnung (Zinseszins) berechnet.

Wie kann man die Größen der Prozentrechnung und der Zinsrechnung miteinander vergleichen?

Der Grundwert beim Prozentrechnen ist beim Zinsrechnen das **Kapital** (K), der Prozentsatz ist vergleichbar mit dem **Zinssatz** (p%), auch Zinsfuß, und der Prozentwert entspricht den **Zinsen** (Z). Zusätzlich wird die **Zeit** (t) einbezogen.

Rechenhilfe — Die Zeit (t) einbeziehen

Sind Zinsen unter einem Jahr zu berechnen, muss in den Formeln der allgemeine Faktor „t" ersetzt werden:

bei Monaten: $t = \frac{\text{Anzahl der Monate}}{12}$ — bei Tagen: $t = \frac{\text{Anzahl der Tage}}{365}$

Rechenregeln mit Beispiellösungen* — Zinsrechnung anwenden

Zinsen** $= \text{Kapital} \cdot \frac{\text{Zinssatz}}{100} \cdot \text{Zeit}$ — $\boldsymbol{Z = K \cdot \frac{p}{100} \cdot t}$

zu a) $= 5\,000\,€ \cdot \frac{7}{100} \cdot 1 = \mathbf{350\,€}$

Zinssatz** $= \frac{\text{Zinsen} \cdot 100}{\text{Kapital} \cdot \text{Zeit}}$ — $\boldsymbol{p = \frac{Z \cdot 100}{K \cdot t}}$

zu b) (in **Monaten**) $= \frac{18{,}75\,€ \cdot 100 \cdot 12}{748{,}50\,€ \cdot 2} = \mathbf{15\,\%}$

Kapital $= \frac{\text{Zinsen} \cdot 100}{\text{Zinssatz} \cdot \text{Zeit}}$ — $\boldsymbol{K = \frac{Z \cdot 100}{p \cdot t}}$

zu c) (in **Tagen**) $= \frac{231{,}98\,€ \cdot 100 \cdot 365}{13{,}5 \cdot 64} = \mathbf{9\,800{,}08\,€}$

Zeit $= \frac{\text{Zinsen} \cdot 100}{\text{Kapital} \cdot \text{Zinssatz}}$ — $\boldsymbol{t = \frac{Z \cdot 100}{K \cdot p}}$

zu d) $= \frac{246{,}58\,€ \cdot 100 \cdot 365}{7\,500\,€ \cdot 8} = \mathbf{150\ Tage}$

* Aufgaben zum Zinsrechnen können ohne Formeln mit der Schlussrechnung gelöst werden.

zu a) wenn 100 % ≙ 5 000 € dann 1 % ≙ $\frac{5\,000\,€}{100}$ folglich 7 % ≙ $\frac{5\,000\,€ \cdot 7}{100}$ = **350 €**

zu b) wenn 748,50 € ≙ 2 Mon. ≙ 100 % dann 1 € ≙ 2 Mon. ≙ $\frac{100\,\%}{748{,}50\,€}$ dann 1 € ≙ 1 Mon. ≙ $\frac{100\,\%}{748{,}50\,€ \cdot 2}$

folglich 18,75 € ≙ 1 Mon. ≙ $\frac{100\,\% \cdot 18{,}75\,€}{748{,}50\,€ \cdot 2}$ folglich 18,75 € ≙ 12 Mon. ≙ $\frac{100\,\% \cdot 18{,}75\,€ \cdot 12}{748{,}50\,€ \cdot 2}$ = **15 %**

** (Formel-)Gleichungen für die Berechnung von:

Jahres-Zinsen $Z = \frac{K \cdot p}{100}$ — Jahres-Zinssatz $p = \frac{Z \cdot 100}{K}$

Monats-Zinsen $Z = \frac{K \cdot p \cdot \text{Monate}}{100 \cdot 12}$ — Monats-Zinssatz $p = \frac{Z \cdot 100 \cdot 12}{K \cdot \text{Monate}}$

Tages-Zinsen $Z = \frac{K \cdot p \cdot \text{Tage}}{100 \cdot 365}$ — Tages-Zinssatz $p = \frac{Z \cdot 100 \cdot 365}{K \cdot \text{Tage}}$

Aufgaben

Berechnen Sie die Zinsen (Z):

1 Berechnen Sie die Zinsen (Z) in €, die ein Kapital von 3 600 € in einem Jahr bringt, bei einem Zinssatz von:
a) 3 % b) 4,5 % c) 5 % d) 7,5 %
e) 7,9 % f) 8,2 %

2 Berechnen Sie die Zinsen in €, die ein Kapital von 4 800 € in 4 Monaten bringt, bei einem Zinssatz von:
a) 3 % b) 4,5 % c) 5 % d) 7,5 %
e) 7,9 % f) 8,2 %

3 Berechnen Sie die Zinsen in €, die ein Kapital von 7 500 € in 45 Tagen bringt, bei einem Zinssatz von:
a) 3 % b) 4,5 % c) 5 % d) 7,5 %
e) 7,9 % f) 8,2 %

4 Wie viel Zinsen kostet ein Darlehen über 20 000 €:
a) bei 9 % Zinsen in einem 3/4 Jahr?
b) bei 7,5 % Zinsen in 10 Monaten?
c) bei 7 % Zinsen in 160 Tagen?
d) bei 8 % Zinsen in 300 Tagen?

5 Berechnen Sie den Überweisungsbetrag, der sich um 4,5 % Verzugszinsen wegen verspäteter Bezahlung erhöht (gegeben: Rechnungsbetrag):
a) 2 560 € bei 6 Monaten b) 1 080 € bei 45 Tagen
c) 423,50 € bei 75 Tagen d) 179,75 € bei 100 Tagen

6 Geldinstitute verzinsen Sparguthaben bei gesetzlicher Kündigungsfrist mit 1,5 %, bei halbjährlicher Kündigungsfrist mit 2 %, bei jährlicher Kündigungsfrist mit 2,5 %. Wie viel Zinsen bringen:
a) 1 500 € in 110 Tagen (gesetzliche Kündigung)?
b) 2 500 € in 5 Monaten (gesetzliche Kündigung)?
c) 1 200 € in 7 Monaten (halbjährliche Kündigung)?
d) 1 900 € in einem Jahr (jährliche Kündigung)?

Berechnen Sie den Zinssatz (*p* %):

7 Berechnen Sie den jeweiligen Zinssatz (*p* %) für ein Kapital von 4 800 €, das an Zinsen gebracht hat:
a) 240 € in 1 Jahr b) 150 € in 5 Monaten
c) 47,50 € in 75 Tagen d) 25,33 € in 20 Tagen

8 Ein Darlehen von 5 200 € wird nach einem Jahr zurückgezahlt. Mit welchem Zinssatz (*p* %) wurde es verzinst, wenn zurückgezahlt wurden:
a) 5 538 € b) 5 522,40 € c) 5 564 €
d) 5 603 €?

Berechnen Sie das Kapital (*K*):

9 Wie hoch war das Bankdarlehen (*K*), wenn an Zinsen bezahlt wurden:
a) 522,50 € in einem Jahr bei einem Zinssatz von 9,5 %?
b) 968,00 € in einem Jahr bei einem Zinssatz von 11 %?
c) 32,00 € in 4 Monaten bei einem Zinssatz von 8 %?
d) 157,50 € in 5 Monaten bei einem Zinssatz von 10,5 %?
e) 19,29 € in 36 Tagen bei einem Zinssatz von 8,5 %?
f) 41,14 € in 14 Tagen bei einem Zinssatz von 9,75 %?

Berechnen Sie die Zeit (*t*):

10 Nach welcher Laufzeit (*t*) wurde das Darlehen zurückgezahlt, wenn für:
a) 6 000 € 432,00 € an Zinsen gezahlt wurden, bei einem Zinssatz von 7,2 %?
b) 12 000 € 425,00 € an Zinsen gezahlt wurden, bei einem Zinssatz von 8,5 %?
c) 3 500 € 15,75 € an Zinsen gezahlt wurden, bei einem Zinssatz von 9 %?

Mischungs- und Verteilungsrechnung anwenden

Beispielaufgaben

a) 2K-Polyesterspachtel ist mit 3 % Härter anzusetzen. Wie viel g Härter-Komponente braucht man für 50 g Spachtelmasse?
b) Eine stark verschmutzte Fassade soll mit 5%iger Salzsäure-Lösung gereinigt werden. Mit wie viel ℓ Wasser muss die vorhandene 30%ige Salzsäure verdünnt werden, wenn man 6 ℓ einer 5%igen Lösung braucht?

Diese Arten Verhältnisrechnung können auf verschiedene Weisen gerechnet werden. Lösungsmethoden sind: Proportionsrechnen, Schlussrechnen und Prozentrechnen.
Sollen **Lösungskonzentrationen** verdünnt, d. h. gemischt werden, so bietet sich das Rechnen nach dem **Mischungskreuz** an.
Beim Verteilungsrechnen ist stets ein **Ganzes** nach einem bestimmten Verteilungsschlüssel aufzuteilen bzw. zu **verteilen.**

Wie werden Mischungsverhältnisse und Mischungskonzentrationen berechnet?

Mischungsverhältnisse geben die Anteile der Stoffe in Gemischen an, entweder
- in **Volumenteilen** als
  - Maßteile (MT) in ℓ, ml;
  - als Raumteile (RT) in m³, dm³, cm³, mm³ bzw.
  - Volumenprozent (V-%) in ℓ/100 ℓ (Lösungskonzentration);
- oder in **Massenteilen** als
  - Gewichtsteile (GT) in kg, g, mg bzw.
  - Massenprozent (M-%) in g/100g.

In welchen Rechenschritten ist beim Verteilungsrechnen zu rechnen?

Zuerst werden alle Anteile aus dem Verteilungsschlüssel zusammengezählt. Anschließend wird das Aufzuteilende durch diese Summe geteilt und mit den jeweiligen Anteilen malgenommen.

Rechenhilfen mit Beispiellösungen

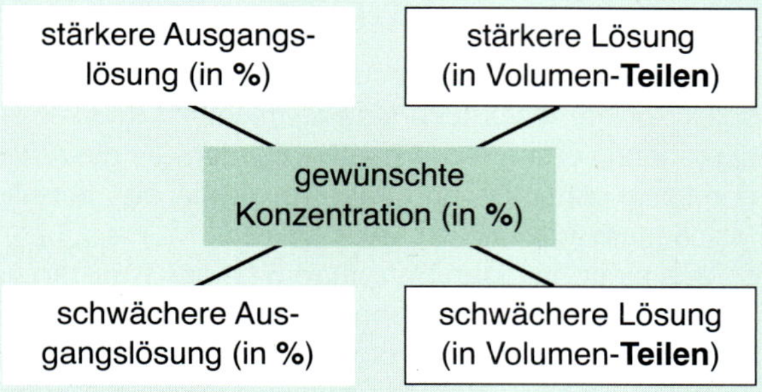

Alle Teile zusammenzählen:
und zur Gesamtmenge ins Verhältnis setzen:

Den Wert für 1 Teil errechnen:

und mit der entsprechenden Anzahl der Teile malnehmen:

* Entsprechend dem Schema werden die Prozentangaben (%) der Ausgangslösungen (30 % für die stärkere und 0 % für die schwächere, da Wasser) sowie der gewünschten Konzentration (5 %) eingetragen.
Dann bildet man „über Kreuz" die Differenzen und erhält die Volumen-Teile der beiden Komponenten (5 Teile der stärkeren Lösung, der Salzsäure, und 25 Teile der schwächeren Lösung, des Wassers) bzw. das „Mischungsverhältnis" (5 : 25 bzw. gekürzt 1 : 5).

Mischungs- und Verteilungsrechnung anwenden

zu a) Mischungen mithilfe der Prozentrechnung berechnen:

$$3\,\% \text{ von } 50\text{ g} = 50\text{ g} \cdot \frac{3}{100} = \mathbf{1{,}5\text{ g}}$$

Für 50 g PE-Spachtel sind 1,5 g Härter nötig.

zu b) Mischungen mit dem Mischungskreuz* berechnen:

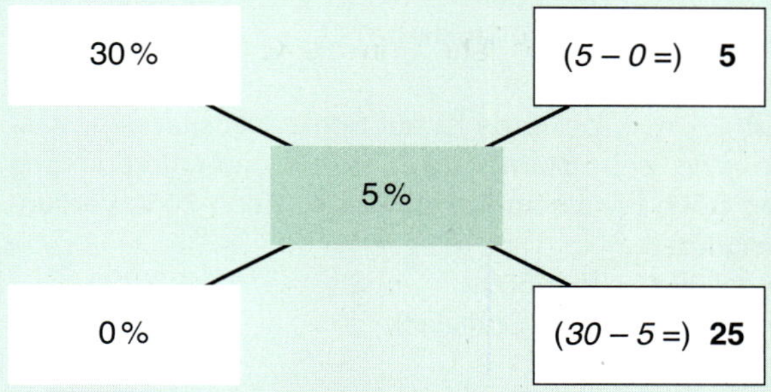

Mischungsverhältnis 5 : 25 (gekürzt 1 : 5)

zu b) Die tatsächlich benötigten Mengenanteile nach der Verteilungsrechnung berechnen**:

5 T. + 25 T. = 30 Teile

$$30\text{ T.} \triangleq 6\,\ell$$

$$1\text{ T.} \triangleq \frac{6\,\ell}{30\text{ T.}}$$

$$5\text{ T.} \triangleq \frac{6\,\ell \cdot 5}{30\text{ T.}} = \mathbf{1\,\ell}$$

$$25\text{ T.} \triangleq \frac{6\,\ell \cdot 25}{30\text{ T.}} = \mathbf{5\,\ell}$$

1 ℓ 30%ige Salzsäure muss mit 5 ℓ Wasser verdünnt werden.

** Die Aufgabe mittels Proportionsrechnung gelöst:

$$30\text{ T.} : 6\,\ell = 5\text{ T.} : x$$

$$30\text{ T.} \cdot x = 6\,\ell \cdot 5\text{ T.}$$

$$x = \frac{6\,\ell \cdot 5\text{ T.}}{30\text{ T.}} = \mathbf{1\,\ell}$$

Aufgaben

1 PE-Spachtel soll mit 5 % Härter-Komponente angesetzt werden. Wie viel g Härter sind nötig für:
a) 80 g b) 125 g c) 150 g d) 220 g
e) 275 g f) 350 g Spachtelmasse?

2 Stammlack und Härter sind im Verhältnis 3 : 1 anzumischen. Wie viel von jeder Komponente wird benötigt für:
a) 1,200 ℓ b) 2,500 ℓ c) 31 ℓ d) 3,600 ℓ
e) 4,500 ℓ f) 5 ℓ Lackfarbe?

3 2K-Acryllackfarbe ist auf Spritzviskosität einzustellen. Wie viel ℓ Stammlack, ℓ Härter und ℓ Verdünnung sind nötig bei einem Ansatz von 4 : 1 und 20 % Verdünnung für:
a) 1,200 ℓ b) 2,500 ℓ c) 3 ℓ d) 3,600 ℓ
e) 4,500 ℓ f) 5 ℓ Spritzlack?

4 Wie viel ℓ von jeder Komponente enthält spritzfertige 2K-Lackfarbe, die im Verhältnis 5 : 1 (Stammlack zu Härter) angesetzt und mit 15 % Verdünnung eingestellt wurde?
a) 2 ℓ b) 2,500 ℓ c) 3,200 ℓ d) 3,750 ℓ
e) 4 ℓ f) 4,500 ℓ Spritzlack?

5 Eine 2K-PUR-Lackfarbe wurde auf Verarbeitungskonsistenz eingestellt. Ansatz 3 : 1; Verdünnung für Pinsellackierung 5 %, bei Spritzlackierung 20 %. Wie viel ℓ von jedem Bestandteil sind enthalten in:
a) 2 ℓ Streichlack b) 2,500 ℓ Spritzlack
c) 4,500 ℓ Spritzlack d) 4,500 ℓ Streichlack
e) 5 ℓ Streichlack f) 6 ℓ Spritzlack

6 Berechnen Sie den Mischungspreis der spritzfertigen Lackfarbe, wenn 3 ℓ Stammlack 74,25 €, 2,500 ℓ Härter 22,00 €, 5 ℓ Verdünnung 26,15 € kosten – bei einem Ansatz von 3 : 1 und 20 % Verdünnung:
a) für 1 ℓ Spritzlackfarbe
b) für 1,750 ℓ Spritzlackfarbe
c) für 2 ℓ Spritzlackfarbe
d) für 2,500 ℓ Spritzlackfarbe

7 Ein 2K-Acrylautolack wird 3 : 1 mit Härter angesetzt und mit 15 % Verdünnung auf Spritzviskosität eingestellt.
Preise: 2,500 ℓ Stammlack kosten 51,95 €; 0,500 ℓ Härter 4,95 €; 15 ℓ Verdünnung 74,85 €.
a) Wie viel ℓ Spritzlack erhält man aus: 1 ℓ; 1,500 ℓ; 2,250 ℓ; 3,500 ℓ Stammlack?
b) Berechnen Sie die entsprechenden Preise.

8 Berechnen Sie die Werkstoffpreise je m^2 für:
a) eine Tür (2 m^2), bei der verarbeitet wurden: 100 ml KH-Grundierung (8,50 € je ℓ); 500 g Lackspachtel (3,75 € je 0,400 kg); 250 ml Alkydharzlackfarbe (13,80 € je ℓ).
b) eine Pkw-Tür (1,50 m^2), bei der verarbeitet wurden: 0,300 kg PE-Spachtel (4,30 € je 0,500 kg); 2K-Füller 0,250 ℓ (16,80 € je ℓ); 0,400 ℓ 2K-Acryllackfarbe (23,70 € je ℓ).

9 Die im Betrieb vorhandenen Säuren bzw. Laugen sollen für den Gebrauch als Hilfsmittel mit Wasser entsprechend verdünnt werden. Berechnen Sie die Anteile der Lösungsmittelkonzentrationen sowie das jeweilige Mischungsverhältnis, wobei
a) aus einer 30%igen Salzsäure 5 ℓ einer 10%igen und 3 ℓ einer 6%igen Lösung hergestellt werden sollen,
b) aus einer 25%igen Natronlauge 12 ℓ einer 15%igen und 15 ℓ einer 10%igen Lösung hergestellt werden sollen,
c) aus einer 33%igen Schwefelsäure 2 ℓ einer 8%igen und 5 ℓ einer 3%igen Lösung hergestellt werden sollen,
d) aus einer 80%igen Kalilauge 4 ℓ einer 5%igen und 1,5 ℓ einer 12%igen Lösung hergestellt werden sollen.

10 Der Betrieb zahlt eine Prämie von 500 €, die je nach der Beschäftigungsdauer aufzuteilen ist. 4 Gesellen haben jeweils 44 Stunden auf der Arbeitsstelle gearbeitet, 2 Gesellen je 25 Std., 1 Geselle 16 Std. und einer 8 Std. Welchen Anteil erhält jeder?

11 3 Auszubildende erhielten vom Betrieb 972 € Prämie, gestaffelt nach ihrer jeweiligen Betriebszugehörigkeit. Wie viel € erhielt jeder, wenn Peter 6 Monate, Uta 1,5 Jahre und Jan 2 ½ Jahre im Betrieb sind?

12 Eine Fahrgemeinschaft rechnet am Monatsende ab. A fuhr an insgesamt 15 Tagen mit, B an 20 Tagen, C an 5 Tagen und D an 8 Tagen. Für Treibstoff wurden insgesamt 360 € ausgegeben. Wie viel muss jeder bezahlen?

13 Eine Strecke von 2,40 m soll im Verhältnis 25 : 35 : 20 in drei Abschnitte geteilt werden. Berechnen Sie die Länge der Abschnitte.

14 1,400 ℓ spritzfertiger HS-Universal-Klarlack (Techn. Merkblatt) ist anzusetzen. Wie viel ml von den Komponenten sind nötig?

Eckige Flächen berechnen

Beispielaufgaben Wie groß sind Flächeninhalt und Umfang von einem

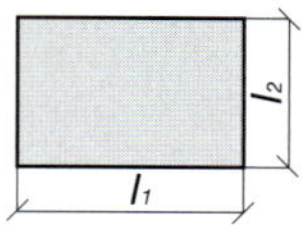

a) Rechteck mit den Maßen
a = 6,20 m; b = 4,40 m?

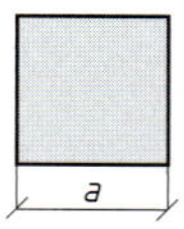

b) Quadrat mit der Seite
a = 3,45 m?

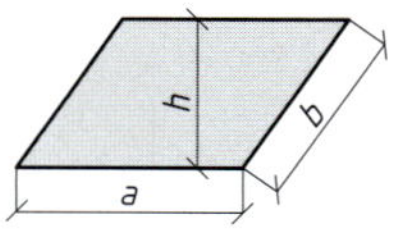

c) Rhomboid mit den Maßen
a = 4,18 m; b = 3,40 m;
h = 2,83 m?

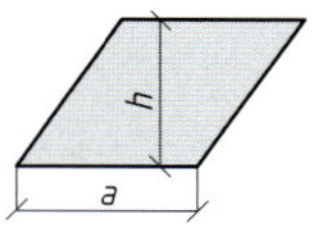

d) Rhombus mit den Maßen
a = 3,05 m; h = 2,50 m?

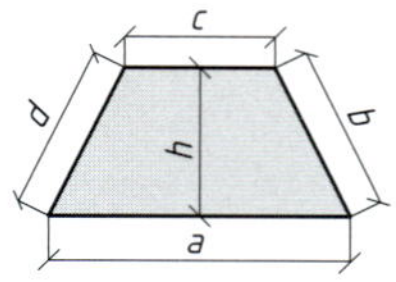

e) Trapez mit den Maßen
a = 8,30 m; b = 4,60 m;
c = 4,20 m; d = 4,57 m;
h = 4,15 m?

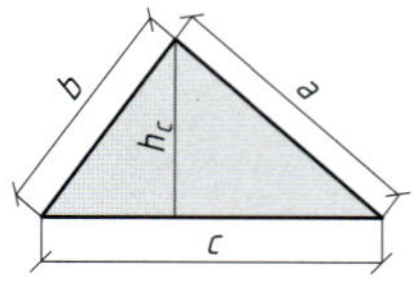

f) Dreieck mit den Maßen
a = 4,70 m; b = 3,90 m;
c = 5,67 m; h_c = 3,20 m?

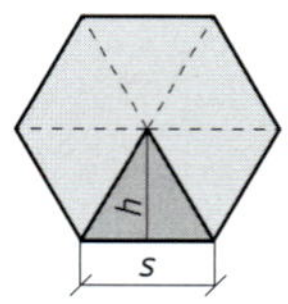

g) Sechseck mit den Maßen
s = 5,40 m; h = 4,68 m?

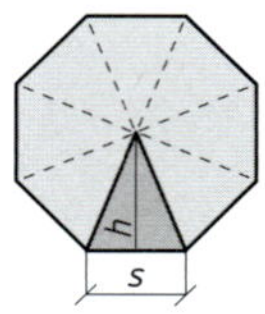

h) Achteck mit den Maßen
s = 3,20 m; h = 3,86 m?

Um den Werkstoffbedarf zu ermitteln und ihre Arbeitsleistungen abzurechnen, müssen Maler und Lackierer den Flächeninhalt (A) der jeweiligen Beschichtungsflächen und ggf. deren Umfang (U) errechnen.
Flächen besitzen *zwei Dimensionen,* genannt *Länge und Breite* oder *Länge und Höhe* oder *Breite und Höhe* oder *Breite und Tiefe.* Um den **Flächeninhalt** (A) von eckigen Flächen zu ermitteln, wird grundsätzlich die Grundlinie (g) multipliziert mit der senkrecht dazu stehenden Höhe (h): $\boldsymbol{A = g \cdot h}$. Maßeinheit: **m²**.
Längen besitzen *eine Dimension,* genannt *Länge* oder *Breite* oder *Höhe* oder *Tiefe.* Der **Umfang** (U) einer Fläche ist die Summe aller Seiten: $\boldsymbol{U = a + b + c + d}$. Maßeinheit: **m**.

Wie werden die Seiten von eckigen Flächen bezeichnet?

Im Prinzip ist es gleichgültig, welche Bezeichnung (Buchstaben) die Seiten haben, da diese ohnehin durch konkrete Längenmaße (Zahlen) ersetzt werden. Üblich sind Bezeichnungen in alphabetischer Reihenfolge (a; b; c; d usw.) oder als entsprechende Raumrichtung (Länge = l; Breite = b; Höhe = h; Tiefe = t) oder als Grundlinie (g; g_1; g_2), Mittellinie (m), Länge (l; l_1; l_2).

Rechenregeln mit Beispiellösungen Eckige Flächen berechnen (vgl. auch Formelsammlung S. 138)

Rechteck

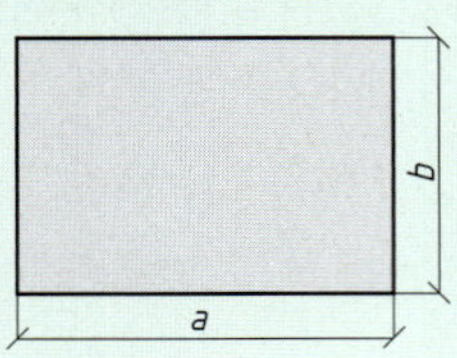

$A = a \cdot b$

$U = (a + b) \cdot 2$

zu a) = 6,20 m · 4,40 m
$\boldsymbol{A}$ = **27,28 m²**
= (6,20 m + 4,40 m) · 2
$\boldsymbol{U}$ = **21,20 m**

Quadrat

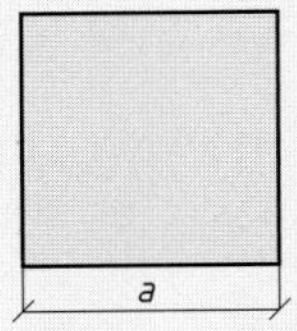

$A = a \cdot a$

$U = a \cdot 4$

zu b) $= 3{,}45\ \text{m} \cdot 3{,}45\ \text{m}$

$\boldsymbol{A = 11{,}90\ \text{m}^2}$

$= 3{,}45\ \text{m} \cdot 4$

$\boldsymbol{U = 13{,}80\ \text{m}}$

Rhomboid (Parallelogramm)

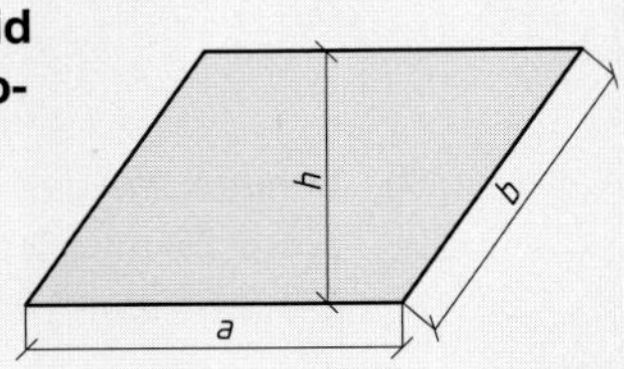

$A = a \cdot h$

$U = (a + b) \cdot 2$

zu c) $= 4{,}18\ \text{m} \cdot 2{,}83\ \text{m}$

$\boldsymbol{A = 11{,}83\ \text{m}^2}$

$= (4{,}18\ \text{m} + 3{,}40\ \text{m}) \cdot 2$

$\boldsymbol{U = 15{,}16\ \text{m}}$

Rhombus (Raute)

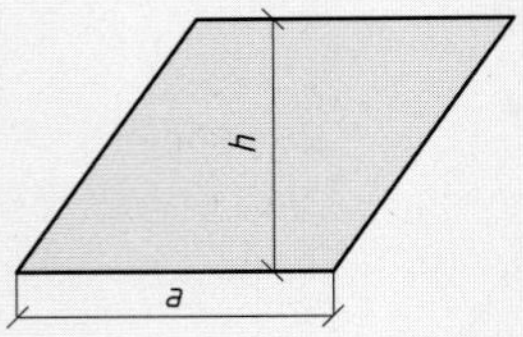

$A = a \cdot h$

$U = a \cdot 4$

zu d) $= 3{,}05\ \text{m} \cdot 2{,}50\ \text{m}$

$\boldsymbol{A = 7{,}63\ \text{m}^2}$

$= 3{,}05 \cdot 4$

$\boldsymbol{U = 12{,}20\ \text{m}}$

Trapez

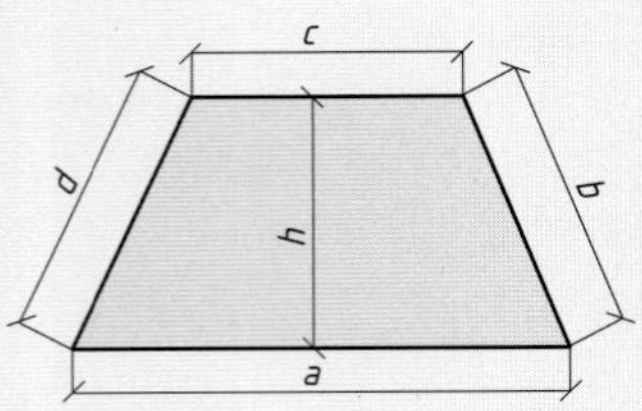

$A = \frac{a + c}{2} \cdot h$

$U = a + b + c + d$

zu e) $= \frac{8{,}30\ \text{m} + 4{,}20\ \text{m}}{2} \cdot 4{,}15\ \text{m}$

$\boldsymbol{A = 25{,}94\ \text{m}^2}$

$= 8{,}30\ \text{m} + 4{,}60\ \text{m} + 4{,}20\ \text{m} + 4{,}57\ \text{m}$

$\boldsymbol{U = 21{,}67\ \text{m}}$

Dreieck

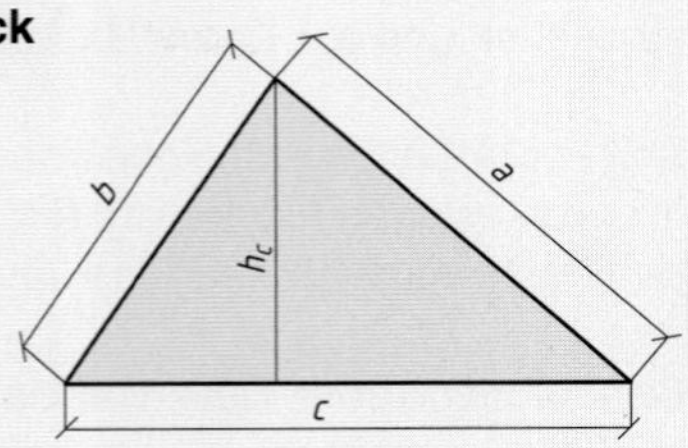

$A = \frac{c \cdot h_c}{2}$

$U = a + b + c$

zu f) $= \frac{5{,}67\ \text{m} \cdot 3{,}20\ \text{m}}{2}$

$\boldsymbol{A = 9{,}07\ \text{m}^2}$

$= 4{,}70\ \text{m} + 3{,}90\ \text{m} + 5{,}67\ \text{m}$

$\boldsymbol{U = 14{,}27\ \text{m}}$

Regelmäßiges Sechseck (Vieleck)

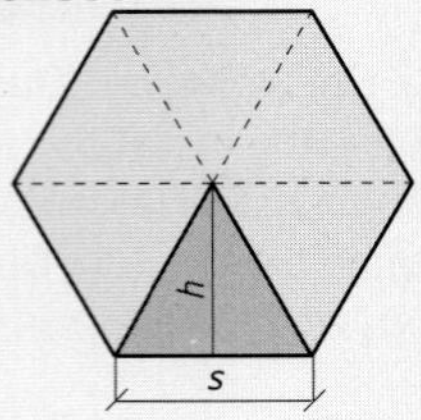

$A = \frac{s \cdot h}{2} \cdot 6$

$U = s \cdot 6$

zu g) $= \frac{5{,}40\ \text{m} \cdot 4{,}68\ \text{m}}{2} \cdot 6$

$\boldsymbol{A = 75{,}82\ \text{m}^2}$

$= 5{,}40\ \text{m} \cdot 6$

$\boldsymbol{U = 32{,}40\ \text{m}}$

Regelmäßiges Achteck (Vieleck)

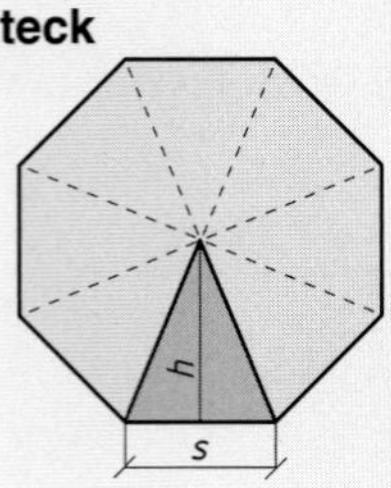

$A = \frac{s \cdot h}{2} \cdot 8$

$U = s \cdot 8$

zu h) $= \frac{3{,}20\ \text{m} \cdot 3{,}86\ \text{m}}{2} \cdot 8$

$\boldsymbol{A = 49{,}41\ \text{m}^2}$

$= 3{,}20\ \text{m} \cdot 8$

$\boldsymbol{U = 25{,}60\ \text{m}}$

Aufgaben

1 15 Treppenstufen mit den Maßen 1,10 m x 23 cm werden mit PVC-Bodenbelag ausgelegt.
a) Berechnen Sie die Gesamtfläche und
b) den Bedarf an Bodenbelag bei einem Verschnitt von 8 %.

2 Welche Fläche kann man mit 6 Tapetenrollen (bei 16 % Verschnitt) tapezieren, wenn eine Normalrolle das Euro-Maß von 53 cm x 10,05 m hat?

3 4 Türen mit den Maßen 87 cm x 1,98 m werden beidseitig lackiert. Wie viel Fläche ergibt es insgesamt?

4 22 quadratische Bleche mit der Seitenlänge a = 85 cm werden beidseitig beschichtet. Wie viel Beschichtungsfläche ergibt das in dm^2?

5 Ein Raum hat eine Fußbodenfläche von insgesamt 24,36 m^2. Der Boden soll mit quadratischen PVC-Fliesen der Größe 40 cm x 40 cm belegt werden. Wie viele ganze Platten werden benötigt (bei 15 % Verschnitt)?

6 Eine Treppenhauswand (in Form eines Rhomboids) mit den Maßen a = 8,50 m; b = 3,80 m; h = 3,30 m soll mit einer Wickeltechnik geschmückt werden. Berechnen Sie die Bearbeitungsfläche.

7 Die trapezförmige Giebelwand eines Zweifamilienhauses soll ein Wärmedämm-Verbundsystem erhalten. Berechnen Sie die Fläche für die Maße a = 9,00 m; c = 7,50 m; h = 8,20 m (ohne Fenster und Türen).

8 Wie hoch ist ein dreieckiger Giebel, der eine Grundlinie c = 7,50 m aufweist und insgesamt einen Flächeninhalt von A = 28,50 m^2?

9 7 regelmäßig fünfeckige Blechtafeln sollen tauchlackiert werden. Berechnen Sie die gesamte Lackierfläche in dm^2 für die Maße s = 70 cm und h = 60 cm (ohne Kanten).

10 Die 4 Türfüllungen der Schranktüren werden in Schleiftechnik ausgeführt. Berechnen Sie die Gesamtfläche der Füllungen.

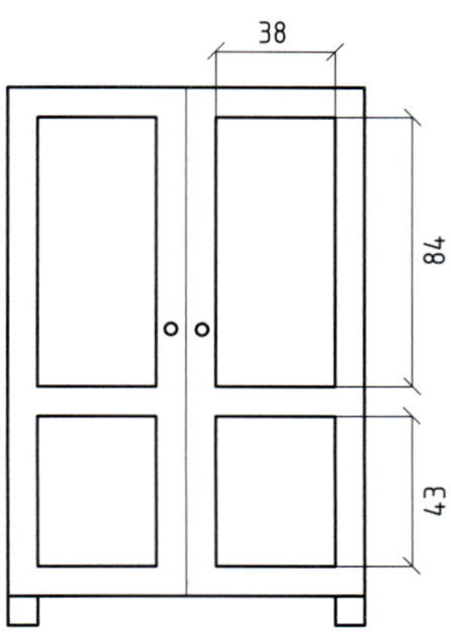

Maße in cm

11 In einem Korridor soll Nadelfilz verlegt werden. Wie viel m^2 Teppichboden werden benötigt, wenn 20 % Verschnitt anfallen?

Korridor

12 12 quadratische Tischplatten sind einseitig zu lackieren und die Kanten zu umleimen.
a) Wie viel Fläche ist insgesamt zu lackieren?
b) Wie viel Umleimer ist nötig?

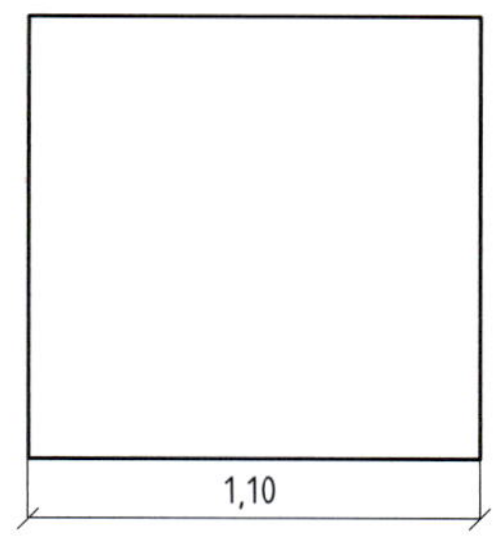

Tischplatte

13 Die Kassetten einer Decke werden mit Korkplatten beklebt. Wie viel m^2 Kork sind erforderlich?

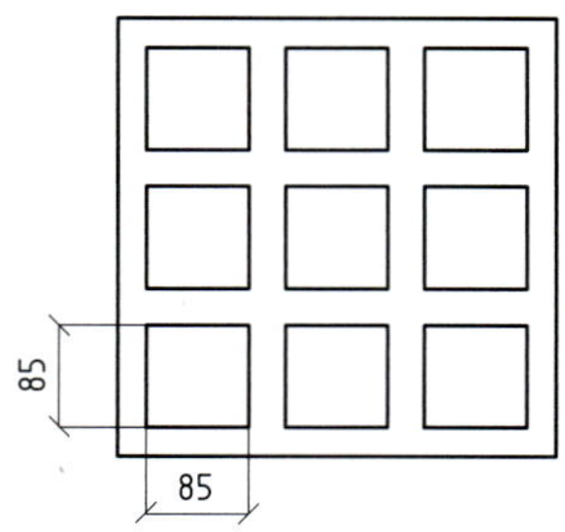

Kassettendecke
Maße in cm

Berechnen Sie für nachstehende Flächen jeweils den Flächeninhalt:

14 Trapeze
a)

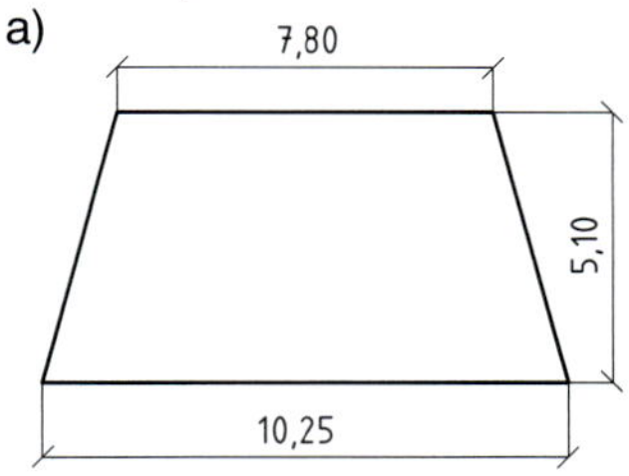

b)

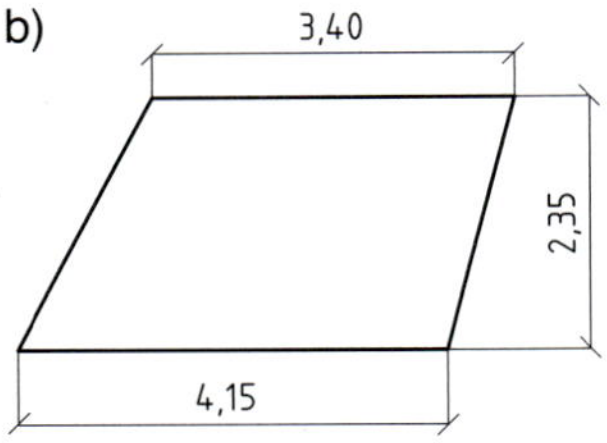

c)

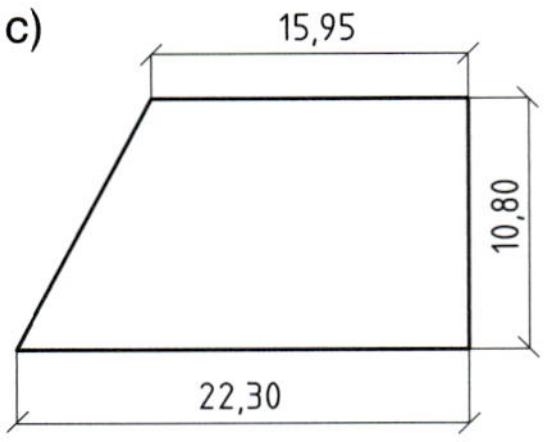

d)

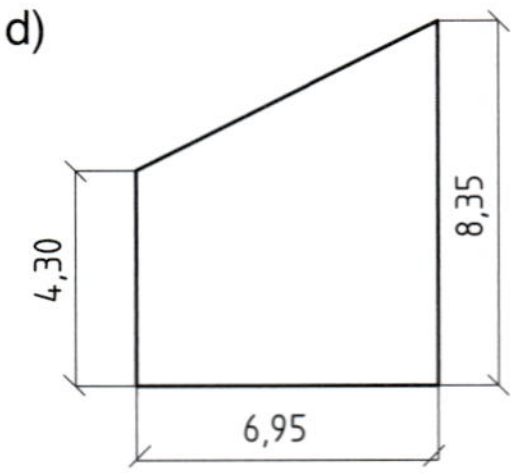

15 Dreiecke

a)

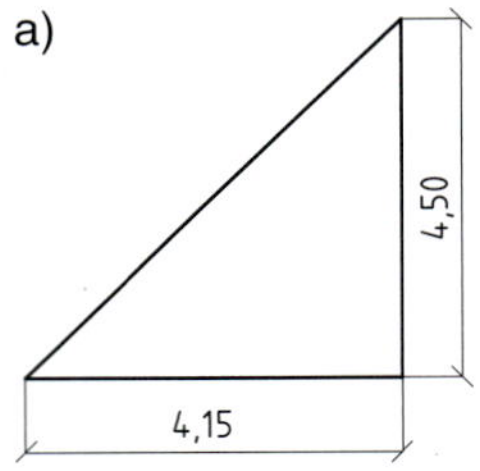

b)

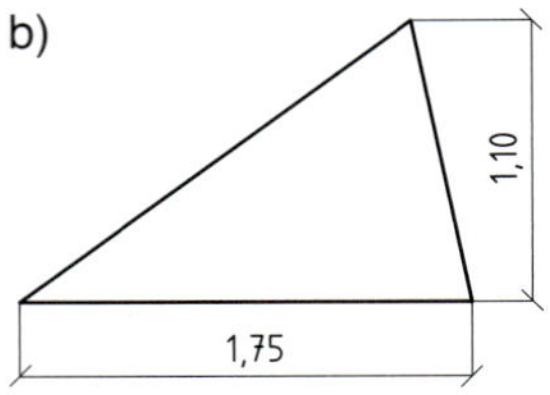

c)

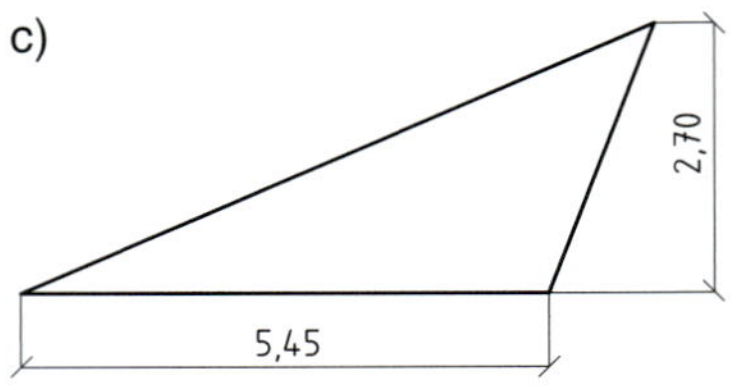

Runde Flächen berechnen

Beispielaufgaben Wie groß sind Flächeninhalt und Umfang von einem/einer

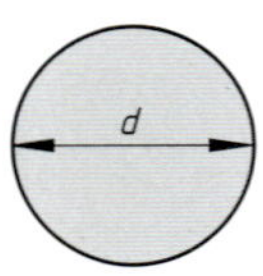

a) Kreis mit einem Halbmesser $r = 1{,}40$ m bzw. mit einem Durchmesser $d = 2{,}80$ m?

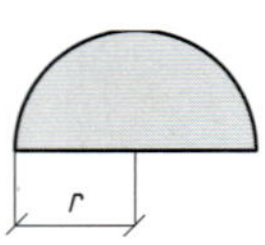

b) Halbkreis mit einem Radius $r = 90$ cm?

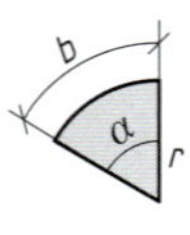

c) Kreisausschnitt mit den Maßen Radius $r = 80$ cm; Kreisbogen $b = 1{,}00$ m?

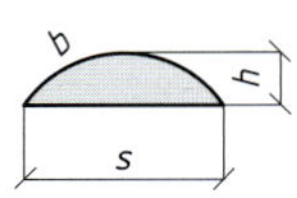

d) Kreisabschnitt mit den Maßen Sehne $s = 2{,}10$ m; Kreisbogen $b = 2{,}40$ m; Höhe $h = 60$ cm?

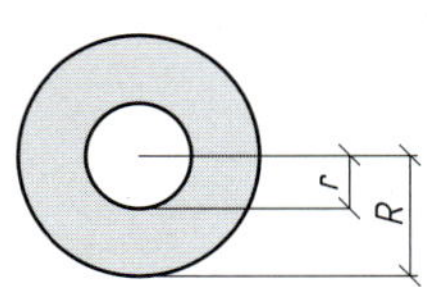

e) Kreisring mit den Maßen großer Halbmesser (Radius) $R = 5{,}40$ m; kleiner Halbmesser (Radius) $r = 3{,}20$ m?

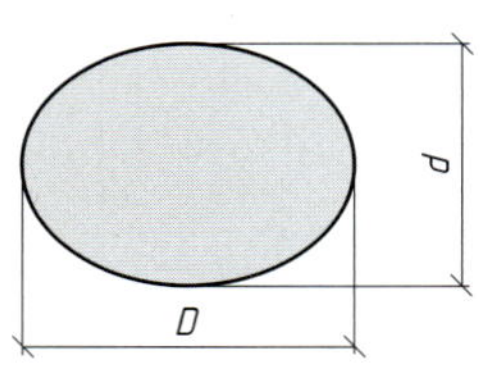

f) Ellipse mit den Maßen großer Halbmesser (Radius) $R = 2{,}10$ m; kleiner Halbmesser (Radius) $r = 1{,}80$ m?

Runde Flächen sind durch Kreisbögen bzw. Teile davon begrenzt. Zu ihrer Berechnung wird die **Kreiszahl** π (Pi) benötigt. Diesen konstanten Faktor erhält man, wenn man den **Umfang** eines Kreises **teilt** durch seinen **Durchmesser** ($U : d = 3{,}141592 \ldots \approx 3{,}14 = \pi$).

Kreis-Flächeninhalt: $A = r \cdot r \cdot \pi$ und Kreis-Umfang $U = r \cdot 2 \cdot \pi$

Ellipsen-Flächeninhalt: $A = R \cdot r \cdot \pi$ und Ellipsen-Umfang $U = (R + r) \cdot \pi$

Wie werden die Teile von runden Flächen bezeichnet?

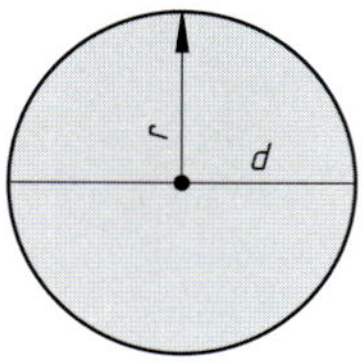

Kreise bzw. Teile davon haben einen Mittelpunkt (M), um den mit dem Halbmesser (= Radius r) ein Kreisbogen (= b) geschlagen wird, der bei einem Vollkreis dem Umfang U entspricht. Der Durchmesser ist doppelt so groß wie der Halbmesser:

$d = 2 \cdot r$ bzw. $r = \frac{d}{2}$

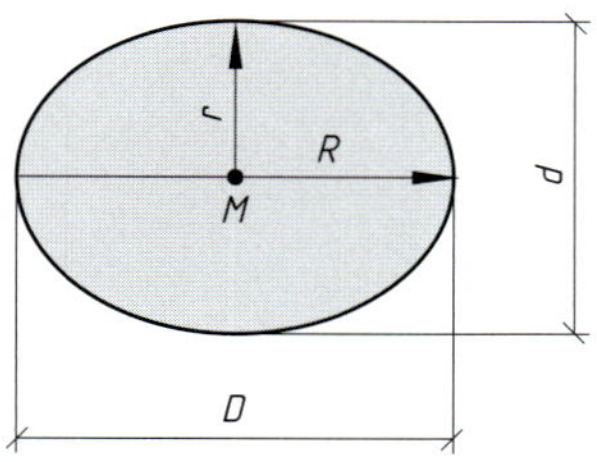

Ellipsen besitzen zwei unterschiedlich große Durchmesser bzw. Halbmesser: D (großer Durchmesser) und d (kleiner Durchmesser) bzw. R (großer Halbmesser) und r (kleiner Halbmesser).

Rechenregeln mit Beispiellösungen

Runde Flächen* berechnen (vgl. auch Formelsammlung S. 138)

Kreis

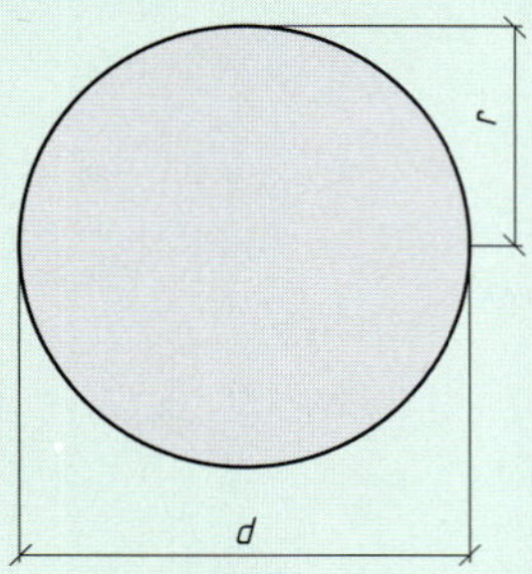

mit Halbmesser

$A = r \cdot r \cdot \pi$

$U = 2 \cdot r \cdot \pi$

bzw. mit Durchmesser

$A = \frac{d}{2} \cdot \frac{d}{2} \cdot \pi$

$U = d \cdot \pi$

zu a)

$= 1{,}40\ \text{m} \cdot 1{,}40\ \text{m} \cdot 3{,}14$

$\boldsymbol{A = 6{,}15\ \text{m}^2}$

$= 2 \cdot 1{,}40\ \text{m} \cdot 3{,}14$

$\boldsymbol{U = 8{,}79\ \text{m}}$

$d = 2 \cdot r = 2 \cdot 1{,}40\ \text{m} = 2{,}80\ \text{m}$

$= \frac{2{,}80\ \text{m}}{2} \cdot \frac{2{,}80\ \text{m}}{2} \cdot 3{,}14$

$A = 6{,}15\ \text{m}^2$

$= 2{,}80\ \text{m} \cdot 3{,}14$

$U = 8{,}79\ \text{m}$

Halbkreis (Kreisteil)

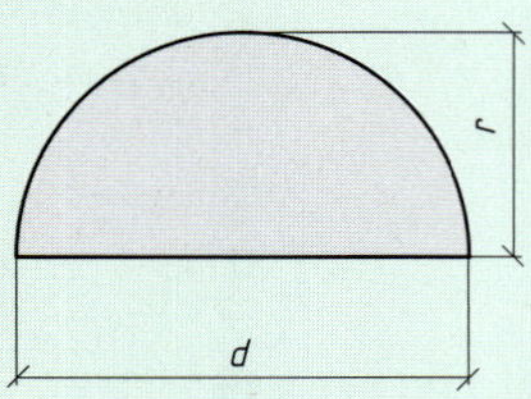

mit Halbmesser

$A = \frac{r \cdot r \cdot \pi}{2}$

$U = \frac{2 \cdot r \cdot \pi}{2} + 2 \cdot r$

bzw. mit Durchmesser

$A = \frac{d}{2} \cdot \frac{d}{2} \cdot \pi \cdot \frac{1}{2}$

$U = \frac{d \cdot \pi}{2} + d$

zu b)

$= \frac{0{,}90\ \text{m} \cdot 0{,}90\ \text{m} \cdot 3{,}14}{2}$

$\boldsymbol{A = 1{,}27\ \text{m}^2}$

$= \frac{2 \cdot 0{,}90\ \text{m} \cdot 3{,}14}{2} + 2 \cdot 0{,}90\ \text{m}$

$\boldsymbol{U = 4{,}63\ \text{m}}$

$d = 2 \cdot r = 2 \cdot 0{,}90\ \text{m} = 1{,}80\ \text{m}$

$= \frac{1{,}80\ \text{m}}{2} \cdot \frac{1{,}80\ \text{m}}{2} \cdot 3{,}14 \cdot \frac{1}{2}$

$A = 1{,}27\ \text{m}^2$

$= \frac{1{,}80\ \text{m} \cdot 3{,}14}{2} + 1{,}80\ \text{m}$

$U = 4{,}63\ \text{m}$

* Der Flächeninhalt (A) kann wie der Umfang (U) entweder mit dem Durchmesser (d) berechnet werden oder mit dem Halbmesser (Radius r).
In den Beispiellösungen wurden beide Varianten berücksichtigt.

Kreisausschnitt

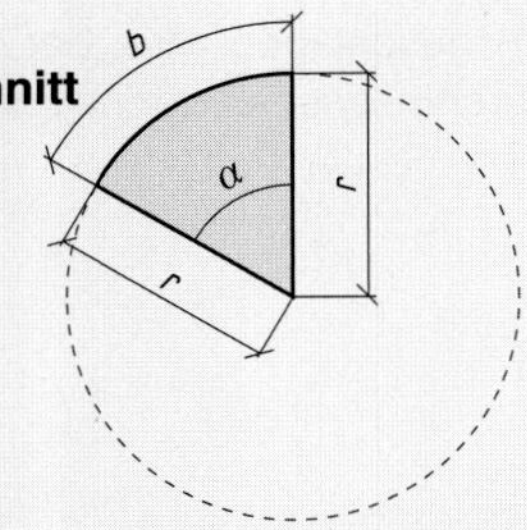

mit Halbmesser **zu c)**

$$A = \frac{b \cdot r}{2} \quad \text{oder} \quad A = \frac{r \cdot r \cdot \pi \cdot \alpha°}{360°}$$

$$= \frac{1{,}00\ \text{m} \cdot 0{,}80\ \text{m}}{2}$$

$$\boldsymbol{A = 0{,}40\ \text{m}^2}$$

$$U = 2 \cdot r + b$$

$$= 2 \cdot 0{,}80\ \text{m} + 1{,}00\ \text{m}$$

$$\boldsymbol{U = 2{,}60\ \text{m}}$$

bzw. mit Durchmesser

$$A = \frac{d}{2} \cdot \frac{d}{2} \cdot \pi \cdot \frac{\alpha°}{360°}$$

$$U = b + d$$

$d = r \cdot 2 = 0{,}80\ \text{m} \cdot 2 = 1{,}60\ \text{m}$

$= \frac{1{,}60\ \text{m}}{2} \cdot \frac{1{,}60\ \text{m}}{2} \cdot 3{,}14 \cdot \frac{72°}{360°}$

$A = 0{,}40\ \text{m}^2$

$= 1{,}00\ \text{m} + 1{,}60\ \text{m}$

$U = 2{,}60\ \text{m}$

Kreisabschnitt

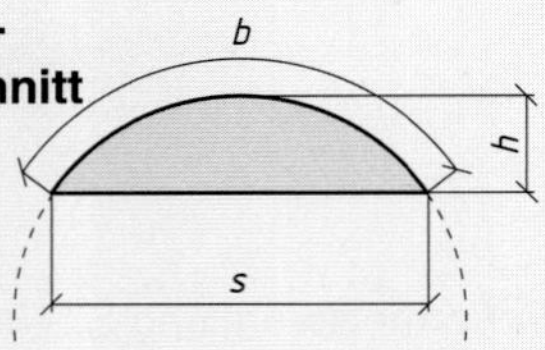

zu d)

$$A = \frac{2}{3} \cdot s \cdot h$$

$$= \frac{2}{3} \cdot 2{,}10\ \text{m} \cdot 0{,}60\ \text{m}$$

$$\boldsymbol{A = 0{,}84\ \text{m}^2}$$

$$U = s + b$$

$$= 2{,}10\ \text{m} + 2{,}40\ \text{m}$$

$$\boldsymbol{U = 4{,}50\ \text{m}}$$

Kreisring

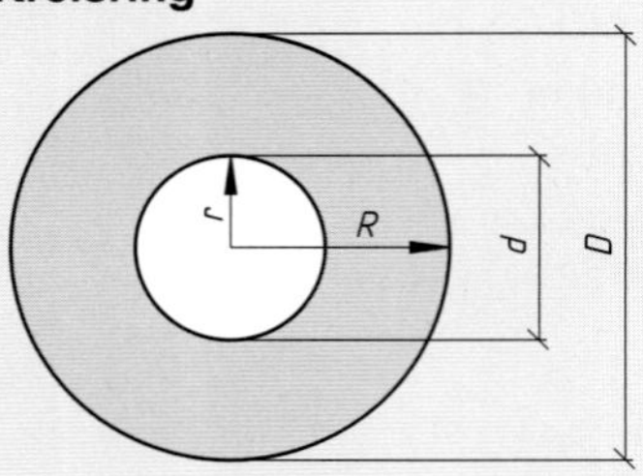

mit Halbmessern **zu e)**

$$A = (R \cdot R - r \cdot r) \cdot \pi$$

$$= (5{,}40\ \text{m} \cdot 5{,}40\ \text{m} - 3{,}20\ \text{m} \cdot 3{,}20\ \text{m}) \cdot 3{,}14$$

$$\boldsymbol{A = 59{,}41\ \text{m}^2}$$

$$U = (R + r) \cdot 2 \cdot \pi$$

$$= (5{,}40\ \text{m} + 3{,}20\ \text{m}) \cdot 2 \cdot 3{,}14$$

$$\boldsymbol{U = 54{,}01\ \text{m}}$$

bzw. mit Durchmessern

$$A = \left(\frac{D}{2} \cdot \frac{D}{2} - \frac{d}{2} \cdot \frac{d}{2}\right) \cdot \pi =$$

$$U = (D + d) \cdot \pi$$

$D = R \cdot 2 = 5{,}40\ \text{m} \cdot 2 = 10{,}80\ \text{m}$

$d = r \cdot 2 = 3{,}20\ \text{m} \cdot 2 = 6{,}40\ \text{m}$

$\left(\frac{10{,}80\ \text{m}}{2} \cdot \frac{10{,}80\ \text{m}}{2} - \frac{6{,}40\ \text{m}}{2} \cdot \frac{6{,}40\ \text{m}}{2}\right) \cdot 3{,}14$

$A = 59{,}41\ \text{m}^2$

$= (10{,}80\ \text{m} + 6{,}40\ \text{m}) \cdot 3{,}14$

$U = 54{,}01\ \text{m}$

Ellipse

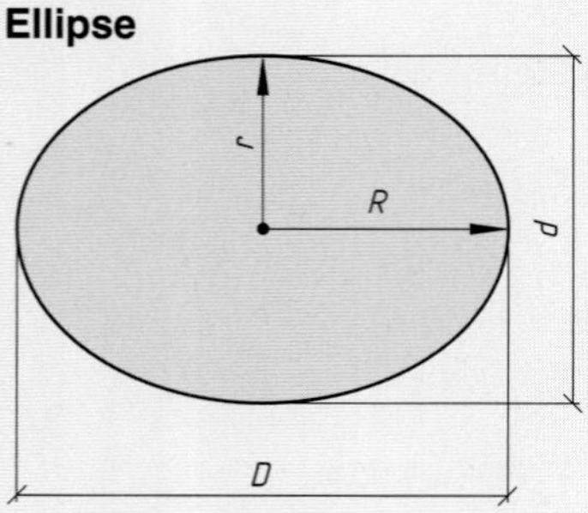

mit Halbmessern **zu f)**

$$A = R \cdot r \cdot \pi$$

$$= 2{,}10\ \text{m} \cdot 1{,}80\ \text{m} \cdot 3{,}14$$

$$\boldsymbol{A = 11{,}87\ \text{m}^2}$$

$$U = (R + r) \cdot \pi$$

$$= (2{,}10\ \text{m} + 1{,}80\ \text{m}) \cdot 3{,}14$$

$$\boldsymbol{U = 12{,}25\ \text{m}}$$

bzw. mit Durchmessern

$$A = \frac{D}{2} \cdot \frac{d}{2} \cdot \pi$$

$$U = \frac{(D + d) \cdot \pi}{2}$$

$D = R \cdot 2 = 2{,}10\ \text{m} \cdot 2 = 4{,}20\ \text{m}$

$d = r \cdot 2 = 1{,}80\ \text{m} \cdot 2 = 3{,}60\ \text{m}$

$= \frac{4{,}20\ \text{m}}{2} \cdot \frac{3{,}60\ \text{m}}{2} \cdot 3{,}14$

$A = 11{,}87\ \text{m}^2$

$= \frac{(4{,}20\ \text{m} + 3{,}60\ \text{m}) \cdot 3{,}14}{2}$

$U = 12{,}25\ \text{m}$

Aufgaben

1 4 runde Blechtafeln mit d = 75 cm wurden tauchlackiert. Welche Gesamtfläche wurde beschichtet?

2 Ein halbkreisförmiges Ausstellungspodest (Halbmesser r = 3,80 m) soll mit Velours-Teppichboden belegt werden.

a) Berechnen Sie die zu belegende Fläche.

b) Die Seiten des Podestes sollen andersfarbig abgesetzt werden. Wie groß ist diese Fläche bei einer Seitenhöhe von 50 cm?

3 Um eine Fassadenfläche zu beleben, sollen 3 gleich große Kreisausschnitte verschiedenfarbig angelegt werden.
Wie groß ist die Gesamtfläche der Flächenbelebung bei den Maßen r = 3,28 m; b = 1,18 m; α = 20,7°?

4 Die Segmentgiebel der Fenster einer klassizistischen Fassade sollen farbig abgesetzt werden. Berechnen Sie die Anstrichfläche für 12 Segmentgiebel mit den Maßen s = 1,40 m; h = 40 cm.

5 In einer Fabrikhalle sollen aus Sicherheitsgründen die Fahrwege der Gabelstapler auf dem Boden farbig angelegt werden.

a) Berechnen Sie die Fläche für einen kreisringförmigen Fahrweg um die Lagerregale herum – mit den Maßen D = 15,20 m; d = 12,50 m.

b) Der Fahrweg soll an der Außen- und Innenseite durch Streifen zusätzlich begrenzt werden. Wie lang ist die Begrenzung insgesamt?

6 3 ellipsenförmige Werbeschilder sollen für eine nachfolgende Beschriftung beidseitig spritzlackiert werden. Berechnen Sie die gesamte Lackierfläche für die Maße D = 1,20 m; d = 80 cm.

7 Eine ovale Tischplatte ist mit Kanten einseitig mit Einkomponenten-PUR-Lack zu versiegeln. Berechnen Sie die Lackierfläche für die Maße D = 1,80 m; d = 1,20 m; Kantenhöhe = 8 cm.

8 Eine Holzbank aus 2 Halbkreisringen soll vor dem Einbau um einen Baum allseitig beschichtet werden. Wie groß ist die gesamte Lackierfläche bei den Maßen D = 2,00 m; d = 1,60 m; Kantenhöhe = 5 cm?

Berechnen Sie für nachstehende Flächen jeweils den Flächeninhalt und den Umfang:

9 Kreise

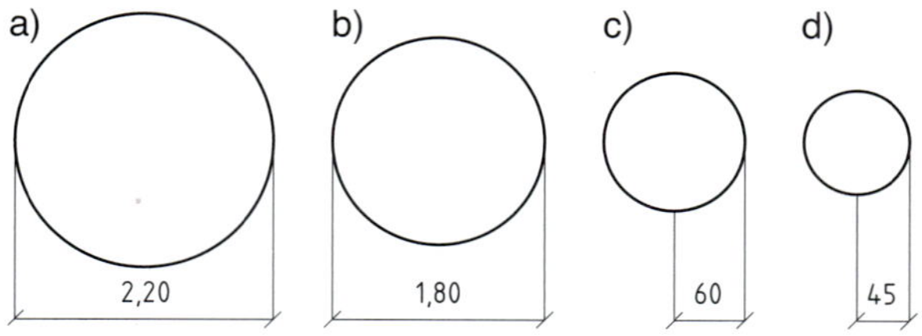

10 Kreisteile

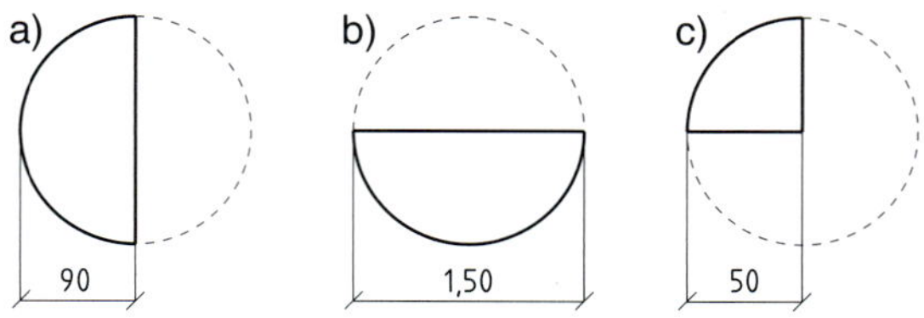

11 Kreisausschnitte

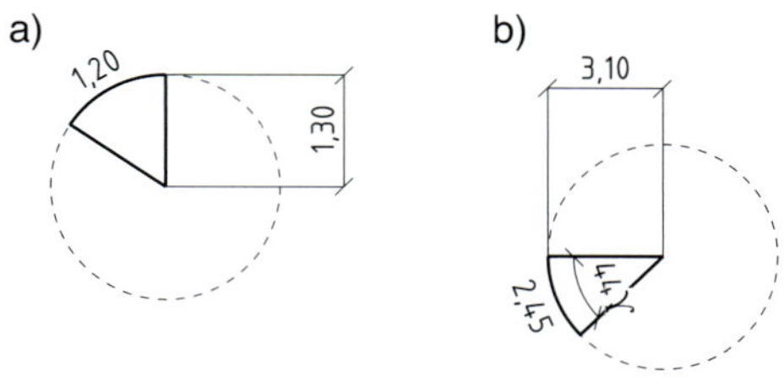

12 Kreisabschnitte

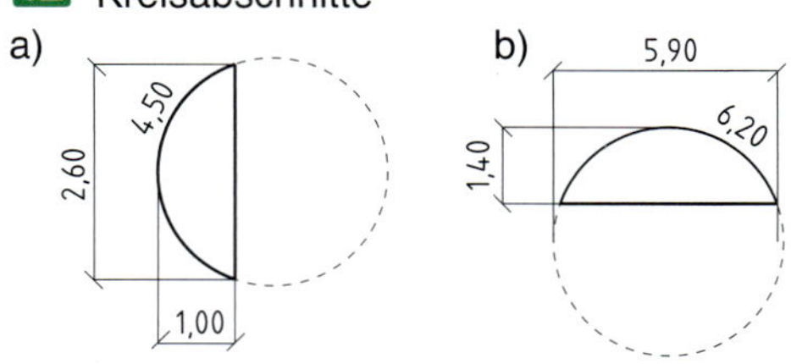

13 Kreisringe

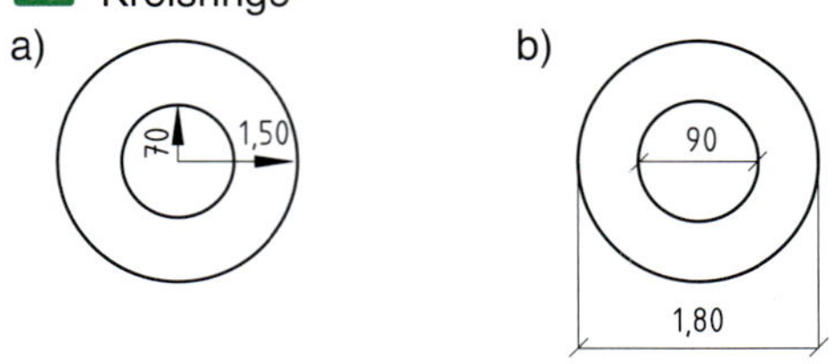

14 Ellipsen

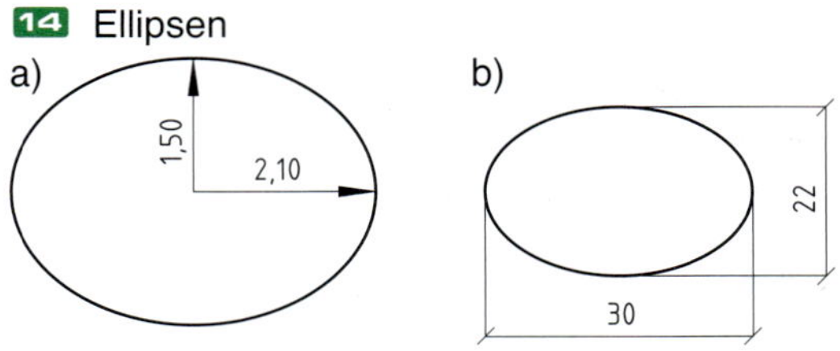

Zusammengesetzte Flächen berechnen

Beispielaufgabe

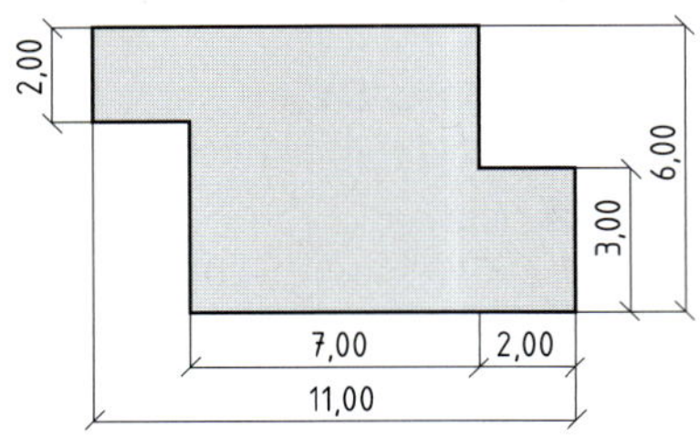

a) Wie groß ist der Flächeninhalt der zusammengesetzten Fläche?
b) Wie groß ist der Umfang der zusammengesetzten Fläche?

Zusammengesetzte Flächen können geradlinig begrenzt sein oder krummlinig oder beides. Streng genommen sind auch regelmäßige Vielecke zusammengesetzte Flächen. Da sich ihr Aufbau jedoch auf ein Dreieck zurückführen lässt, wurden sie bereits bei den geradlinig begrenzten Flächen behandelt. In diesem Abschnitt werden folglich **unregelmäßig aufgebaute Flächen** behandelt.

Was ist bei der Berechnung von zusammengesetzten Flächen zu beachten?

Unregelmäßig aufgebaute Flächen werden am günstigsten zeichnerisch in **berechenbare Teilflächen unterteilt** und einzeln berechnet; abschließend werden die Teilergebnisse zusammengefasst.

Rechenhilfen mit Beispiellösung

zu a) Flächeninhalt von zusammengesetzten Flächen berechnen

1. Die Gesamtfläche (A) in berechenbare Teilflächen aufteilen:

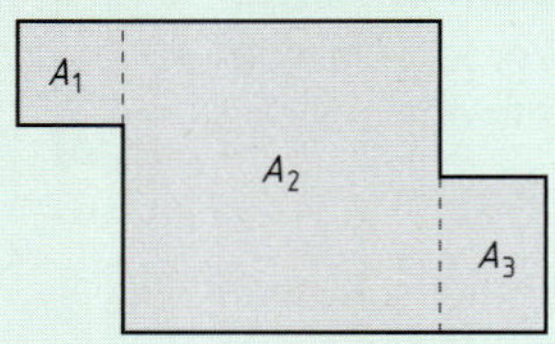

2. Fehlende Maße errechnen (bzw. am Objekt aufmessen):

11,00 m – (7,00 m + 2,00 m) = **2,00 m**

3. Den Flächeninhalt für jede Teilfläche berechnen:

$A_1 = 2{,}00\ \text{m} \cdot 2{,}00\ \text{m} = 4{,}00\ \text{m}^2$
$A_2 = 7{,}00\ \text{m} \cdot 6{,}00\ \text{m} = 42{,}00\ \text{m}^2$
$A_3 = 2{,}00\ \text{m} \cdot 3{,}00\ \text{m} = 6{,}00\ \text{m}^2$

4. Die Teilflächeninhalte zusammenzählen:

$\boldsymbol{A} = A_1 + A_2 + A_3 = \mathbf{52{,}00\ m^2}$

zu b) Umfang von zusammengesetzten Flächen berechnen

1. Den Gesamtumfang (U) als Summe aller Umfangteile auffassen:

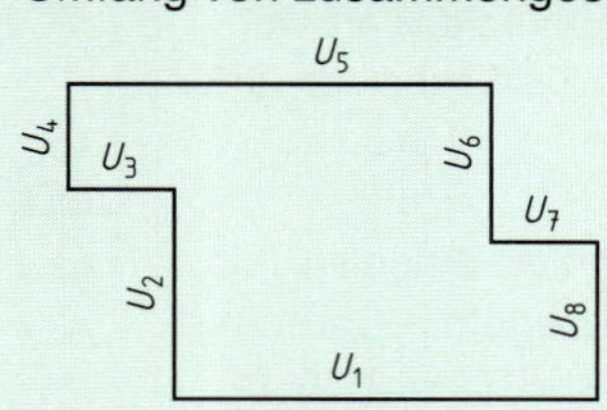

2. Fehlende Maße errechnen (bzw. am Objekt aufmessen):

$U_1 = 7{,}00\ \text{m} + 2{,}00\ \text{m} = 9{,}00\ \text{m}$
$U_2 = 6{,}00\ \text{m} - 2{,}00\ \text{m} = 4{,}00\ \text{m}$
$U_3 = 11{,}00\ \text{m} - (7{,}00\text{m} + 2{,}00\ \text{m}) = 2{,}00\ \text{m}$
$U_5 = 11{,}00\ \text{m} - 2{,}00\ \text{m} = 9{,}00\ \text{m}$
$U_6 = 6{,}00\ \text{m} - 3{,}00\ \text{m} = 3{,}00\ \text{m}$

3. Die Umfangteile im Uhrzeigersinn der Reihe nach aufschreiben bzw. in den TR eingeben:

$U_1 + U_2 + U_3 + U_4 + U_5 + U_6 + U_7 + U_8$
9,00 m + 4,00 m + 2,00 m + 2,00 m + 9,00 m + 3,00 m + 2,00 m + 3,00 m

4. Die Umfangteile zusammenzählen:

$\boldsymbol{U} = \mathbf{34{,}00\ m}$

Aufgaben

1 Berechnen Sie den Flächeninhalt (A) sowie den Umfang (U), Maße in m.

a)

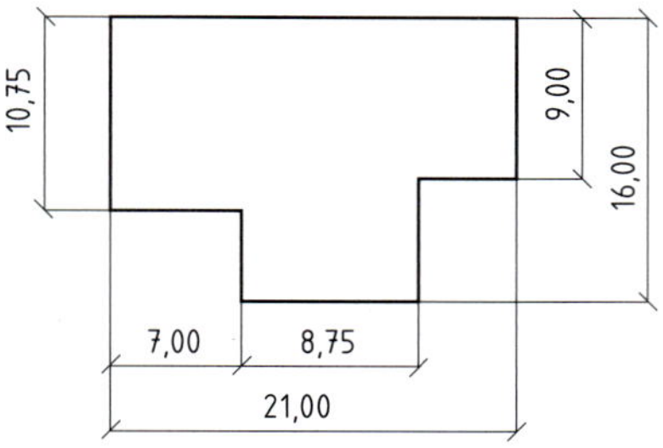

b)

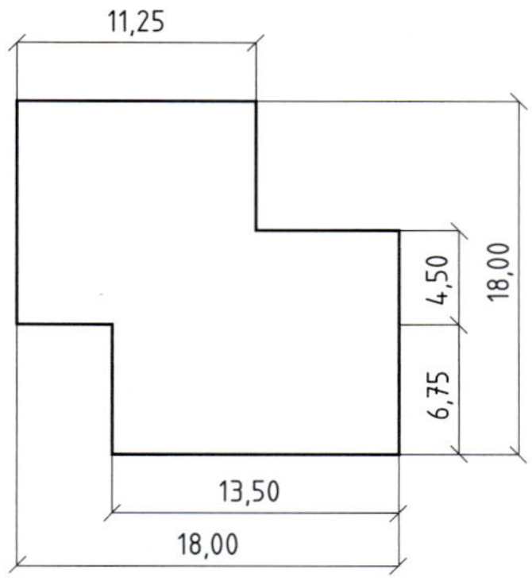

c)

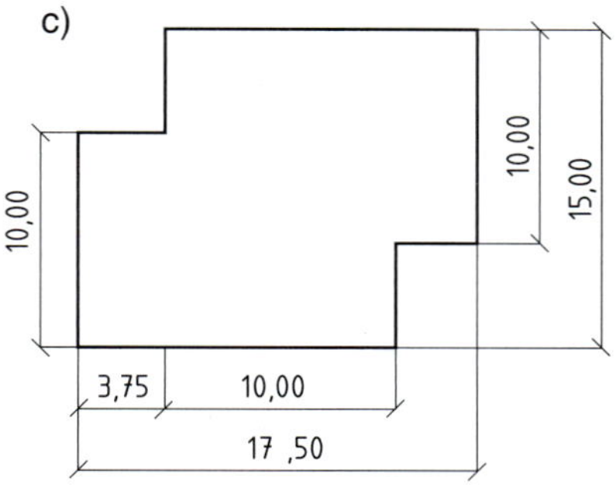

d)

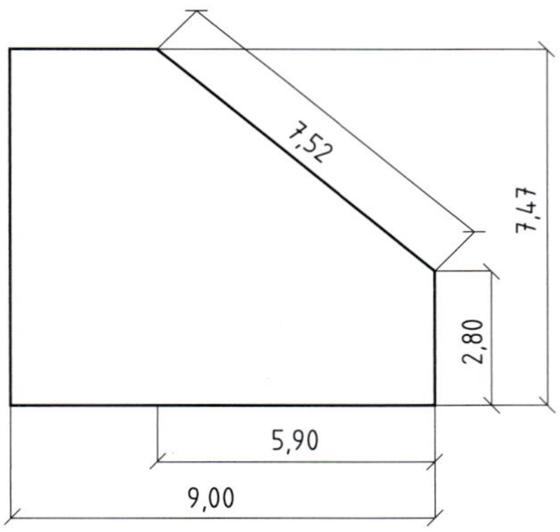

e)

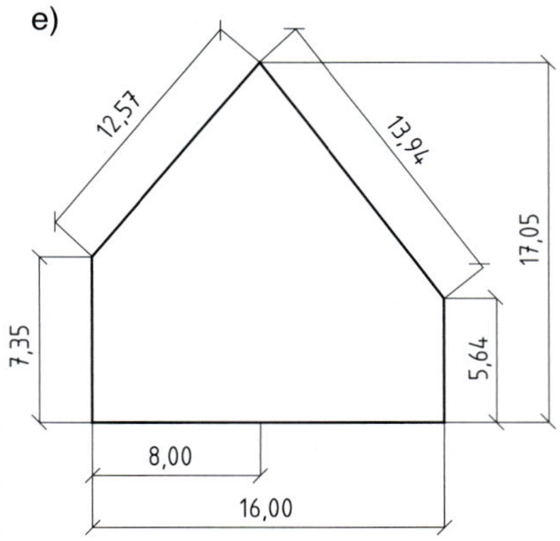

f)

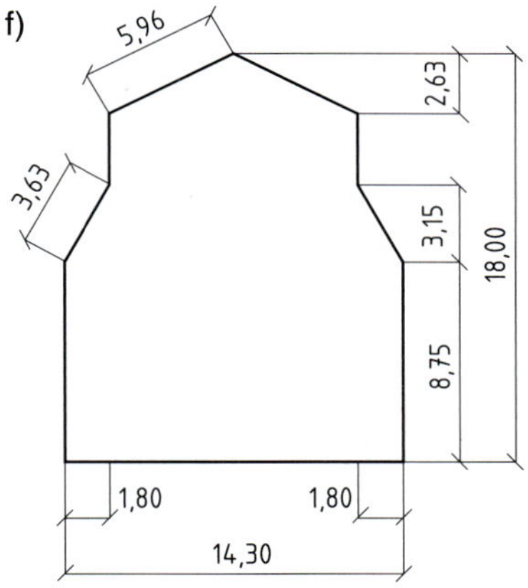

g)

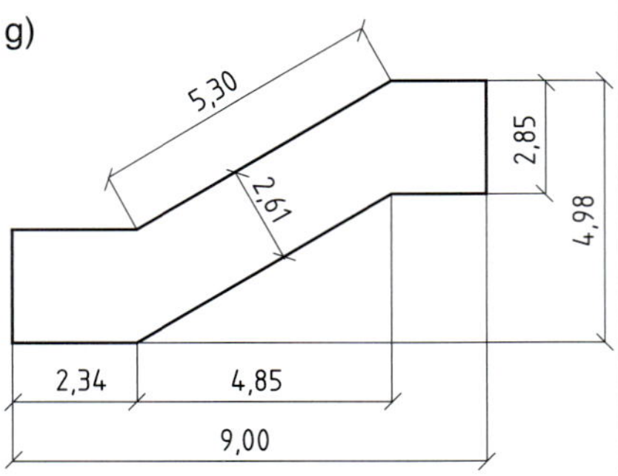

h)

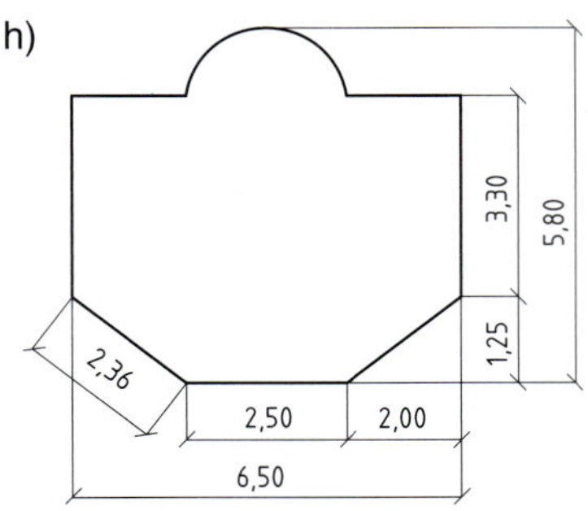

i)

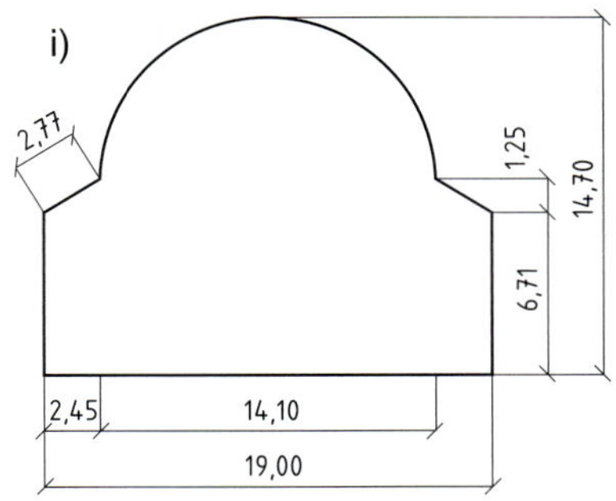

2 Berechnen Sie die Lackierflächen jeweils beidseitig in dm^2, die Umfänge in cm:

a)

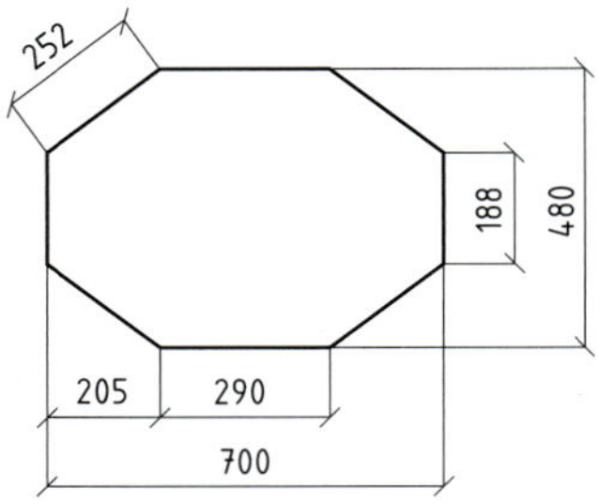

b)

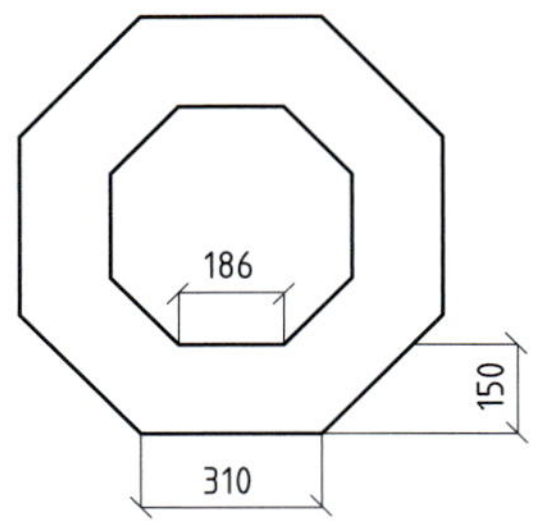

Maße in mm

c)

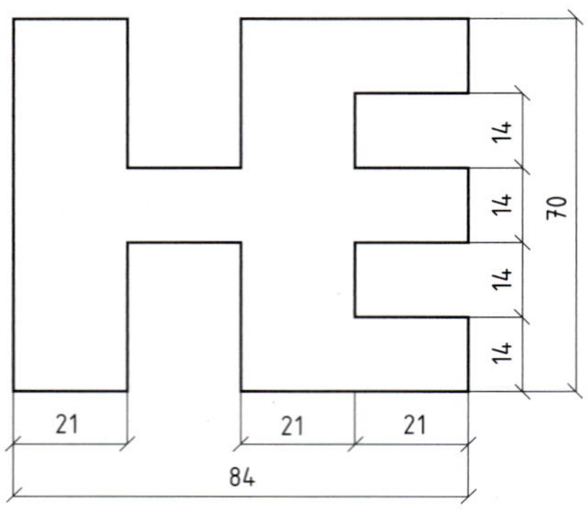

Maße in cm

3 30 Schilder aus Blech sind beidseitig zu lackieren. Berechnen Sie (ohne Kanten):

a) die einseitige Lackierfläche für 1 Schild
b) die Lackierfläche für 1 Schild
c) die Gesamtlackierfläche für 30 Schilder

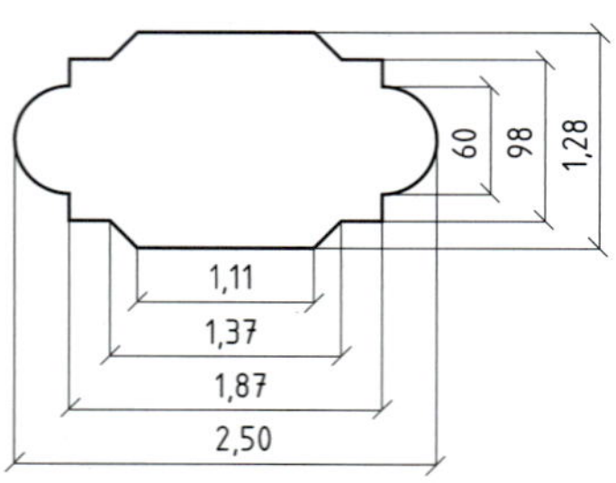

4 12 Blechtafeln sollen beidseitig, ohne Kanten lackiert werden. Berechnen Sie die Gesamtlackierfläche.

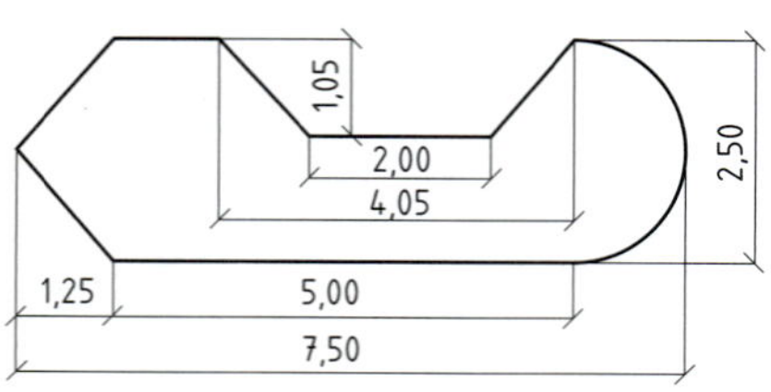

5 7 Maschinenteile aus Stahlblech sind beidseitig zu lackieren.

a) Berechnen Sie die Lackierfläche ohne Kanten.
b) Zusätzlich sollen die umlaufenden Kanten lackiert werden. Welche Lackierfläche ergibt das?

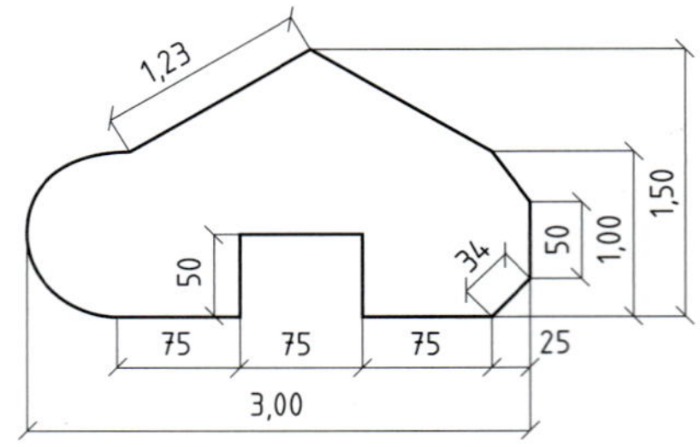

Kantenhöhe 10 cm

6 Maschinenabdeckungen sind beidseitig zu lackieren. Berechnen Sie die gesamte Lackierfläche für: 5 Stück von Typ a), 7 Stück von Typ b).

a)

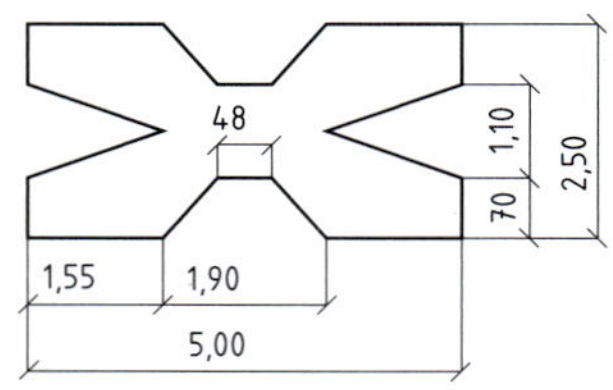

b) Maße in cm

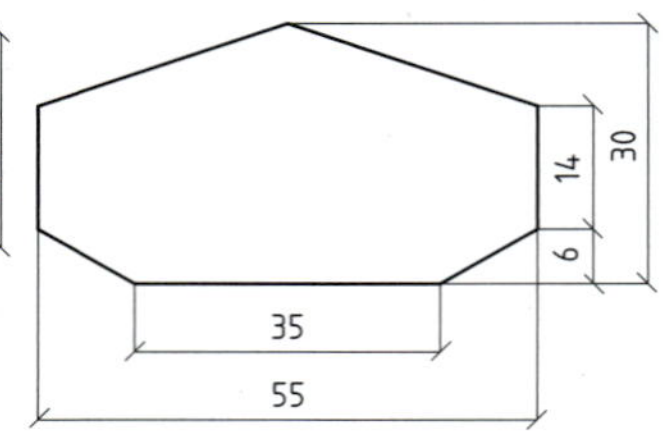

7 5 Holzspanplatten sollen beidseitig lackiert und die Kanten umleimt werden.

a) Berechnen Sie die Gesamtlackierfläche.
b) Wie viel m Umleimer werden benötigt?

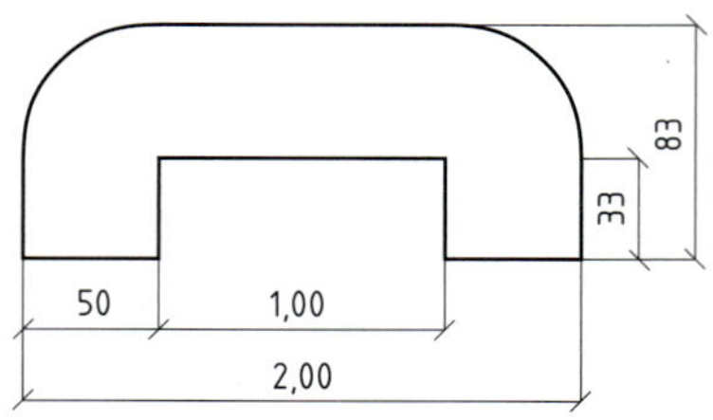

8 Beide Seiten eines Lkw-Aufbaus sind zu lackieren. Die Holzbordwand mit KH-Lackfarbe, die Lkw-Plane mit einer PVC-Lackfarbe, wobei die ovale Fläche für das Firmenemblem andersfarbig abgesetzt wird. Berechnen Sie jede Lackierfläche einzeln.
Ermitteln Sie die Bearbeitungsflächen in dm^2.

Lkw-Plane mit Emblem

Bordwand

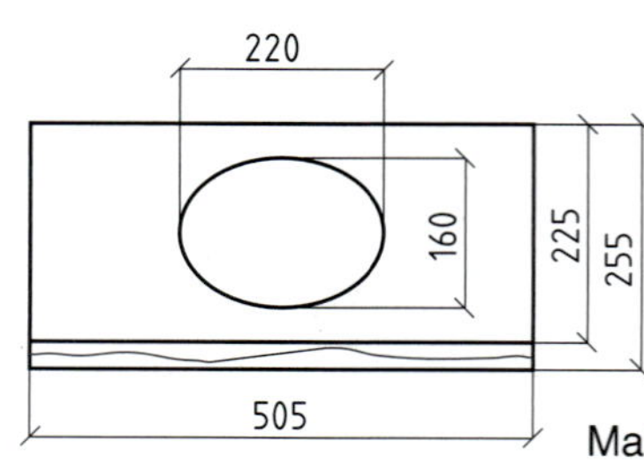

Maße in cm

Gerade Körper berechnen

Beispielaufgaben Wie groß sind Mantelfläche, Oberfläche und Volumen von einem

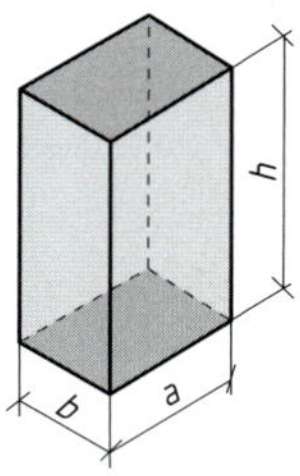

a) Quader mit rechteckiger Grundfläche und den Maßen
Länge $a = 3{,}00$ m;
Breite $b = 2{,}00$ m;
Höhe $h = 5{,}00$ m?

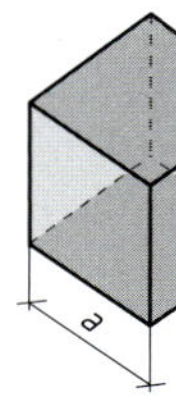

b) Würfel mit der Kantenlänge
$a = 80$ cm?

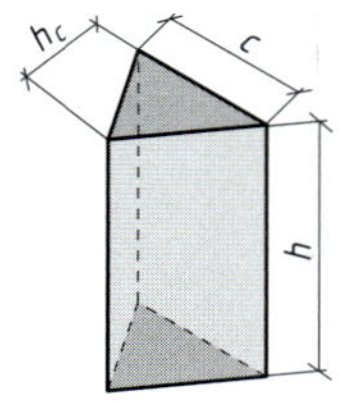

c) Prisma mit der Grundfläche eines gleichseitigen Dreiecks und den Maßen
$c = 60$ cm;
$h_c = 53$ cm;
$h = 1{,}50$ m?

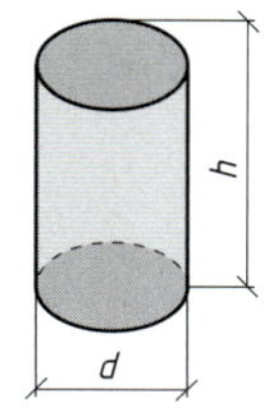

d) Zylinder mit runder Grundfläche und den Maßen
$d = 45$ cm;
$h = 1{,}20$ m?

Bei Körpern werden die drei Ausdehnungsrichtungen allgemein mit Breite (b), Tiefe (t) und Höhe (h) bezeichnet, bei Räumen mit Länge (l), Breite (b) und Höhe (h). Mitunter sind auch andere Bezeichnungen gebräuchlich, z. B. alphabetisch (a; b; c usw.), entsprechend den Benennungen der jeweiligen Grundfläche (= Standfläche) des Körpers. Bei geraden Körpern sind **Grundfläche** und **Deckfläche gleich,** außerdem steht die Mantelfläche senkrecht zur Grundfläche.

Welche Berechnungsgrößen gibt es bei geraden Körpern?

***M* = Umfang · Körperhöhe**
***O* = Mantelfläche + Grundfläche + Deckfläche**
***V* = Grundfläche · Körperhöhe**

Die Mantelfläche (M), auch: Mantel, umfasst alle sichtbaren Flächen ohne die Standflächen (= Grund- und Deckfläche); die Oberfläche (O) umfasst die gesamte Außenfläche (Maßeinheiten: **m²**).
Das Volumen (V) ist der (Raum-)Inhalt (Maßeinheit: **m³**).

Rechenregeln mit Beispiellösungen Gerade Körper berechnen (vgl. auch Formelsammlung S. 139)

Quader

Isometrische Darstellung

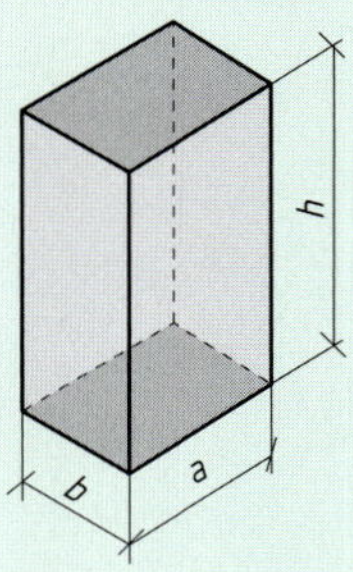

Abwicklung

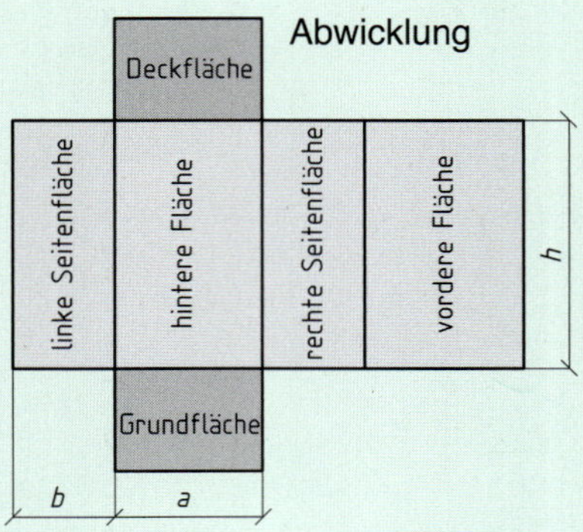

zu a) mit rechteckiger Grundfläche:

$M = U \cdot h$
$= (a + b) \cdot 2 \cdot h$
$= (3{,}00 \text{ m} + 2{,}00 \text{ m}) \cdot 2 \cdot 5{,}00 \text{ m}$
$\boldsymbol{M = 50{,}00 \text{ m}^2}$

$O = M + A \cdot 2$
$= (a + b) \cdot 2 \cdot h + a \cdot b \cdot 2$
$= 50{,}00 \text{ m}^2 + 3{,}00 \text{ m} \cdot 2{,}00 \text{ m} \cdot 2$
$\boldsymbol{O = 62{,}00 \text{ m}^2}$

$V = A \cdot h$
$= a \cdot b \cdot h$
$= 3{,}00 \text{ m} \cdot 2{,}00 \text{ m} \cdot 5{,}00 \text{ m}$
$\boldsymbol{V = 30{,}000 \text{ m}^3}$

Würfel

Isometrische Darstellung

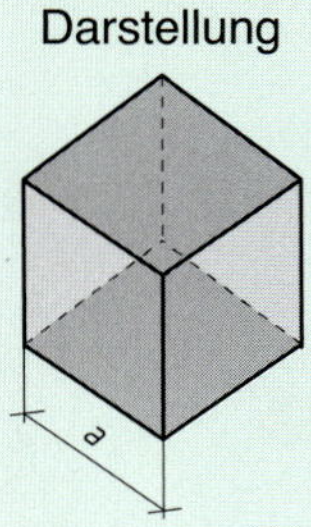

Abwicklung

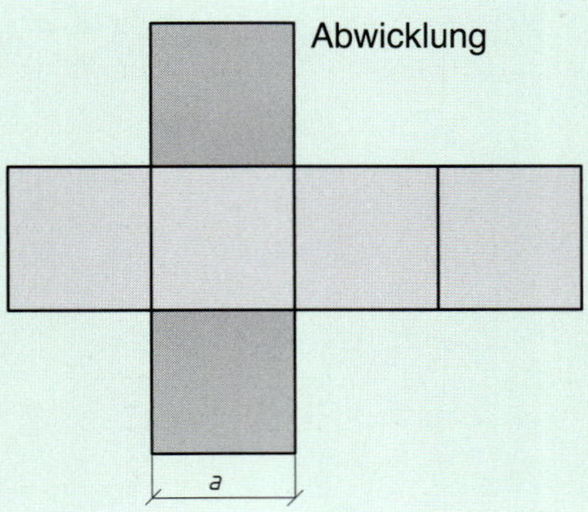

zu b)

$M = U \cdot h$
$= a \cdot 4 \cdot a = a \cdot a \cdot 4$
$= 0{,}80 \text{ m} \cdot 0{,}80 \text{ m} \cdot 4$
$\boldsymbol{M = 2{,}56 \text{ m}^2}$

$O = M + A \cdot 2$
$= a \cdot 4 \cdot a + a \cdot a \cdot 2$
$= 2{,}56 \text{ m}^2 + 1{,}28 \text{ m}^2$
$\boldsymbol{O = 3{,}84 \text{ m}^2}$

$V = A \cdot h$
$= a \cdot a \cdot a$
$= 0{,}80 \text{ m} \cdot 0{,}80 \text{ m} \cdot 0{,}80 \text{ m}$
$\boldsymbol{V = 0{,}512 \text{ m}^3}$

Prisma

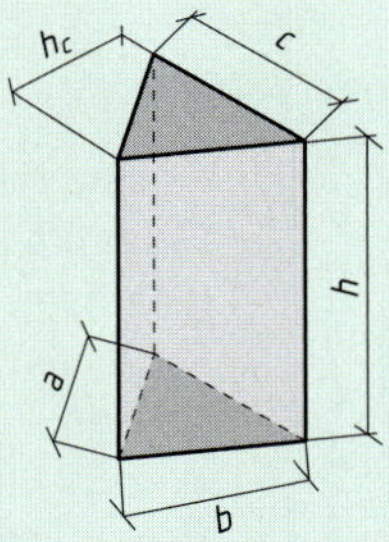

Abwicklung

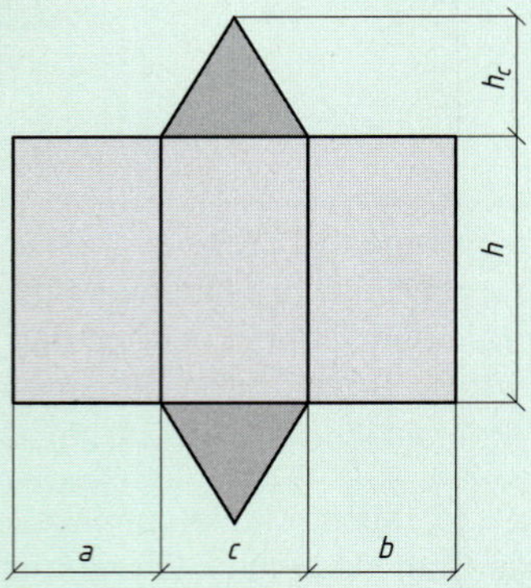

zu c) mit gleichseitig dreieckiger Grundfläche

$M = U \cdot h$

$= (a + b + c) \cdot h$

$= (0{,}60 \text{ m} + 0{,}60 \text{ m} + 0{,}60 \text{ m}) \cdot 1{,}50 \text{ m}$

$\boldsymbol{M = 2{,}70 \text{ m}^2}$

$O = M + A \cdot 2$

$= (a + b + c) \cdot h + \frac{c \cdot h_c}{2} \cdot 2$

$= 2{,}70 \text{ m}^2 + \frac{0{,}60 \text{ m} \cdot 0{,}53 \text{ m}}{2} \cdot 2$

$\boldsymbol{O = 3{,}02 \text{ m}^2}$

$V = A \cdot h$

$= \frac{c \cdot h_c}{2} \cdot h$

$= \frac{0{,}60 \text{ m} \cdot 0{,}53 \text{ m}}{2} \cdot 1{,}50 \text{ m}$

$\boldsymbol{V = 0{,}239 \text{ m}^3}$

Zylinder

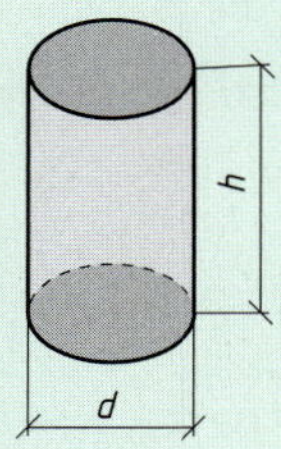

Abwicklung

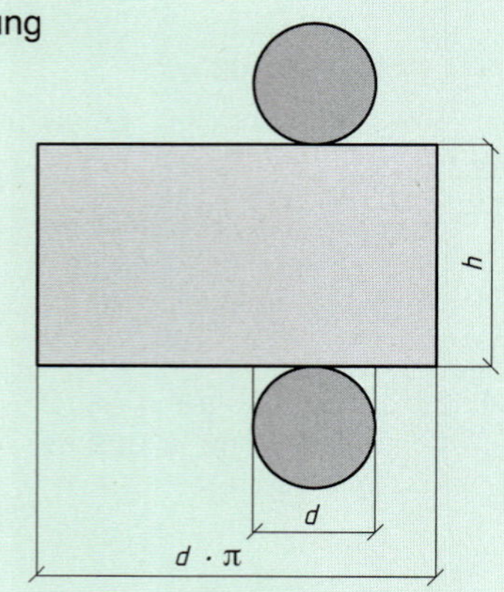

zu d)

$M = U \cdot h$

$= d \cdot \pi \cdot h$

$= 0{,}45 \text{ m} \cdot 3{,}14 \cdot 1{,}20 \text{ m}$

$\boldsymbol{M = 1{,}70 \text{ m}^2}$

$O = M + A \cdot 2$

$= d \cdot \pi \cdot h + \frac{d}{2} \cdot \frac{d}{2} \cdot \pi \cdot 2$

$= 1{,}70 \text{ m}^2 + \frac{0{,}45 \text{ m}}{2} \cdot \frac{0{,}45 \text{ m}}{2} \cdot 3{,}14 \cdot 2$

$\boldsymbol{O = 2{,}02 \text{ m}^2}$

$V = A \cdot h$

$= \frac{d}{2} \cdot \frac{d}{2} \cdot \pi \cdot h$

$= \frac{0{,}45 \text{ m}}{2} \cdot \frac{0{,}45 \text{ m}}{2} \cdot 3{,}14 \cdot 1{,}20 \text{ m}$

$\boldsymbol{V = 0{,}191 \text{ m}^3}$

Aufgaben

1 Ein würfelförmiger Kasten mit einer Kantenlänge $a = 1{,}20$ m soll allseitig von außen lackiert werden.

a) Berechnen Sie die Lackierfläche (= Oberfläche).
b) Rechnen Sie das Volumen aus.

2 Ein quaderförmiger Container soll außenseitig von allen Seiten zweifach gespritzt werden. Maße: Länge 5,60 m; Breite 2,50 m; Höhe 3,00 m.

a) Welche Gesamtfläche ist zu bearbeiten?
b) Welches Fassungsvermögen (= Volumen) weist der Container auf?

3 Ein Schwimmbecken in Form eines Quaders mit den Maßen 12,50 m Länge; 5,00 m Breite; 1,50 m Tiefe soll einen Anstrich mit Chlorkautschukfarbe erhalten.

a) Berechnen Sie die Anstrichfläche.
b) Wie viel m^3 Wasser fasst das Becken?

4 3 zylinderförmige Tanks mit einem Durchmesser $d = 1{,}80$ m und einer Höhe $h = 5{,}40$ m sind zweifach außenseitig zu beschichten.

a) Berechnen Sie die Lackierfläche FÜR einen Tank.
b) Berechnen Sie die gesamte Lackierfläche.
c) Welches Fassungsvermögen besitzen die Tanks?

5 Berechnen Sie die Werbefläche (= Klebefläche) einer Litfasssäule mit einem Durchmesser von 1,50 m und einer Höhe von 3,50 m.

6 Der Kanister enthält Verdünnungsmittel.

a) Wie viel ℓ fasst das Gefäß maximal?
b) Wie viel ℓ Inhalt sind noch enthalten, wenn die Verdünnung den Gefäßboden 15 cm hoch bedeckt?

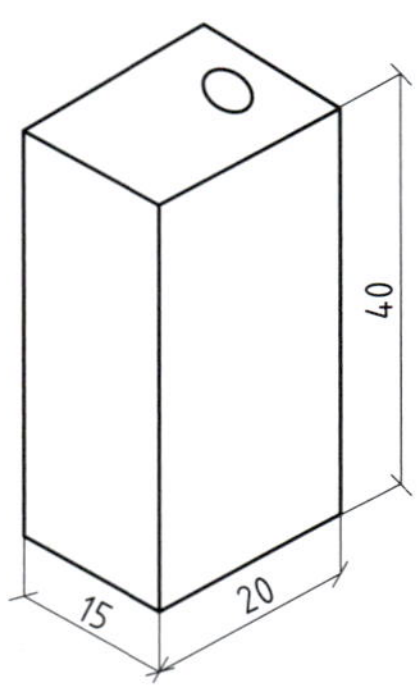

7 Wie viel ℓ Waschverdünnung fasst das Gefäß zum Auswaschen benutzter Pinsel höchstens?

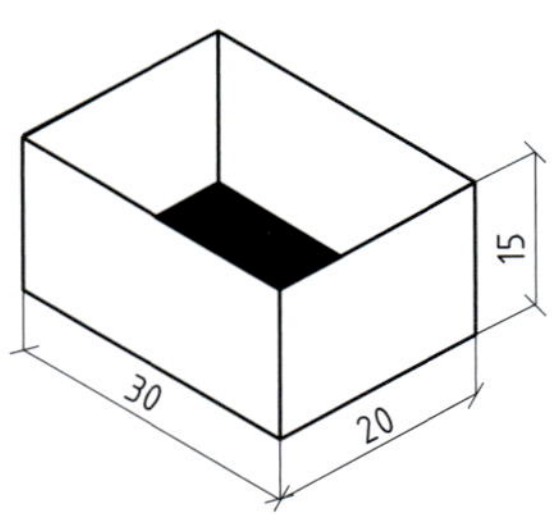

8 Der Kofferaufbau eines Lkw ist zweifach allseitig von außen zu lackieren.

a) Berechnen Sie die Lackierfläche, jedoch ohne die Bodenfläche (in dm^2)!
b) Welches Volumen (in m^3) weist der Koffer auf?

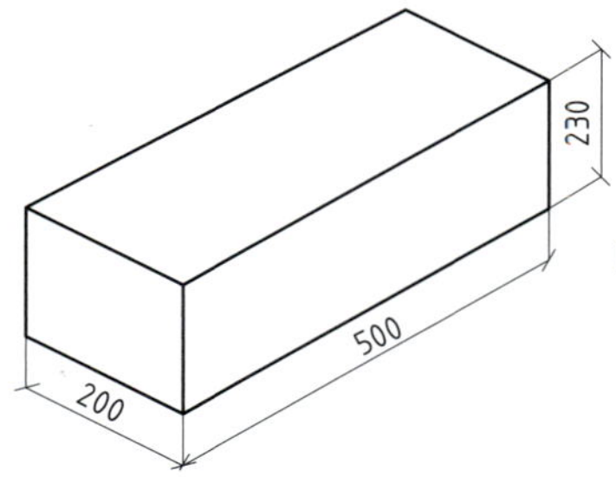

Maße in cm

9 Die Lkw-Holzpritsche ist umseitig, aber ohne Bodenunterseite zu lackieren. Berechnen Sie die Lackierfläche (in m^2).

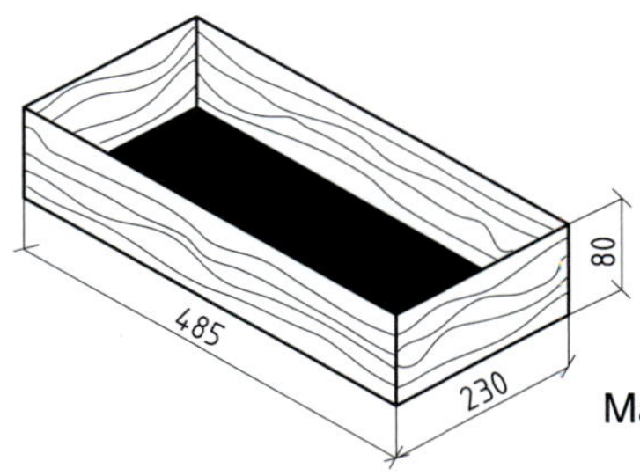

Maße in cm

10 2 Tankkessel sind zweifach von außen zu lackieren.
Berechnen Sie

a) die Oberfläche (= Lackierfläche) in m^2.
b) Welcher Tankkessel weist das größere Volumen auf.

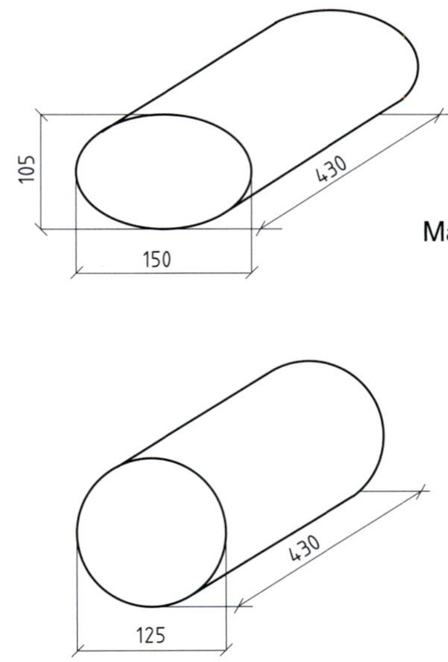

Maße in cm

11 Berechnen Sie für jeden Körper die Mantelfläche (M), die Oberfläche (O), das Volumen (V) (Maße in cm):

a)

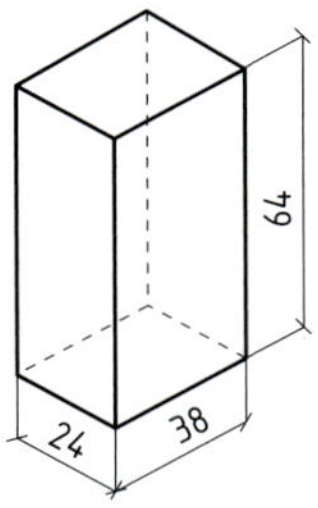

b)

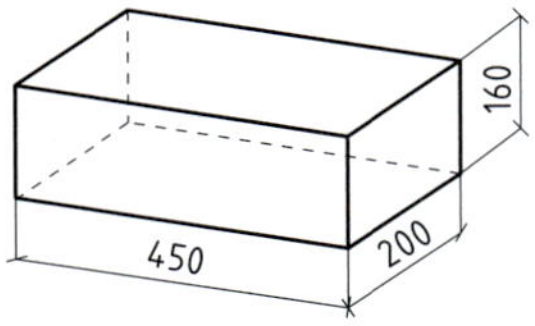

c)

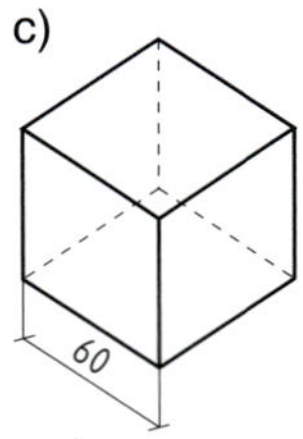

d)

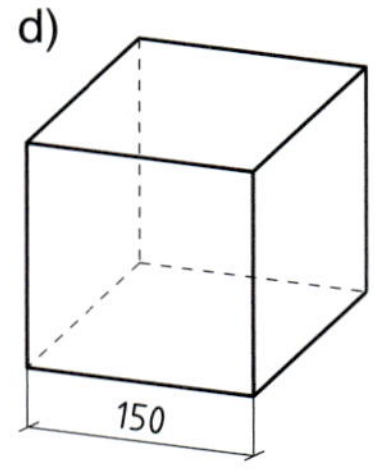

e)

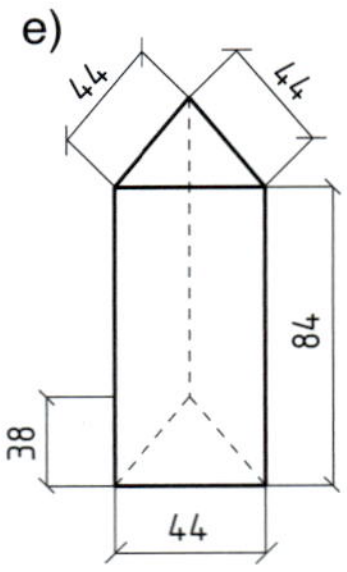

f)

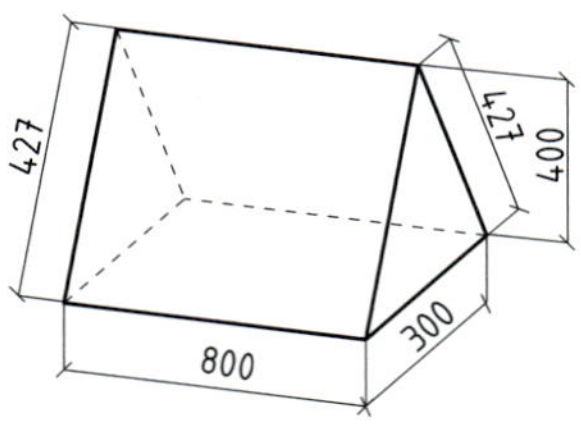

g)

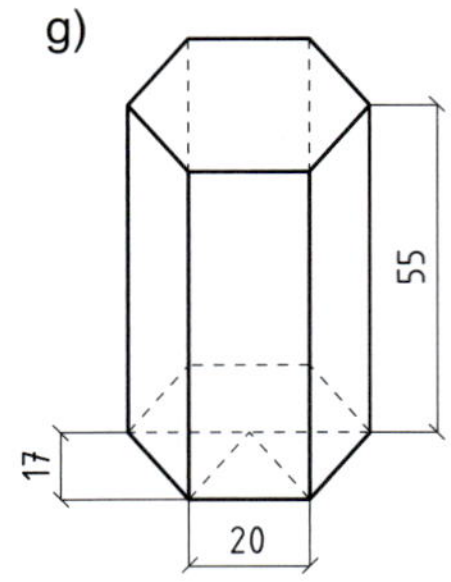

h)

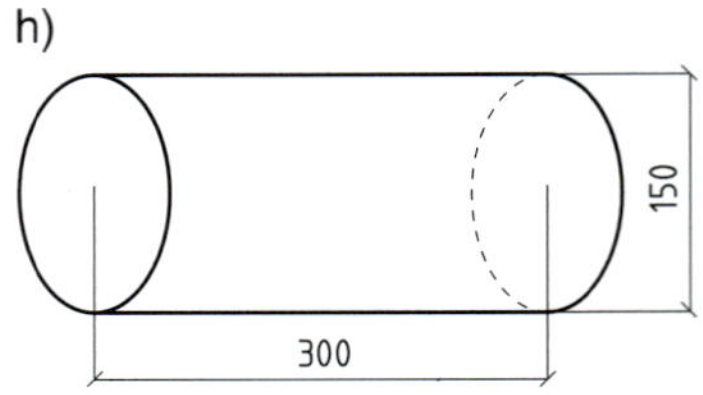

i)

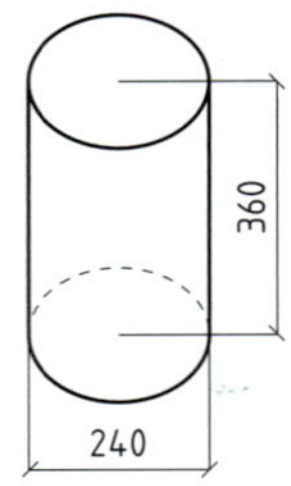

Spitze Körper berechnen

Beispielaufgaben

a)

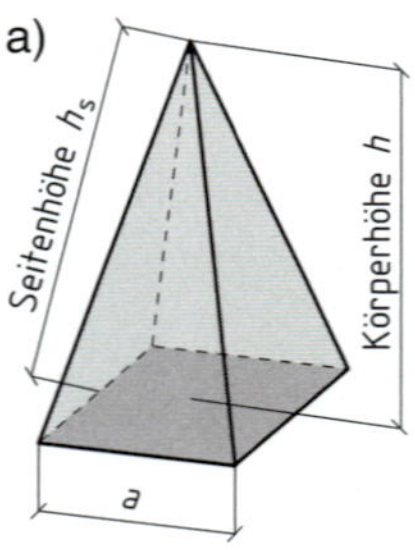

b)

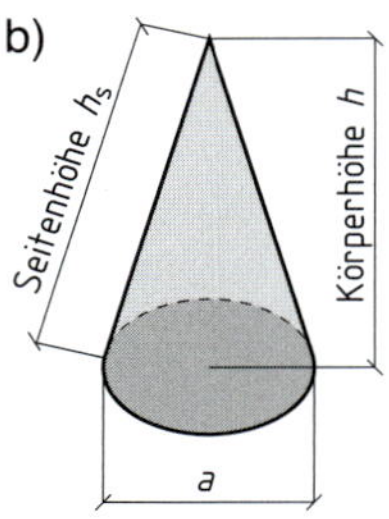

Wie groß sind Mantelfläche, Oberfläche und Volumen von einer/einem

a) Pyramide mit quadratischer Grundfläche und den Maßen

   $a = 0{,}50$ m; $h_S = 0{,}69$ m; $h = 0{,}64$ m?

b) Kegel mit den Maßen
   $d = 0{,}50$ m; $h_s = 0{,}69$ m; $h = 0{,}64$ m?

Entsprechend ihrem Namen weisen spitze Körper eine Körperspitze auf, in der ihre Mantelfläche zusammenläuft. Sie besitzen lediglich eine Grundfläche (A) und die Mantelfläche (M). Unterschieden werden spitze Körper entsprechend der jeweiligen Grundfläche in **Pyramiden** (eckige Grundfläche) und in **Kegel** (runde Grundfläche).

Was ist bei der Berechnung von spitzen Körpern zu berücksichtigen?

Spitze Körper haben neben ihrer eigentlichen **Körperhöhe** (***h***) noch eine **Höhe auf die Seitenlinie** bzw. Grundlinie (***h***$_s$)!

$$M = \frac{1}{2} \cdot \text{Umfang} \cdot \text{Seitenhöhe}$$

$$O = \text{Mantelfläche} + \text{Grundfläche}$$

$$V = \frac{1}{3} \cdot \text{Grundfläche} \cdot \text{Körperhöhe}$$

Rechenregeln mit Beispiellösungen

Spitze Körper berechnen (vgl. auch Formelsammlung S. 139 f.)

Pyramide

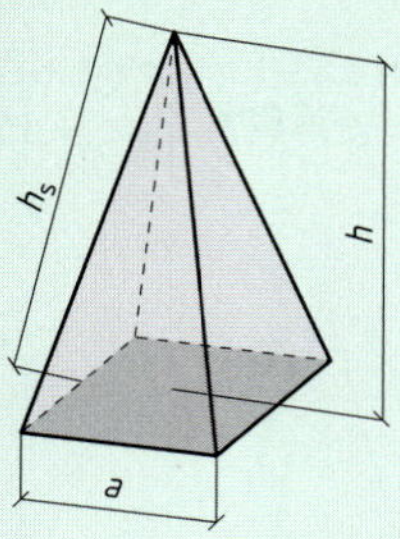

zu a) mit quadratischer Grundfläche:

$$M = \frac{U \cdot h_s}{2}$$

$$= \frac{a \cdot 4 \cdot h_s}{2}$$

$$= \frac{0{,}50\ \text{m} \cdot 4 \cdot 0{,}69\ \text{m}}{2}$$

$$\boldsymbol{M = 0{,}69\ \text{m}^2}$$

$$O = M + A$$

$$= \frac{d \cdot 4 \cdot h_s}{2} + a \cdot a$$

$$= 0{,}69\ \text{m}^2 + 0{,}50\ \text{m} \cdot 0{,}50\ \text{m}$$

$$\boldsymbol{O = 0{,}94\ \text{m}^2}$$

$$V = \frac{A \cdot h}{3}$$

$$= \frac{a \cdot a \cdot h}{3}$$

$$= \frac{0{,}50\ \text{m} \cdot 0{,}50\ \text{m} \cdot 0{,}64\ \text{m}}{3}$$

$$\boldsymbol{V = 0{,}053\ \text{m}^3}$$

Abwicklung

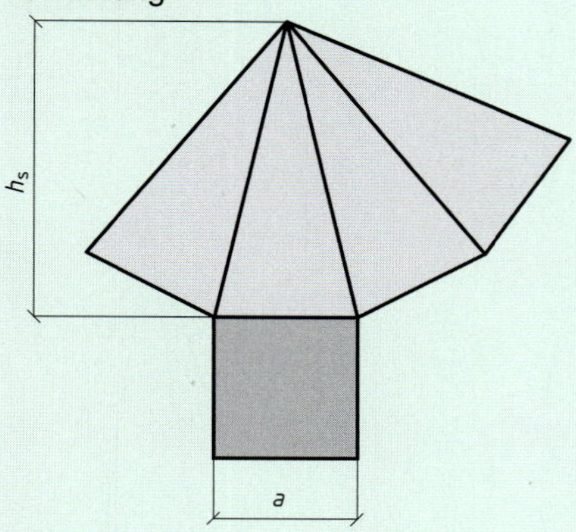

Kegel

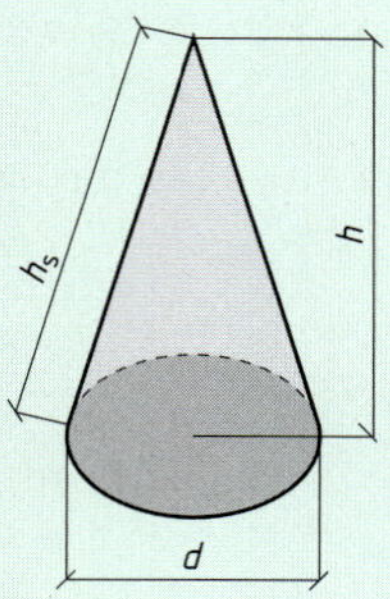

zu b)

$$M = \frac{U \cdot h_s}{2}$$

$$= \frac{d \cdot \pi \cdot h_s}{2}$$

$$= \frac{0{,}50\ \text{m} \cdot 3{,}14 \cdot 0{,}69\ \text{m}}{2}$$

$$\boldsymbol{M = 0{,}54\ \text{m}^2}$$

$$O = M + A$$

$$= \frac{d \cdot \pi \cdot h_s}{2} + \frac{d}{2} \cdot \frac{d}{2} \cdot \pi$$

$$= 0{,}54\ \text{m}^2 + \frac{0{,}50\ \text{m}}{2} \cdot \frac{0{,}50\ \text{m}}{2} \cdot 3{,}14$$

$$\boldsymbol{O = 0{,}74\ \text{m}^2}$$

$$V = \frac{A \cdot h}{3}$$

$$= \frac{d}{2} \cdot \frac{d}{2} \cdot \pi \cdot \frac{h}{3}$$

$$= \frac{0{,}50\ \text{m}}{2} \cdot \frac{0{,}50\ \text{m}}{2} \cdot 3{,}14 \cdot \frac{0{,}64\ \text{m}}{3}$$

$$\boldsymbol{V = 0{,}042\ \text{m}^3}$$

Abwicklung

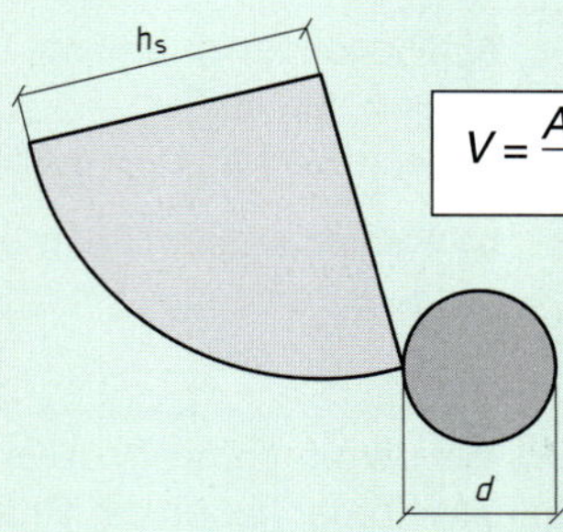

Aufgaben

1 8 pyramidenförmige Maschinenabdeckhauben aus Blech mit quadratischem Grundriss sind allseitig zu spritzlackieren.
Maße a = 75 cm; h_s = 63 cm; h = 50 cm; die Abdeckhauben sind unten offen.
a) Berechnen Sie die Lackierfläche (= Mantelfläche) für eine Haube; setzen Sie Außen- gleich Innenmaße.
b) Berechnen Sie die gesamte Lackierfläche.
c) Welches Volumen besitzt eine Abdeckhaube?

2 Auf einem Kinderspielplatz sind zwei pyramidenförmige Holzhütten mit quadratischen Holzfußböden mit Holzlasuren offenporig zu behandeln.
Maße a = 2,80 m; h_s = 3,31 m; h = 3,00 m.
a) Berechnen Sie die Anstrichfläche für eine Hütte außenseitig (= Mantelfläche).
b) Berechnen Sie die Anstrichfläche je Hütte innenseitig, Außenmaße gleich Innenmaße.
c) Berechnen Sie für beide Hütten die Anstrichfläche.
d) Welchen Rauminhalt weisen die beiden Hütten auf?

3 3 kegelförmige Ausstellungsobjekte mit den Maßen d = 80 cm; h_s = 1,26 m; h = 1,20 m sollen mit Kunststoffputz beschichtet werden.
a) Berechnen Sie die Mantelfläche je Kegel.
b) Berechnen Sie die Oberfläche aller Kegel.
c) Welches Volumen weisen die Kegel gemeinsam auf?

4 Die kegelförmigen Unterteile von 4 Schwimmbojen mit den Maßen d = 60 cm; h_s = 1,63 m; h = 1,60 m sind zu entrosten und zu lackieren.
a) Welche gesamte Bearbeitungsfläche ergibt das?
b) Welches Volumen besitzt jedes Bojen-Unterteil?

Berechnen Sie für jeden Körper die Mantelfläche (M), die Oberfläche (O), das Volumen (V) (Maße in cm):

5 a)

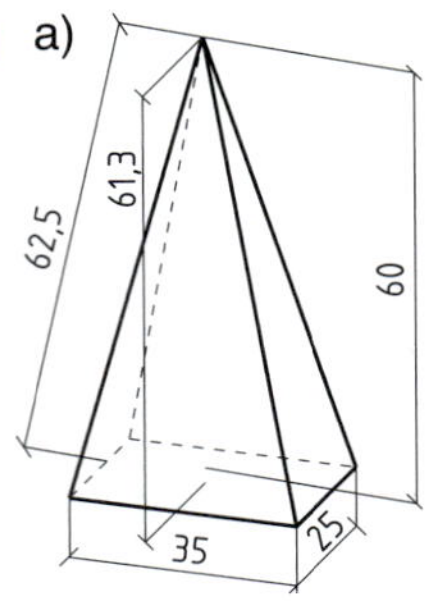

b)

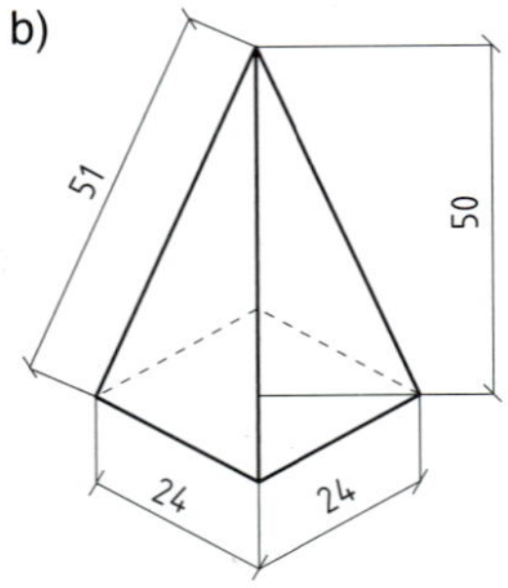

c)

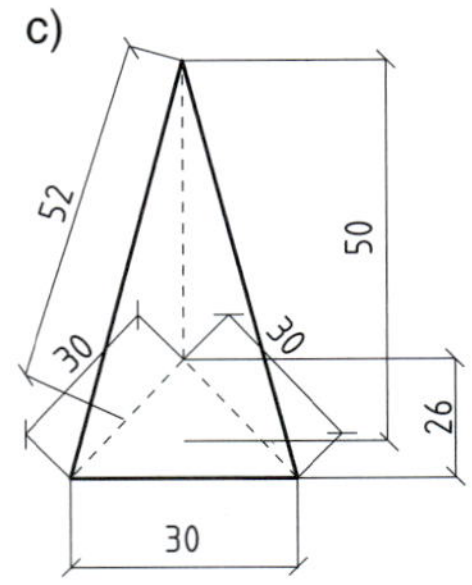

d)

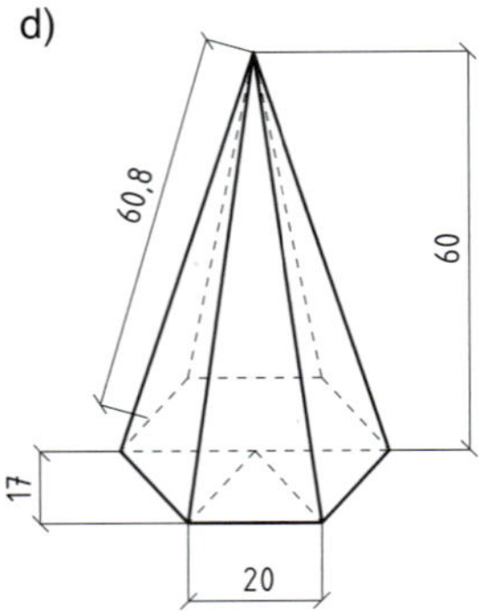

e)

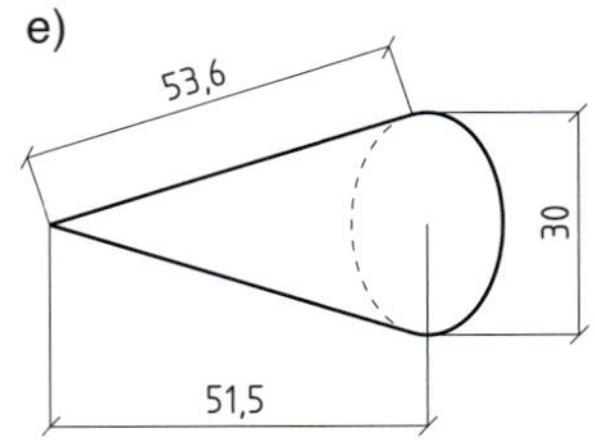

Stumpfe Körper berechnen

Beispielaufgaben a)

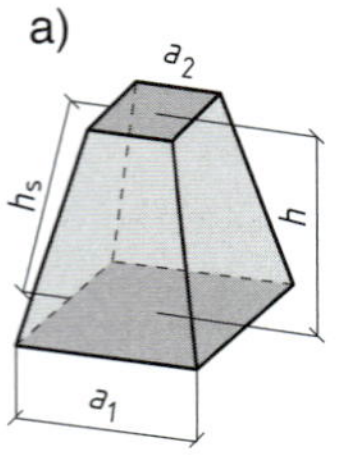

b)

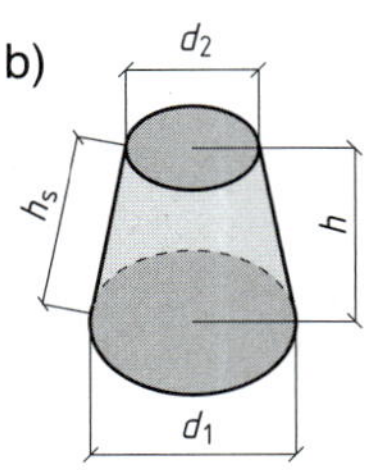

Wie groß sind Mantelfläche, Oberfläche und Volumen von einem

a) Pyramidenstumpf mit quadratischer Grundfläche und den Maßen
a_1 = 2,00 m; a_2 = 1,00 m; h_s = 1,58 m; h = 1,50 m?

b) Kegelstumpf mit den Maßen
d_1 = 2,00 m; d_2 = 1,00 m; h_s = 1,58 m; h = 1,50 m?

Stumpfe Körper gleichen spitzen Körpern, bei denen parallel zur Grundfläche die Spitze abgeschnitten wurde. Demzufolge besitzen stumpfe Körper neben der Grundfläche A_1 (= Standfläche) auch eine Deckfläche A_2, die im Aussehen ähnlich sind.
Je nach Grundfläche werden **Pyramidenstumpf** und **Kegelstumpf** unterschieden.

Was ist bei der Berechnung von stumpfen Körpern zu berücksichtigen?

M = (Mittelwert der Umfänge) · Seitenhöhe
O = Mantelfläche + Grundfläche + Deckfläche
V = (Mittelwert von Grund- und Deckfläche) · Körperhöhe

Wie bei spitzen Körpern benötigt man neben der **Körperhöhe h** noch die **Seitenhöhe h_s**. Die Längen der Grund- und Deckflächen werden hier der Reihe nach nummeriert, z. B. bei „eckigen" Grund- und Deckflächen mit (l_1, l_2 etc.), bei „runden" Grund- und Deckflächen mit d_1 und d_2.
Bei Körpern mit eckigen Grund- und Deckflächen findet man die Bezeichnungen a_1 für quadratische Grund- und a_2 für quadratische Deckflächen.

Rechenregeln mit Beispiellösungen

Stumpfe Körper berechnen (vgl. auch Formelsammlung S. 140)

Pyramidenstumpf

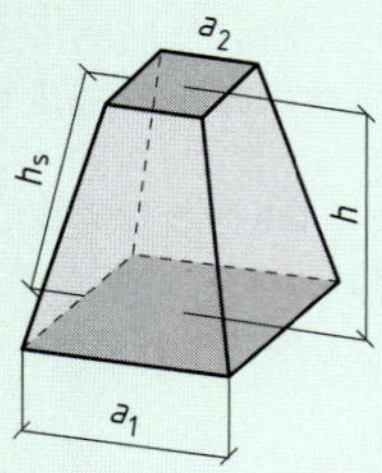

zu a) mit quadratischer Grundfläche:

$$M = \frac{U_1 + U_2}{2} \cdot h_s$$

$$= \frac{a_1 \cdot 4 + a_2 \cdot 4}{2} \cdot h_s = \frac{a_1 + a_2}{2} \cdot h_s \cdot 4$$
$$= \frac{2{,}00\text{ m} \cdot 1{,}00\text{ m}}{2} \cdot 1{,}58\text{ m} \cdot 4$$
$$\boldsymbol{M = 9{,}48\text{ m}^2}$$

Abwicklung

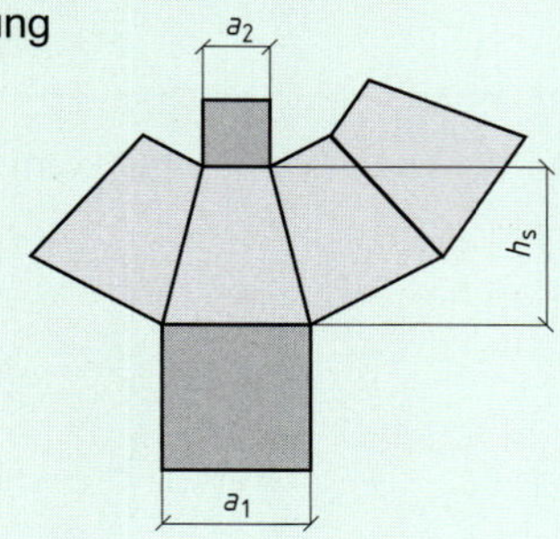

$$O = M + A_1 + A_2$$

$$= M + a_1 \cdot a_1 + a_2 \cdot a_2$$
$$= 9{,}48\text{ m}^2 + 2{,}00\text{ m} \cdot 2{,}00\text{ m} + 1{,}00\text{ m} \cdot 1{,}00\text{ m}$$
$$\boldsymbol{O = 14{,}48\text{ m}^2}$$

$$V = \frac{A_1 + A_2}{2} \cdot h$$

$$= \frac{a_1 \cdot a_1 + a_2 \cdot a_2}{2} \cdot h$$
$$= \frac{2{,}00\text{ m} \cdot 2{,}00\text{ m} + 1{,}00\text{ m} \cdot 1{,}00\text{ m}}{2} \cdot 1{,}50\text{ m}$$
$$\boldsymbol{V = 3{,}750\text{ m}^3}$$

Kegelstumpf

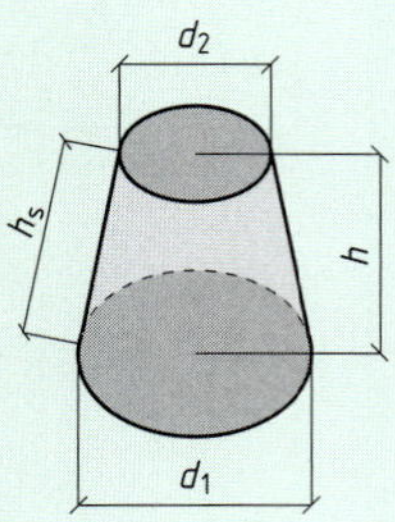

zu b)

$$M = \frac{U_1 + U_2}{2} \cdot h_s$$

$$= \frac{d_1 \cdot \pi + d_2 \cdot \pi}{2} \cdot h_s = \frac{d_1 + d_2}{2} \cdot \pi \cdot h_s$$
$$= \frac{2{,}00\text{ m} + 1{,}00\text{ m}}{2} \cdot 3{,}14 \cdot 1{,}58\text{ m}$$
$$\boldsymbol{M = 7{,}44\text{ m}^2}$$

Abwicklung

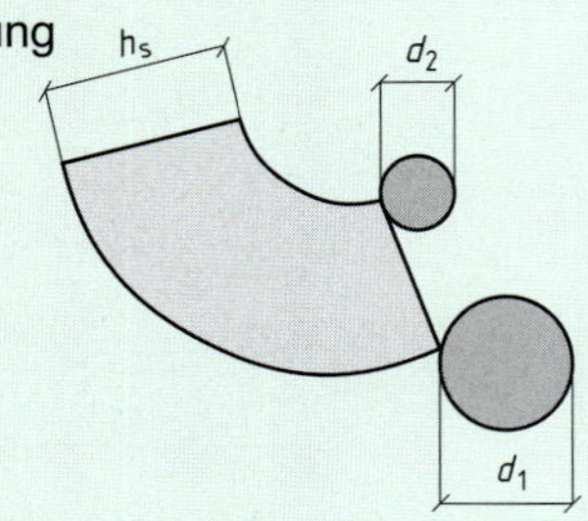

$$O = M + A_1 + A_2$$

$$= M + \frac{d_1}{2} \cdot \frac{d_1}{2} \cdot \pi + \frac{d_2}{2} \cdot \frac{d_2}{2} \cdot \pi$$
$$= 7{,}44\text{ m}^2 + \frac{2{,}00\text{ m}}{2} \cdot \frac{2{,}00\text{ m}}{2} \cdot 3{,}14 + \frac{1{,}00\text{ m}}{2} \cdot \frac{1{,}00\text{ m}}{2} \cdot 3{,}14$$
$$\boldsymbol{O = 11{,}37\text{ m}^2}$$

$$V = \frac{A_1 + A_2}{2} \cdot h$$

$$= \left(\frac{d_1}{2} \cdot \frac{d_1}{2} \cdot \pi + \frac{d_2}{2} \cdot \frac{d_2}{2} \cdot \pi\right) \cdot \frac{1}{2} \cdot h =$$
$$= \left(\frac{d_1}{2} \cdot \frac{d_1}{2} + \frac{d_2}{2} \cdot \frac{d_2}{2}\right) \cdot \pi \cdot \frac{1}{2} \cdot h$$
$$= \left(\frac{2{,}00\text{ m}}{2} \cdot \frac{2{,}00\text{ m}}{2} + \frac{1{,}00\text{ m}}{2} \cdot \frac{1{,}00\text{ m}}{2}\right) \cdot 3{,}14 \cdot 0{,}75\text{ m}$$
$$\boldsymbol{V = 2{,}944\text{ m}^3}$$

Aufgaben

1 Für eine Mühle sind 5 Trichter in Form von Pyramidenstümpfen mit quadratischer Grundfläche beidseitig zu lackieren.
Maße: $a_1 = 35$ cm; $a_2 = 75$ cm; $h_s = 57{,}6$ cm; $h = 54$ cm.
a) Berechnen Sie die Mantelfläche für einen Trichter; setzen Sie dabei Außen- gleich Innenmaße.
b) Welche Gesamtlackierfläche ergibt das?
c) Welches Fassungsvermögen besitzt ein Trichter?

2 Auf Spielplätzen sind 4 Holzhütten in Form von Pyramidenstümpfen (mit quadratischer Grundfläche) zu beschichten.
Maße: $a_1 = 1{,}20$ m; $a_2 = 50$ cm; $h_s = 1{,}54$ m; $h = 1{,}50$ m.
a) Berechnen Sie die Beschichtungsfläche für eine Hütte (Bodenfläche nur von innen); Außen- gleich Innenmaße.
b) Welche Gesamtbeschichtungsfläche ergibt das?
c) Welches Fassungsvermögen besitzt eine Hütte?

3 Für eine technische Apparatur sind 12 Einfüllstutzen aus Metall außenseitig zu spritzlackieren. Die Einfüllstutzen haben die Form von Kegelstümpfen und die Maße $d_1 = 20$ cm; $d_2 = 80$ cm; $h_s = 73{,}9$ cm; $h = 67{,}5$ cm.
a) Berechnen Sie die Mantelfläche je Einfüllstutzen.
b) Welche Gesamtlackierfläche ergibt das?
c) Welches Fassungsvermögen haben die Einfüllstutzen?

4 Für ein Silo sollen 8 Metalltrichter in der Form von Kegelstümpfen von außen lackiert werden. Die Maße sind $d_1 = 35$ cm; $d_2 = 1{,}15$ m; $h_s = 98$ cm; $h = 90$ cm.
a) Berechnen Sie die Mantelfläche für die Trichter.
b) Welches Fassungsvermögen besitzt ein Trichter?

Berechnen Sie für jeden Körper die Mantelfläche (M), die Oberfläche (O), das Volumen (V) (Maße in cm).

5 a)

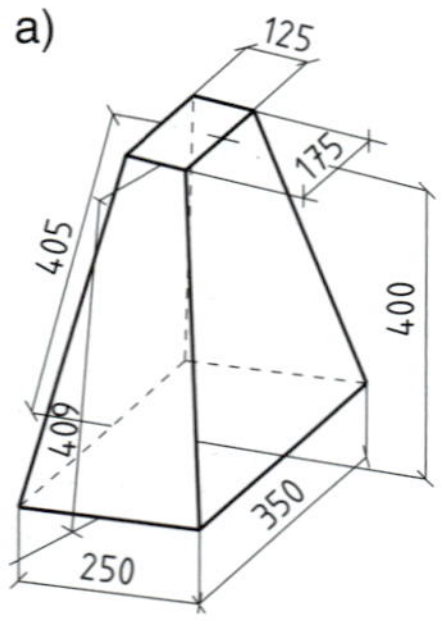

b)

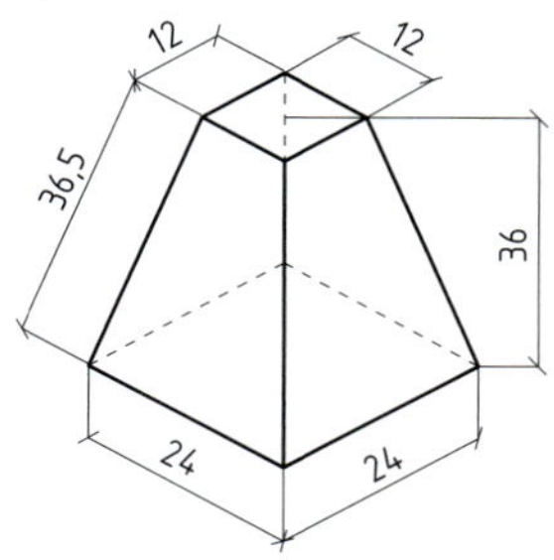

c)

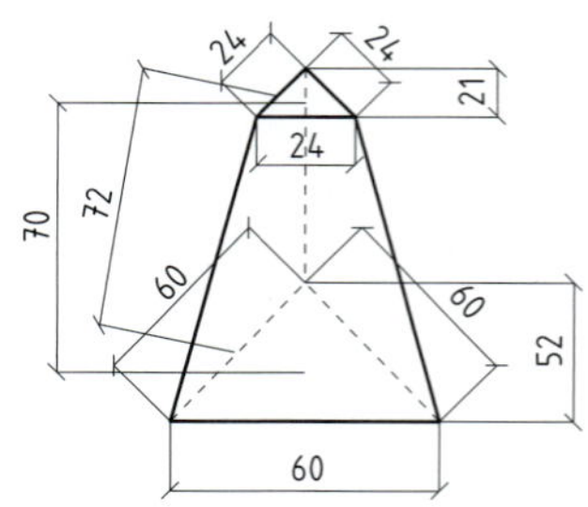

d)

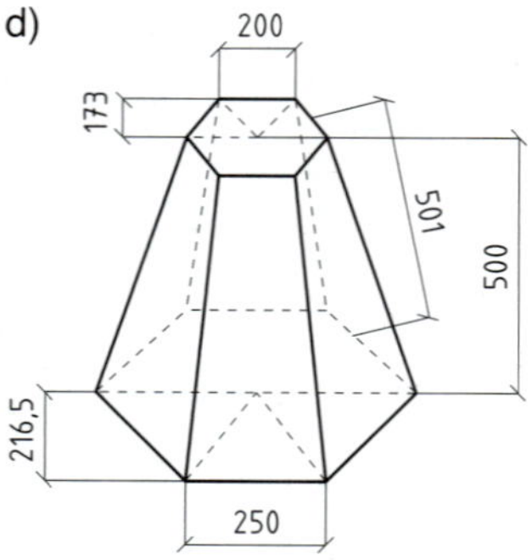

e)

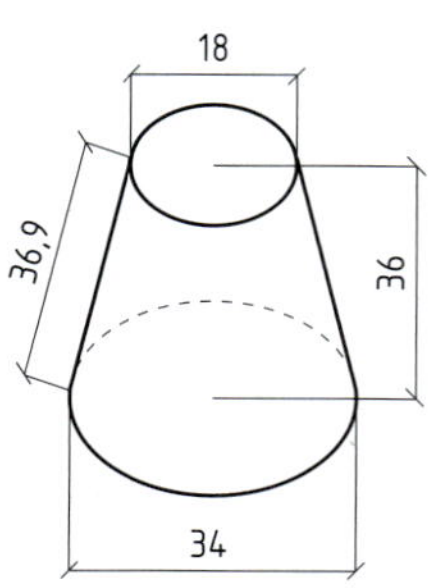

f)

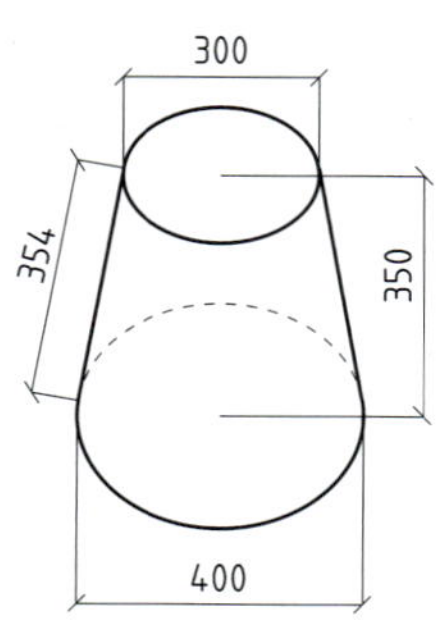

g)

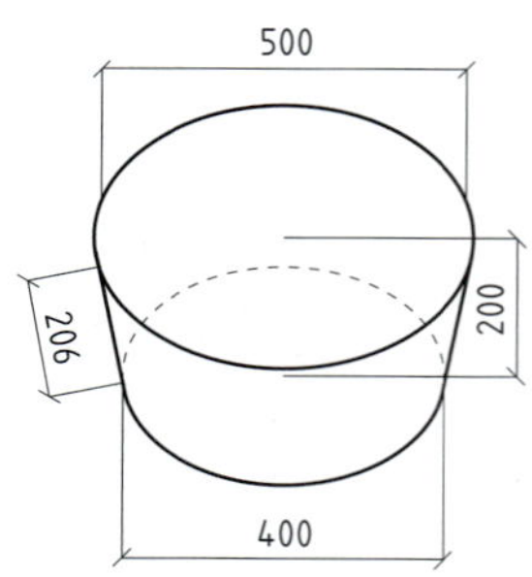

Kugeln berechnen

Beispielaufgaben

Wie groß sind Oberfläche und Volumen von einer

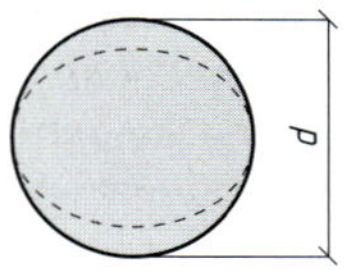

a) Kugel mit einem Durchmesser von 60 cm?

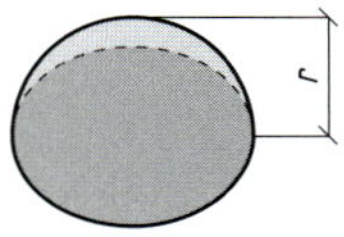

b) Halbkugel mit einem Halbmesser von 25 cm?

> Kugeln sind vollkommene Körper, da jeder Punkt auf ihrer Oberfläche den gleichen Abstand (= Radius) zum Mittelpunkt hat. Infolgedessen besitzen Kugeln keine Mantelfläche.

Welche Berechnungsgrößen gibt es bei Kugeln?

Für Kugeln wird neben der Oberfläche das Volumen berechnet, entweder mit dem Durchmesser *d* oder dem Radius *r*.

Rechenregeln mit Beispiellösungen

Kugeln berechnen (vgl. auch Formelsammlung S. 138)

Kugeln

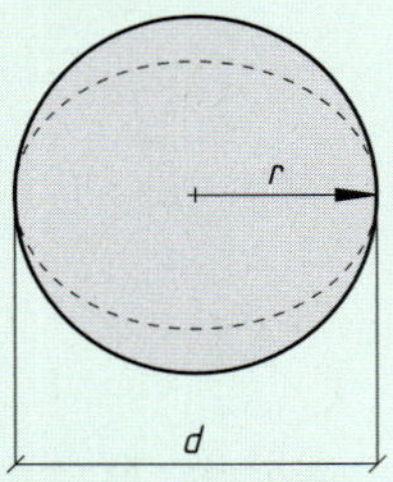

zu a) Kugel mit Durchmesser $d = 0{,}60$ m

$$O = d \cdot d \cdot \pi$$

$= 0{,}60 \text{ m} \cdot 0{,}60 \text{ m} \cdot 3{,}14$

$\boldsymbol{O = 1{,}13 \text{ m}^2}$

$$V = \frac{d \cdot d \cdot d}{6} \cdot \pi$$

$= \dfrac{0{,}60 \text{ m} \cdot 0{,}60 \text{ m} \cdot 0{,}60 \text{ m}}{6} \cdot 3{,}14$

$\boldsymbol{V = 0{,}113 \text{ m}^3}$

bzw. mit Halbmesser

$O = 2 \cdot r \cdot 2 \cdot r \cdot \pi$

$V = \dfrac{2 \cdot r \cdot 2 \cdot r \cdot 2 \cdot r}{6} \cdot \pi$

$r = d/2 = 0{,}60 \text{ m} : 2 = 0{,}30 \text{ m}$

$= 2 \cdot 0{,}30 \text{ m} \cdot 2 \cdot 0{,}30 \text{ m} \cdot 3{,}14$

$O = 1{,}13 \text{ m}^2$

$= \dfrac{2 \cdot 0{,}30 \text{ m} \cdot 2 \cdot 0{,}30 \text{ m} \cdot 2 \cdot 0{,}30 \text{ m}}{6} \cdot 3{,}14$

$V = 0{,}113 \text{ m}^3$

Halbkugeln

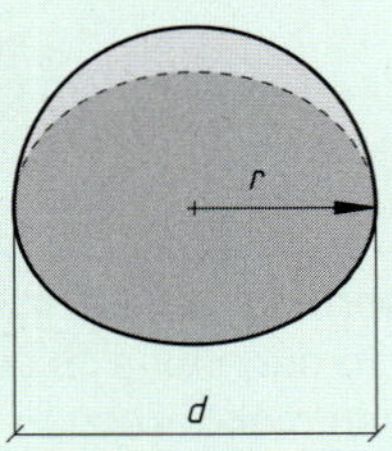

zu b) Halbkugel mit Halbmesser $r = 0{,}25$ m

$$O = \frac{2 \cdot r \cdot 2 \cdot r}{2} \cdot \pi + r \cdot r \cdot \pi$$

$$O = \frac{d \cdot d}{2} \cdot \pi + \frac{d}{2} \cdot \frac{d}{2} \cdot \pi$$

$= \dfrac{2 \cdot 0{,}25 \text{ m} \cdot 2 \cdot 0{,}25 \text{ m}}{2} \cdot 3{,}14 +$

$+ 0{,}25 \text{ m} \cdot 0{,}25 \text{ m} \cdot 3{,}14$

$\boldsymbol{O = 0{,}59 \text{ m}^2}$

$$V = \frac{2 \cdot r \cdot 2 \cdot r \cdot 2 \cdot r}{6} \cdot \pi \cdot \frac{1}{2}$$

oder:

$$V = \frac{d \cdot d \cdot d}{6} \cdot \pi \cdot \frac{1}{2}$$

$= \dfrac{2 \cdot 0{,}25 \text{ m} \cdot 2 \cdot 0{,}25 \text{ m} \cdot 2 \cdot 0{,}25 \text{ m}}{6} \cdot 3{,}14 \cdot \dfrac{1}{2}$

$\boldsymbol{V = 0{,}033 \text{ m}^3}$

Aufgaben

1 Kirchturmkugeln sind zu vergolden. Berechnen Sie die Oberfläche:
a) Kugel mit $d = 25$ cm b) Kugel mit $d = 32$ cm
c) Kugel mit $d = 40$ cm

2 Ein kugelförmiger Öltank mit einem Durchmesser von 1,80 m ist außen zu beschichten.
a) Welche Beschichtungsfläche ergibt das?
b) Welches Fassungsvermögen besitzt der Tank?

3 Für eine verkehrsberuhigte Zone sind halbkugelförmige Poller außenseitig, ohne Standfläche, zu beschichten. Der Durchmesser beträgt 80 cm.
a) Welche Beschichtungsfläche ergibt das bei 14 Pollern?
b) Welches Volumen besitzt ein Poller?

4 Zwei Gasbehälter sind von außen zu beschichten.
a) Berechnen Sie die Beschichtungsfläche.
b) Wie viel m^3 Gas können beide Behälter fassen?

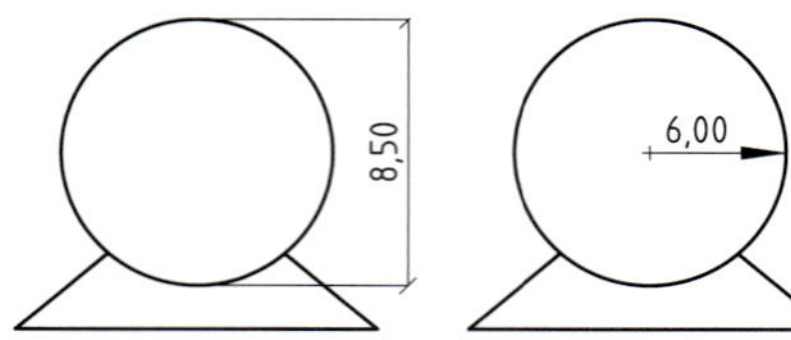

Gasbehälter

5 Der Öltank ist von außen zu beschichten.
a) Berechnen Sie die Beschichtungsfläche.
b) Wie viel m^3 Öl kann der Behälter fassen?

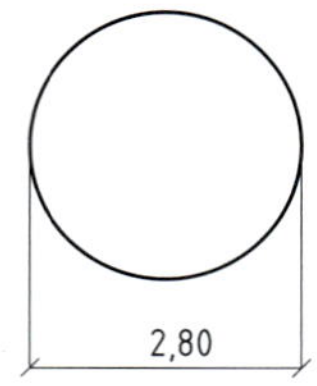

Öltank

6 Berechnen Sie die Oberfläche und das Volumen (Maße in mm):

a)

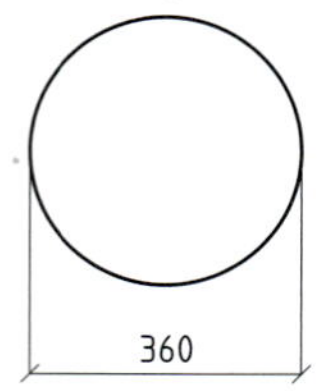

b)

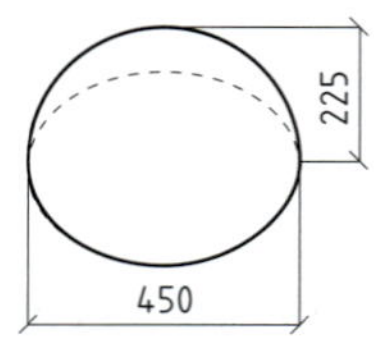

Zusammengesetzte Körper berechnen

Beispielaufgabe

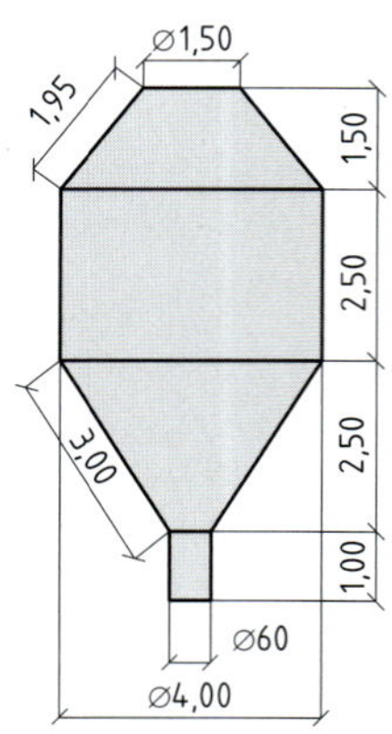

Wie groß sind die Mantelfläche M und das Volumen V des Silos (Maße in m bzw. cm)?

Komplexe Beschichtungsobjekte sind aus **mehreren Einzelkörpern** aufgebaut, in die sie zu Berechnungszwecken auch „zerlegt" werden. Jeder Einzelkörper wird dann für sich berechnet, und die Einzelergebnisse werden zum Gesamtergebnis des zusammengesetzten Körpers zusammengezählt. Diese Rechenfolge ähnelt im Prinzip der bei Berechnung von zusammengesetzten Flächen.

Was ist bei der Berechnung von zusammengesetzten Körpern zu beachten?

Am wichtigsten ist es, den Überblick zu behalten, was durch eine Skizze erleichtert wird. Des Weiteren ist es ratsam, zuerst eine Größe zu berechnen, z. B. alle Einzelmantelflächen, und daraus die Gesamtmantelfläche.

Rechenhilfe mit Beispiellösung

Zusammengesetzte Körper berechnen

1. Den zusammengesetzten Körper in berechenbare Einzelkörper zerlegen:

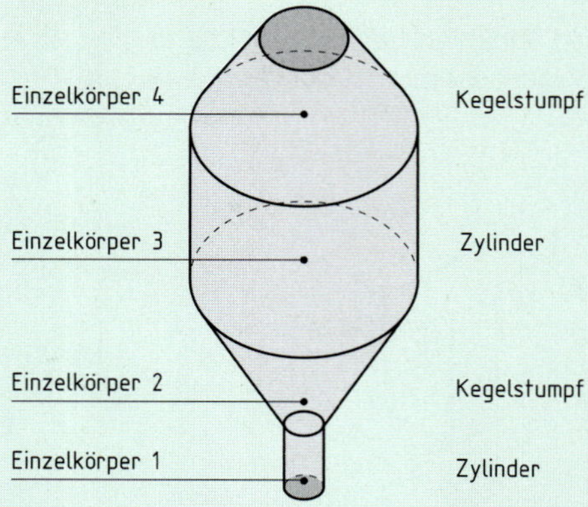

2. Die Maße für jeden Einzelkörper getrennt voneinander notieren:

Einzelkörper 1: Zylinder mit $d = 0{,}60$ m; $h = 1{,}00$ m
Einzelkörper 2: Kegelstumpf mit $d_1 = 0{,}60$ m; $d_2 = 4{,}00$ m
$h_s = 3{,}00$ m; $h = 2{,}50$m
Einzelkörper 3: Zylinder mit $d = 4{,}00$ m; $h = 2{,}50$ m
Einzelkörper 4: Kegelstumpf mit $d_1 = 4{,}00$ m; $d_2 = 1{,}50$ m;
$h_s = 1{,}95$ m; $h = 1{,}50$ m

3. Die Größen getrennt berechnen:

– für jeden Einzelkörper:

a) Mantelfläche berechnen

$$M_1 = d \cdot \pi \cdot h = 0{,}60\text{ m} \cdot 3{,}14 \cdot 1{,}00\text{ m} = \mathbf{1{,}88\ m^2}$$

$$M_2 = \frac{d_1 + d_2}{2} \cdot \pi \cdot h_s = \frac{0{,}60\text{ m} + 4{,}00\text{ m}}{2} \cdot 3{,}14 \cdot 3{,}00\text{ m} = \mathbf{21{,}67\ m^2}$$

$$M_3 = d \cdot \pi \cdot h = 4{,}00\text{ m} \cdot 3{,}14 \cdot 2{,}50\text{ m} = \mathbf{31{,}40\ m^2}$$

$$M_4 = \frac{d_1 + d_2}{2} \cdot \pi \cdot h_s = \frac{4{,}00\text{ m} \cdot 1{,}50\text{ m}}{2} \cdot 3{,}14 \cdot 1{,}95\text{ m} = \mathbf{16{,}84\ m^2}$$

und zusammenzählen:

$$M = M_1 + M_2 + M_3 + M_4$$

$$\mathbf{M} = 1{,}88\text{ m}^2 + 21{,}67\text{ m}^2 + 31{,}40\text{ m}^2 + 16{,}84\text{ m}^2 = \mathbf{71{,}79\ m^2}$$

– für jeden Einzelkörper:

b) Volumen berechnen

$$V_1 = \frac{d}{2} \cdot \frac{d}{2} \cdot \pi \cdot h = \frac{0{,}60\text{ m} \cdot 0{,}60\text{ m} \cdot 3{,}14}{4} \cdot 1{,}00\text{ m} = \mathbf{0{,}283\ m^3}$$

$$V_2 = \frac{d_1}{2} \cdot \frac{d_1}{2} + \frac{d_2}{2} \cdot \frac{d_2}{2} \cdot \pi \cdot h =$$

$$= \left(\frac{0{,}60\text{ m}}{2} \cdot \frac{0{,}60\text{ m}}{2} + \frac{4{,}00\text{ m}}{2} \cdot \frac{4{,}00\text{ m}}{2}\right) \cdot 3{,}14 \cdot 2{,}50\text{ m} = \mathbf{16{,}053\ m^3}$$

$$V_3 = \frac{d}{2} \cdot \frac{d}{2} \cdot \pi \cdot h = \frac{4{,}00\text{ m}}{2} \cdot \frac{4{,}00\text{ m}}{2} \cdot 3{,}14 \cdot 2{,}50\text{ m} = \mathbf{31{,}400\ m^3}$$

$$V_4 = \left(\frac{d_1}{2} \cdot \frac{d_1}{2} + \frac{d_2}{2} \cdot \frac{d_2}{2}\right) \cdot \pi \cdot h =$$

$$= \left(\frac{4{,}00\text{ m}}{2} \cdot \frac{4{,}00\text{ m}}{2} + \frac{1{,}50\text{ m}}{2} \cdot \frac{1{,}50\text{ m}}{2}\right) \cdot 3{,}14 \cdot 1{,}50\text{ m} = \mathbf{10{,}745\ m^3}$$

und zusammenzählen:

$$V = V_1 + V_2 + V_3 + V_4$$

$$\mathbf{V} = 0{,}283\text{ m}^3 + 16{,}053\text{ m}^3 + 31{,}400\text{ m}^3 + 10{,}745\text{ m}^3 = \mathbf{58{,}481\ m^3}$$

Aufgaben

1 Die Buchstaben aus Zinkblech sind farbig zu lackieren. Berechnen Sie die gesamte Lackierfläche (in dm²):

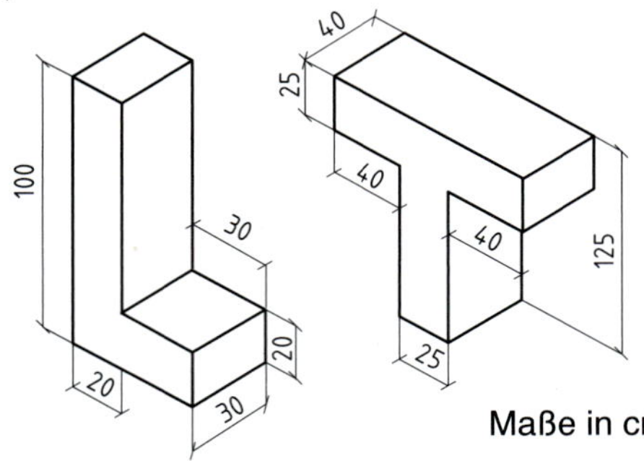

Maße in cm

2 Berechnen Sie jeweils die Oberfläche (in m²) und das Volumen (in m³):

a)

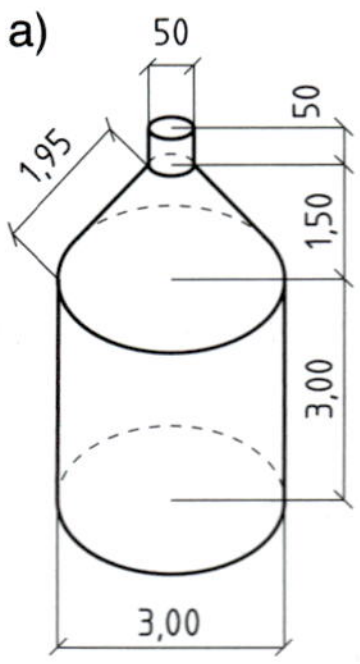

b)

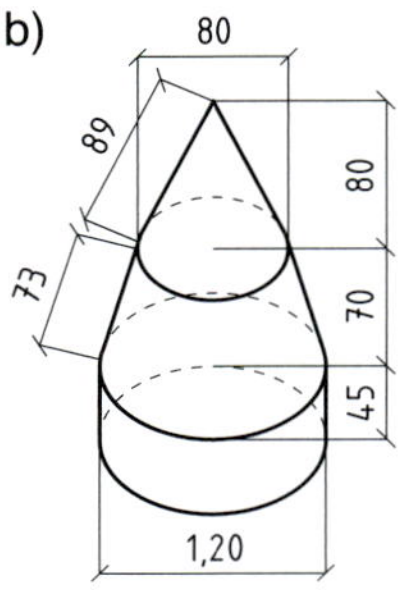

c)

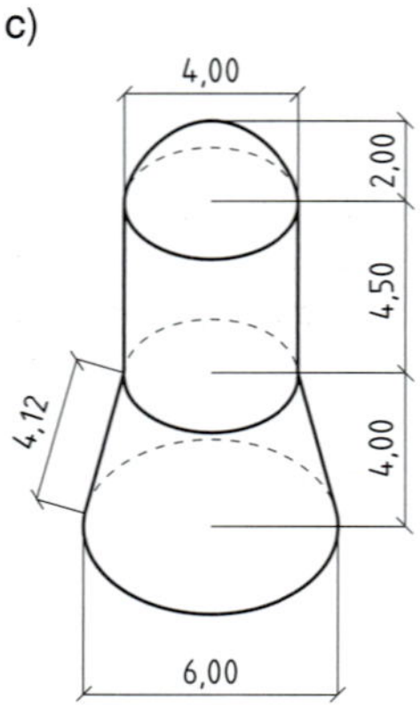

Maße in m

d)

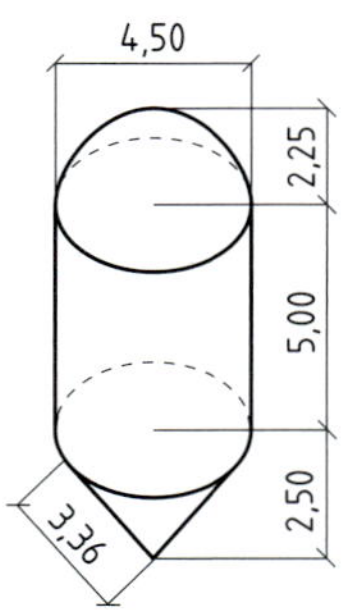

Maße in m

e)

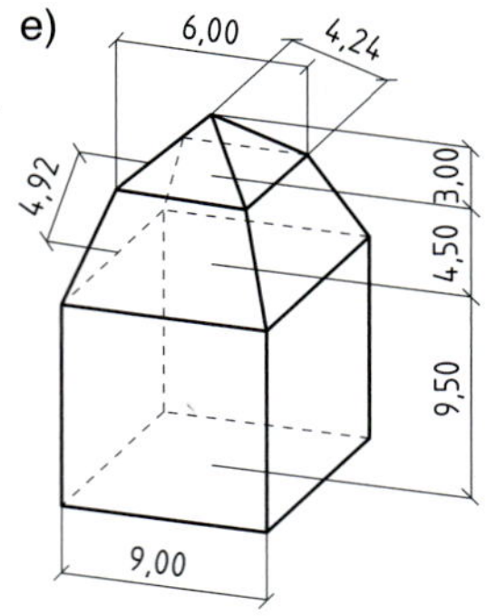

Maße in m

f)

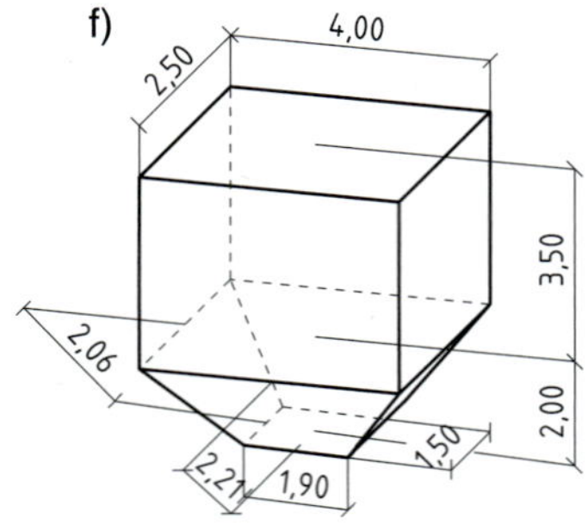

Maße in m

g)

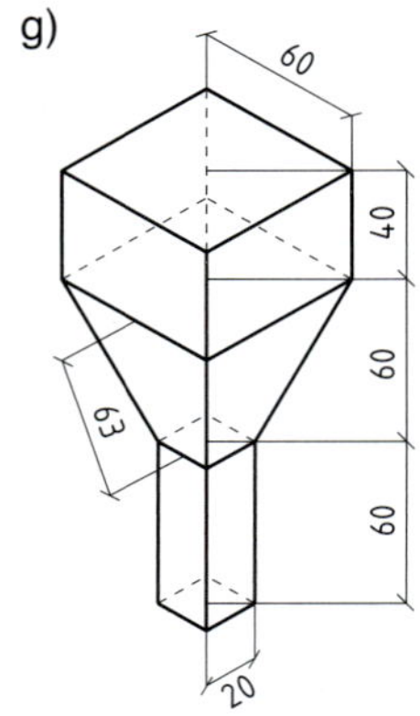

Maße in cm

h)

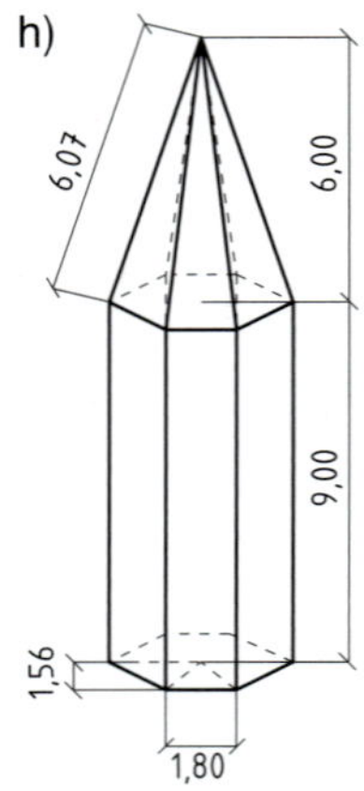

Maße in m

i)

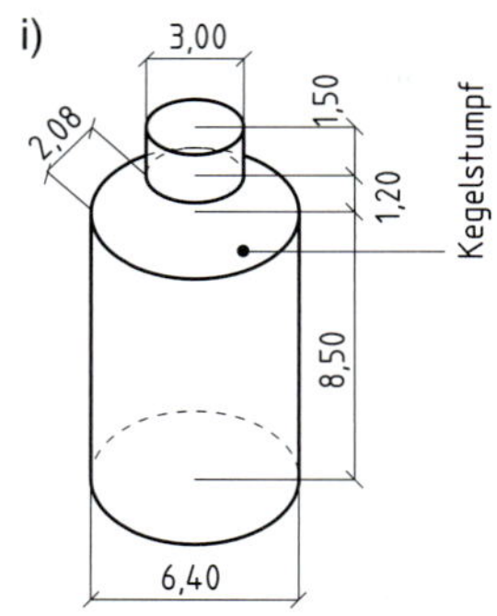

Maße in m

j)

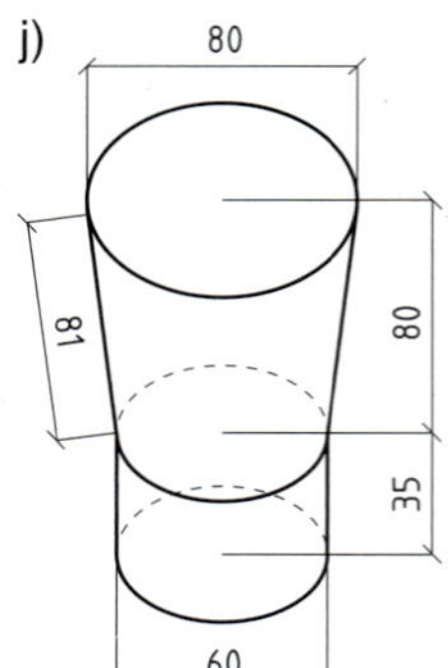

Maße in cm

2-Schicht-Decklack

Anwendung: 2-Schicht-Metalleffekt- und Uni-Lackierung, Nass-in-Nass-Verfahren mit Klarlack

Eigenschaften: hohes Deckvermögen, wasserverdünnbar, < 10% organische Lösemittel

Anmerkungen: Ablüftzeit vor Klarlackauftrag: 2 – 3 Min.

VOC spritzfertig: < 420 g/ℓ

Ergiebigkeit: 130 m²/ℓ bei 1 µm

Mischungsverhältnis: 2 : 1; 100 Vol.%

Verdünnung: 50 Vol.%

Spritzviskosität: 18 – 22 s DIN 4 20 °C

Spritzgänge: 2 (deckend spritzen) plus ½ zur Effektangleichung

Schichtdicke: 10 – 15 µm

Dispersionskleber Plus

Werkstoff: Rohstoffbasis: weichmacherfreie Kunststoffdispersion

Verwendung: zum Kleben von Deckenplatten aus Polystyrol oder mit Polystyrol-Rückseite, Untertapeten aus extrudiertem Polystyrolschaum, Kork-Untertapeten, Unterlagstoffen aus glattem Vlies zur Flächensanierung

Verbrauch: 500 – 1000 g/m², je nach Art des Untergrundes und des Materials

Ergiebigkeit 925-g-Dose: 1 – 2 m²; 4,5-kg-Eimer: bis zu 9 m²; 7,0-kg-Eimer: bis zu 14 m²; 14,0-kg-Eimer: bis zu 28 m²

Verarbeitung: Dispersionskleber Plus beim Auftrag mit Spachtel unverdünnt verarbeiten; für leichte Untertapeten auf glatten Untergründen Dispersionskleber Plus durch Verdünnen mit 5 % Wasser streichfähig oder rollfähig bzw. spritzfähig einstellen

Kleben von Untertapeten: bei druckfesten Untertapeten aus Polystyrol ohne Kartonoberfläche nach dem Kleben Haftbrücke aus Dispersionskleber Plus + 20 % Wasser auftragen

Liefereinheit: Kunststoff-Dose à 925 g; Kunststoff-Eimer zu je 4,5 kg, 7,0 kg, 14,0 kg

Glanzlack Plus

Werkstoff: aromatenfreier High-Solid-Lack auf festkörperreicher Alkydharzbasis für außen und innen

Verwendung: für anspruchsvolle strapazierfähige Lackierungen auf Holz- und Metalluntergründen, Hartkunststoffen und neutralen Putzuntergründen

Eigenschaften: hervorragende Deckfähigkeit, optimaler Verlauf und hohe Füllkraft, hoch glänzend

Verarbeitung: unverdünnt mit Pinsel oder Rolle, zum Spritzen mit 5 – 10 % Kunstharzverdünnung versetzen; zum Abtönen max. 3 % Universalabtönkonzentrat verwenden; nicht unter 5 °C verarbeiten

Verbrauch: 60 – 80 ml/m² pro Arbeitsgang, auf rauen Untergründen entsprechend mehr

Trockenzeit: bei 20 °C staubtrocken nach ca. 3 Std., grifffest nach ca. 8 Std., durchgetrocknet nach ca. 48 Std.

Gebinde: 2,5 ℓ, 750 ml

Grundiermittel

Werkstoff: aromatenfreie Grundierung auf Alkydharzbasis für außen und innen

Verwendung: schnell trocknende Grundierung auf Holz, Holzwerkstoff, Eisen-/Nichteisenmetall, Hartkunststoff

Eigenschaften: leicht zu verarbeiten, guter Verlauf und gutes Standvermögen, hohes Deck- und Haftvermögen

Verarbeitung: unverdünnt mit Pinsel oder Rolle auftragen, zum Spritzen mit 10 – 15 % Kunstharzverdünnung verdünnen; unsichere Altbeschichtungen entfernen, nicht unter 5 °C verarbeiten

Verbrauch: ca. 90 – 110 ml/m² pro Arbeitsgang, auf rauen Untergründen entsprechend mehr

Trockenzeit: bei 20 °C staubtrocken nach ca. 1 Std., grifffest nach ca. 3 Std., durchgetrocknet nach ca. 16 Std.

Gebinde/Farbton: 2,5 ℓ, 750 ml; weiß, schwarz und RAL 7001

Heizkörperlack

Werkstoff: hochglänzender, aromatenfreier Weißlack auf Alkydharzbasis

Verwendung: für vergilbungsstabile Beschichtungen auf Warmwasserheizkörpern und Rohren bis zu 180 °C

Eigenschaften: hohes Deckvermögen, gute Kantenabdeckung, schnell trocknend, hitzebeständig bis 180 °C

Verarbeitung: unverdünnt mit Pinsel oder Rolle auftragen, zum Spritzen mit 10 – 15 % (je nach Spritzverfahren) Kunstharzverdünnung verdünnen; Altbeschichtungen auf Haftfähigkeit prüfen, gründlich reinigen, anschleifen, Roststellen vorarbeiten; untere Verarbeitungstemperaturgrenze 5 °C

Verbrauch: ca. 100 ml/m² pro Arbeitsgang auf glatten Flächen, auf rauen Untergründen entsprechend mehr

Trockenzeit: staubtrocken nach ca. 2 Std., grifffest nach ca. 6 Std., überarbeitbar nach ca. 16 Std., durchgetrocknet nach 24 Std. bei 20 °C

Gebinde/Farbton: 2,5 ℓ, 750 ml, 375 ml, weiß, altweiß

Holzlasur

Werkstoff: aromatenfreie, lösemittelarme Holzlasur mit langöligem Alkydharz

Verwendung: seidenmatte farbige Holzlasur zum Schutz und zur Gestaltung von nicht tragenden Holzbauteilen

Eigenschaften: leicht zu verarbeiten durch thixotrope Einstellung (tropfgehemmt), wasserabweisend

Verarbeitung: Material muss nicht aufgerührt werden (thixotrop), mit dem Pinsel unverdünnt verarbeiten; nass in nass arbeiten, um Ansätze zu vermeiden; Verarbeitung nicht unter 5 °C; abtönbar

Verbrauch: 80 – 100 ml/m² auf glatten Flächen für einen Arbeitsgang

Trockenzeit: staubtrocken nach ca. 4 Std., grifffest nach 6 – 8 Std., überarbeitbar nach 24 Std. bei 20 °C

Gebinde/Farbton: 10 ℓ, 2,5 ℓ, 750 ml, Standardfarbtöne und farblos

HS-Grundfüller

Anwendung: Grundfüller mit Trockenschliffeigenschaften

Eigenschaften: festkörperreich (high solid), hohe Füllkraft, schnelle Trocknung, guter Decklackstand

Anmerkungen: kann in 3 – 4 Spritzgängen auch als Füllgrund (max. 150 µm) eingesetzt werden

VOC spritzfertig: < 540 g/ℓ

Ergiebigkeit: 410 m²/ℓ bei 1 µm

Mischungsverhältnis: 4 : 1 : 1; 100 Vol.%

Härter: 25 Vol.%

Verdünnung: 25 Vol.%

Spritzviskosität: 19 – 22 s DIN 4 20 °C

Spritzgänge: 2

Schichtdicke: 50 – 70 µm

HS-Universal-Klarlack

Anwendung: HS-Klarlack für 2-Schicht-Lackierungen

Eigenschaften: festkörperreich (high solid), ausgezeichneter Verlauf, hohe Oberflächenhärte

Anmerkungen: Härtertyp und Einstellzusatz je nach Temperatur und Objektgröße auswählen

VOC spritzfertig: max. 420 g/ℓ

Ergiebigkeit: 330 m²/ℓ bei 1 µm

Mischungsverhältnis: 2 : 1 + 10 %; 100 Vol.%

Härter: 50 Vol.%

Verdünnung: 10 Vol.%

Spritzviskosität: 20 – 22 s DIN 4 20 °C

Spritzgänge: 2 (deckend spritzen) plus ½ zur Effektangleichung

Schichtdicke: 40 – 60 µm

Innen-Dispersionsfarbe *seidenmatt*

Werkstoff: seidenmatte Dispersionsfarbe auf Basis einer wässrigen Kunstharzdispersion nach DIN 55947

Verwendung: für Beschichtungen auf Raufaser und ebenen, strukturierten Putzuntergründen im Innenbereich

Eigenschaften: hohes Deckvermögen, diffusionsfähig, gut füllend, Nassabriebbeständigkeit Klasse 3

Verarbeitung: als Einschichtfarbe mit Rolle oder Pinsel, zum Airless-Spritzen ggf. mit 5 % Wasser verdünnen

Verbrauch: 130 – 150 ml/m² pro Arbeitsgang auf glatten Flächen, auf rauen Untergründen entsprechend mehr

Trockenzeit: überarbeitbar nach 4 – 6 Stunden

Gebinde/Farbton: 15 ℓ, 10 ℓ; weiß oder altweiß

Kleister, normal

Werkstoff: Rohstoffbasis Methylzellulose

Verwendung: Tapetenkleister für alle leichten und mittelschweren Tapetenarten

Eigenschaften: schnell löslich, neutral, trocknet fleckenlos auf

Verarbeitung: Packungsinhalt in kaltem Wasser einrühren (Ansatz siehe Tabelle) beim Kleben von Rollenmakulatur ca. 20 % Dispersionskleber zuzusetzen

Verwendungszweck	Ansatz	Wassermenge für 125-g-Pack.	Reichweite für ca. m²	Rollen (normal)
vorkleistern	1:80	10 ℓ	100	–
leichte Tapeten	1:70	8 ¾ ℓ	50	10
normale Tapeten	1:60	7 ½ ℓ	40	8
mittelschwere Tapeten	1:50	6 ¼ ℓ	30	6

Versandeinheit: 40 Pakete à 125 g

Kleister, spezial

Werkstoff: Rohstoffbasis: Methylzellulose mit Kunstharzzusatz

Verwendung: Tapetenkleister für schwere Tapeten und Raufaser

Eigenschaften: schnell löslich, neutral, hohe Klebkraft und Feuchtigkeitsbeständigkeit

Verarbeitung: stark saugende Untergründe mit Spezialkleister (Ansatz 1:40) vorstreichen
ein Zusatz von ca. 20 % Dispersionskleber erhöht die Klebkraft und Feuchtfestigkeit

Versandeinheit: 40 Pakete à 125 g

Verwendungszweck	Ansatz	Wassermenge für 125-g-Pack.	Reichweite für ca. m²	Reichweite für ca. Rollen (normal)
vorkleistern	1:40	6 ℓ	60 – 80	–
schwere Tapeten	1:20	4 ℓ	22 – 26	4 – 5
Raufaser	1:20	4 ℓ	22 – 26	4 – 5

Lackspachtel

Werkstoff: weiße Spachtelmasse auf Dispersionsbasis, mit hochfüllenden Pigmenten

Verwendung: im Innenbereich auf grundierten Bauteilen aus Holz und Holzwerkstoffen, Putz und Metall

Eigenschaften: gut füllender Spachtel, schnell trocknend, mit Alkydharz- oder Acryllacken überarbeitbar

Verarbeitung: Verarbeitungstemperatur 15 – 20 °C, nicht unter 5 °C; geringfügig mit Wasser verdünnbar

Verbrauch: ca. 250 – 350 g/m² je Schicht, genaue Verbrauchsmengen durch Probeauftrag ermitteln

Trockenzeit: schleif- oder weiterbeschichtbar nach ca. 12 Stunden bei 20 °C und 65 % rel. Luftfeuchte

Lagerung: kühl und trocken, frostfrei, Gebinde gut verschließen

Gebinde: 200 g, 400 g, 800 g, 2,5 kg

Putzgrund

Werkstoff: farbloses lösemittelfreies Grundierkonzentrat auf Acrylbasis

Verwendung: als Festigungsmittel für sandende Oberflächen und zum Egalisieren, außen und innen

Eigenschaften: bildet eine gleichmäßig saugende Oberfläche für Tapezierungen und nachfolgende Anstriche

Verarbeitung: das Konzentrat im Verhältnis 1:10 mit Wasser mischen

Verbrauch: 150 – 300 ml/m² gebrauchsfertige Mischung pro Arbeitsgang je nach Saugfähigkeit

Trockenzeit: nach 6 – 8 Stunden überarbeitbar

Gebinde: 10 ℓ milchige Flüssigkeit, kühl, jedoch frostfrei lagern

Silicon-Fassadenfarbe

Werkstoff: tuchmatte Fassadenfarbe auf Siliconharz-Basis

Verwendung: für Beschichtungen auf Außenwänden aus Putzuntergründen, Kalksandstein, Ziegelmauerwerk, Beton, Faserzement oder als Renovierungsbeschichtung auf intakten festen Untergründen

Eigenschaften: leicht zu verarbeiten, hoch diffusionsfähig, nicht filmbildend, fungizid, schmutzunempfindlich

Verarbeitung: Streichen oder Rollen oder Airless-Spritzen mit bis zu 10 % Wasser verdünnt; Abtönen mit Abtönkonzentrat; neue Untergründe mit Grundfestiger beschichten, alte Untergründe fachgerecht vorbereiten

Verbrauch: ca. 150 ml/m² pro Arbeitsgang auf glatten Flächen, auf rauen Untergründen entsprechend mehr

Trockenzeit: überarbeitbar nach ca. 12 Stunden

Gebinde/Farbton: 12,5 ℓ weiß

Vorlack HS

Werkstoff: aromatenfreier High-Solid-Vorlack auf Alkydharzbasis für außen und innen, weiß pigmentiert

Verwendung: für hochwertige Vorlackierungen auf Holz und Holzwerkstoffen, Metallen und neutralen Putzen

Eigenschaften: ausgezeichneter Verlauf, gute Füllkraft, sehr gute Deckkraft; trocken und nass schleifbar

Verarbeitung: Material umrühren, unverdünnt mit Pinsel oder Rolle auftragen, zum Spritzen mit 5 – 10 % Kunstharzverdünnung verdünnen; intakte Altbeschichtungen auf Tragfähigkeit überprüfen, bei Erstbeschichtungen Untergrund fachgerecht vorbereiten; nicht unter 5 °C verarbeiten, kühl und trocken lagern, Anbruchgebinde gut verschließen; zum Abtönen für Pastelltöne sind handelsübliche Konzentrate zu verwenden

Verbrauch: 80 – 100 ml/m² pro Arbeitsgang, auf rauen Untergründen entsprechend mehr

Trockenzeit: bei 20 °C staubtrocken nach ca. 3,5 Std., grifffest nach ca. 8 Std., durchgetrocknet nach 16 Std.

Flächen- und Körperberechnungen

Quadrat

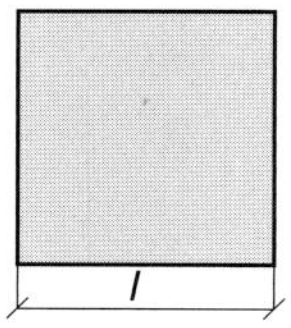

$A = l \cdot l$

$U = l \cdot 4$

Rechteck

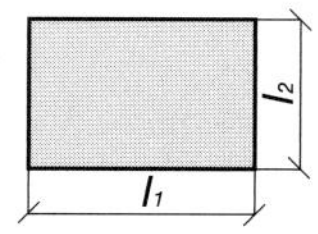

$A = l_1 \cdot l_2$

$U = (l_1 + l_2) \cdot 2$

Parallelogramm
(Rhomboid)

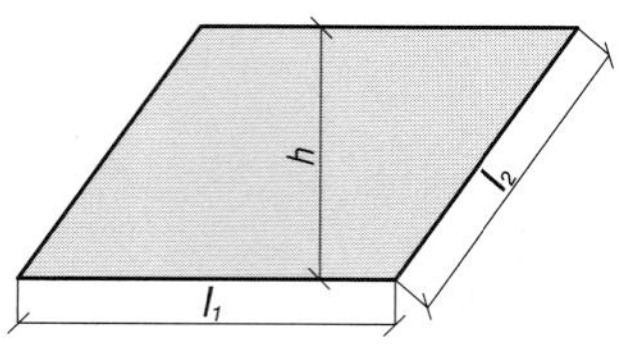

$A = l_1 \cdot h$

$U = (l_1 + l_2) \cdot 2$

Trapez

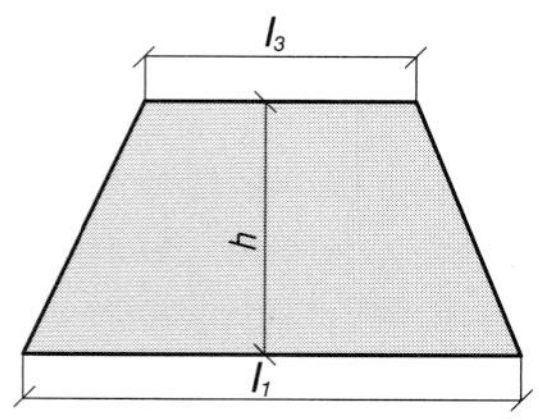

$A = \frac{l_1 + l_3}{2} \cdot h$

$U =$ Summe der Seiten

Dreieck

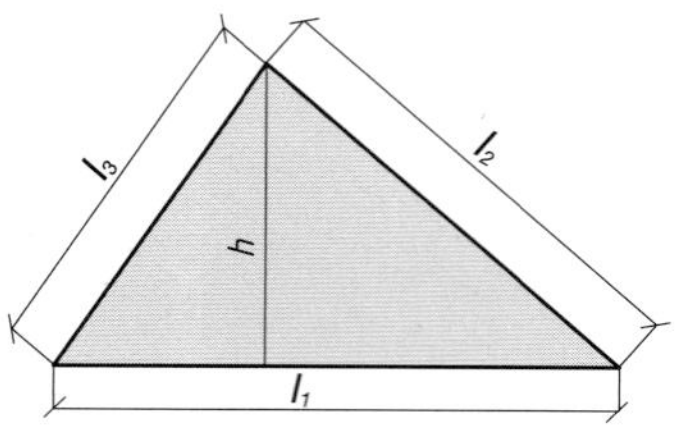

$A = \frac{l_1 \cdot h}{2}$

$U =$ Summe der Seiten

Kreis

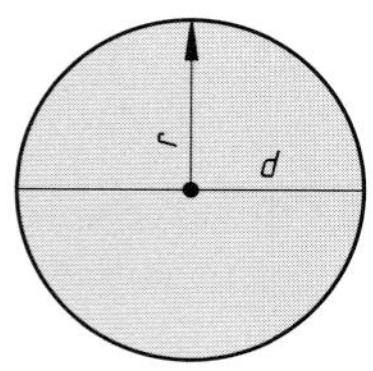

$r = \frac{d}{2}$

$A = \frac{d}{2} \cdot \frac{d}{2} \cdot 3{,}14$

$U = d \cdot 3{,}14$

Kreisabschnitt

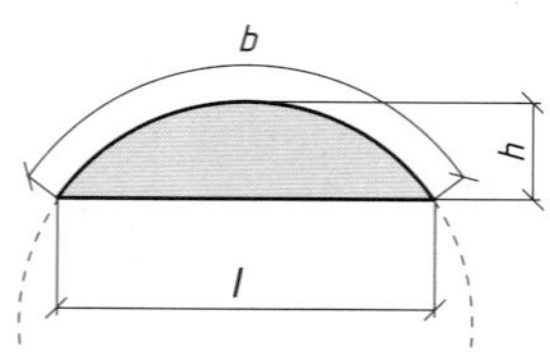

$A = \frac{2}{3} \cdot l \cdot h$

$U = l + b$

Kreisausschnitt

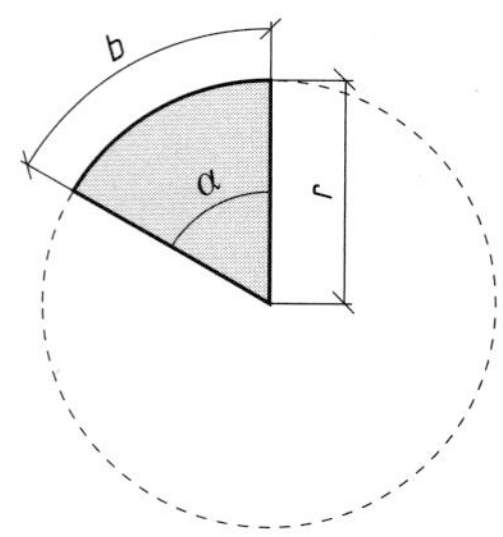

$A = \frac{b \cdot r}{2}$ oder:

$A = \frac{r \cdot r \cdot 3{,}14 \cdot \alpha}{360°}$

$U = r \cdot 2 + b$

Ellipse

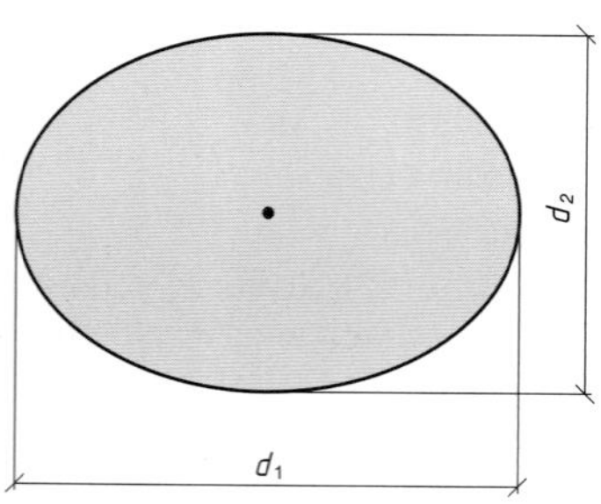

$A = \frac{d_1}{2} \cdot \frac{d_2}{2} \cdot 3{,}14$

$U = \frac{d_1}{2} + \frac{d_2}{2} \cdot 3{,}14$

Kugel

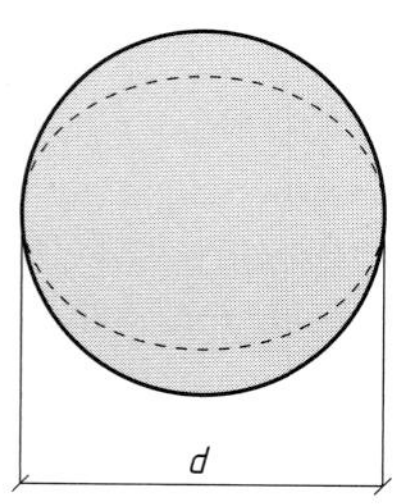

$O = d \cdot d \cdot 3{,}14$

$V = \frac{d \cdot d \cdot d}{6} \cdot 3{,}14$

Flächen- und Körperberechnungen

Würfel

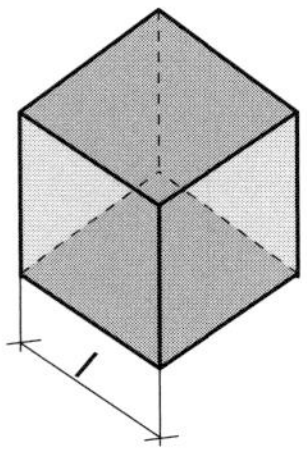

$M = l \cdot 4 \cdot l$

$O = l \cdot 4 \cdot l + l \cdot l \cdot 2$

$V = l \cdot l \cdot l$

Abwicklung

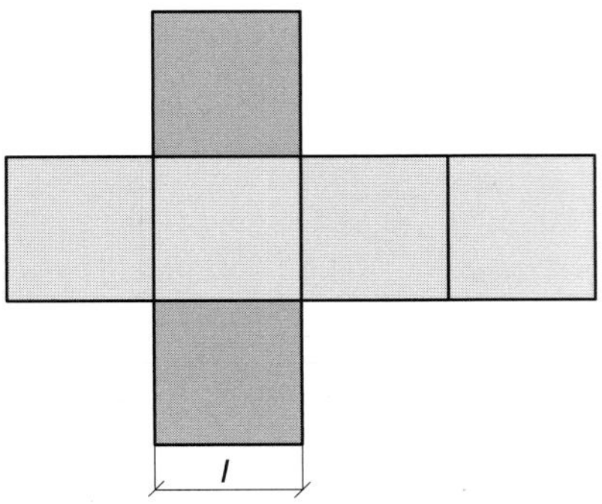

Quader

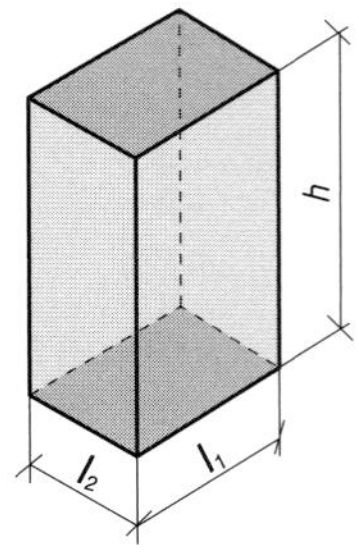

$M = (l_1 + l_2) \cdot 2 \cdot h$

$O = (l_1 + l_2) \cdot 2 \cdot h + l_1 \cdot l_2 \cdot h$

$V = l_1 \cdot l_2 \cdot h$

Abwicklung

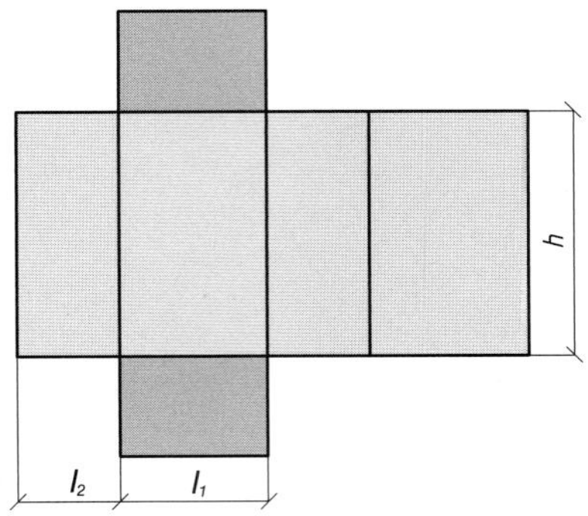

Zylinder

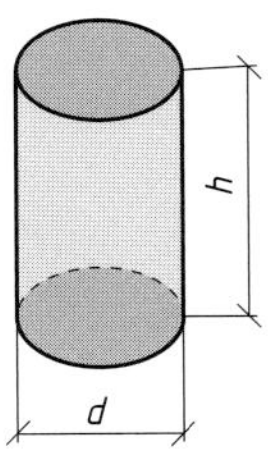

$M = d \cdot 3{,}14 \cdot h$

$O = d \cdot 3{,}14 \cdot h + \frac{d}{2} \cdot \frac{d}{2} \cdot 3{,}14 \cdot 2$

$V = \frac{d}{2} \cdot \frac{d}{2} \cdot 3{,}14 \cdot h$

Abwicklung

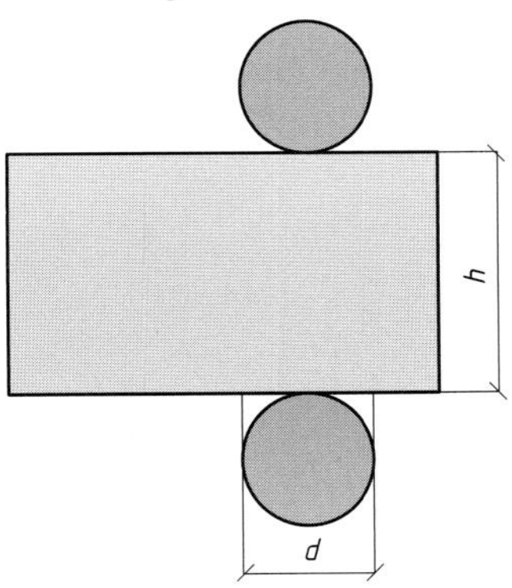

Kegel

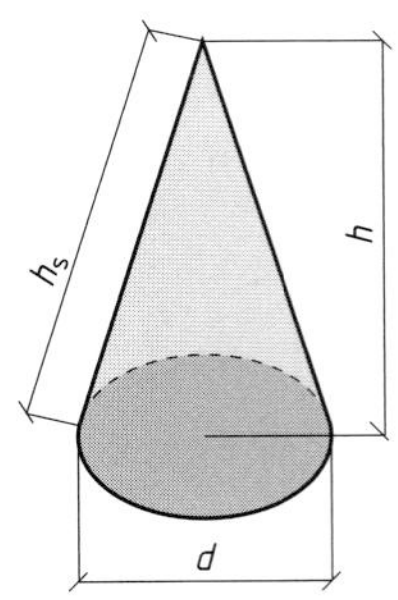

$M = \frac{d \cdot 3{,}14 \cdot h_s}{2}$

$O = \frac{d \cdot 3{,}14 \cdot h_s}{2} + \frac{d}{2} \cdot \frac{d}{2} \cdot 3{,}14$

$V = \frac{d}{2} \cdot \frac{d}{2} \cdot 3{,}14 \cdot \frac{h}{3}$

Abwicklung

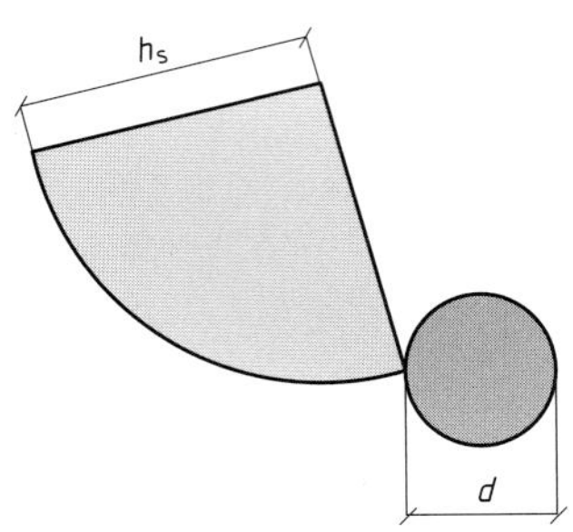

Flächen- und Körperberechnungen

Pyramide
(quadratische Grundfläche)

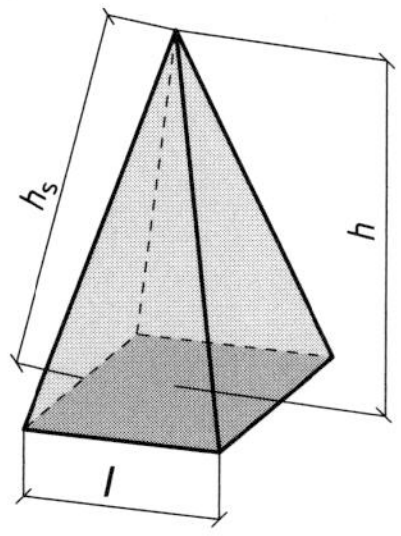

$$M = \frac{l \cdot h_s}{2} \cdot 4$$

$$O = \frac{l \cdot h_s}{2} \cdot 4 + l \cdot l$$

$$V = l \cdot l \cdot \frac{h}{3}$$

Abwicklung

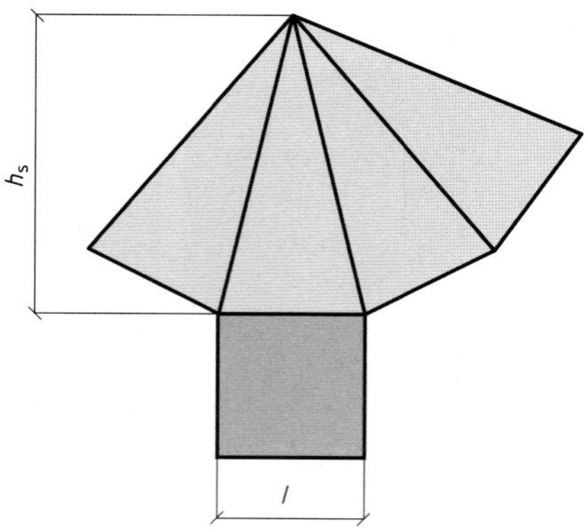

Kegelstumpf

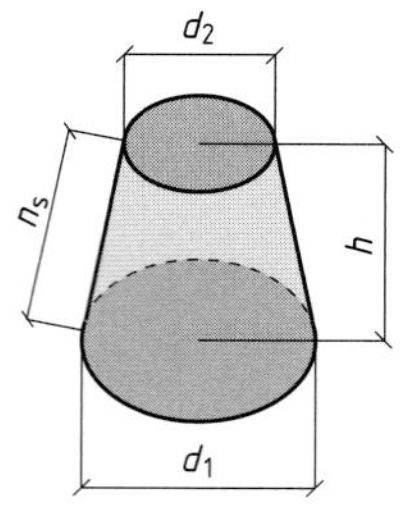

$$M = \frac{d_1 \cdot 3{,}14 + d_2 \cdot 3{,}14}{2} \cdot h_s$$

$$O = \frac{d_1 \cdot 3{,}14 + d_2 \cdot 3{,}14}{2} \cdot h_s + \frac{d_1}{2} \cdot \frac{d_1}{2} \cdot 3{,}14 + \frac{d_2}{2} \cdot \frac{d_2}{2} \cdot 3{,}14$$

$$V = \left(\frac{d_1}{2} \cdot \frac{d_1}{2} \cdot 3{,}14 + \frac{d_2}{2} \cdot \frac{d_2}{2} \cdot 3{,}14\right) \cdot \frac{1}{2} \cdot h$$

Abwicklung

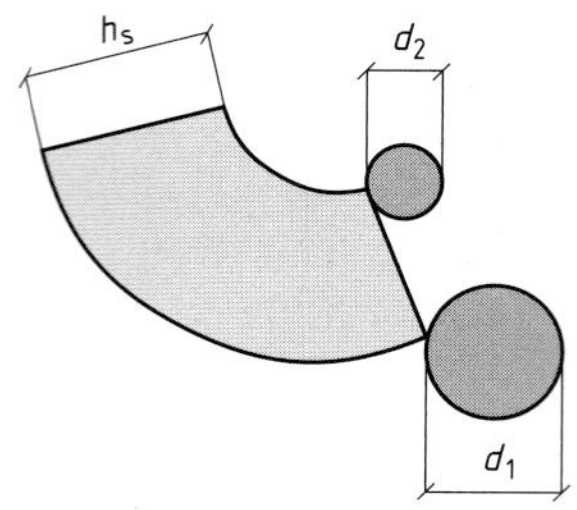

Pyramidenstumpf
(quadratische Grundfläche)

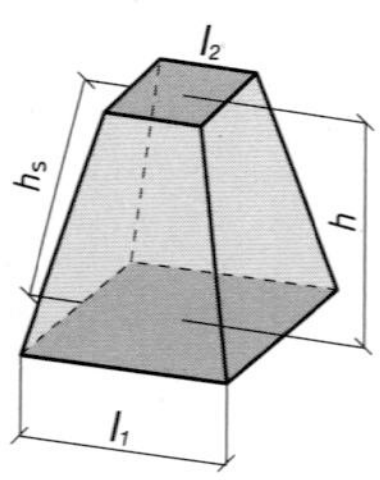

$$M = \frac{l_1 + l_2}{2} \cdot h_s \cdot 4$$

$$O = \frac{l_1 + l_2}{2} \cdot h_s \cdot 4 + l_1 \cdot l_1 + l_2 \cdot l_2$$

$$V = \frac{l_1 \cdot l_1 + l_2 \cdot l_2}{2} \cdot h$$

Abwicklung

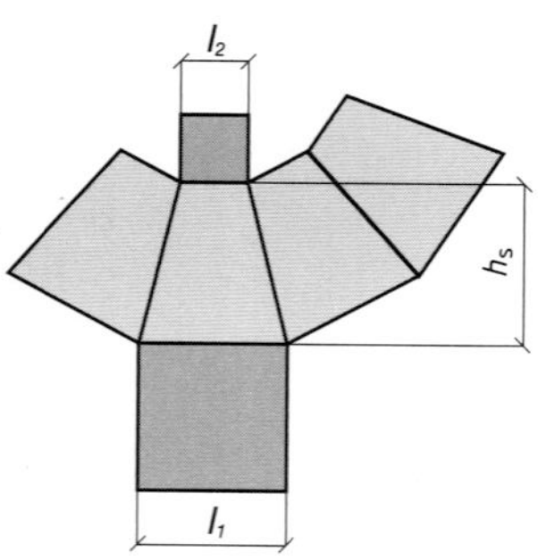

Berechnung von Masse, Dichte

m = Masse in kg $\qquad m = \rho \cdot V$

ρ = Dichte in $\frac{\text{kg}}{\text{dm}^3}$ $\qquad \rho = \frac{m}{V}$

V = Volumen in dm^3 $\qquad V = \frac{m}{\rho}$

Arbeitszeit und Urlaubsanspruch (2012)

Wochenarbeitszeit: 39 Std.
1 Woche hat 5 Arbeitstage bzw. 6 Werktage

Urlaubsanspruch für

- Jugendliche und Auszubildende

unter 16 Jahren	25 Arbeitstage
unter 17 Jahren	23 Arbeitstage
unter 18 Jahren	21 Arbeitstage

- Angestellte und Auszubildende

über 18 Jahre	25 Arbeitstage
über 35 Jahre	28 Arbeitstage
über 45 Jahre	30 Arbeitstage

Löhne und Zuschläge (2012)

Lohntabelle

im 1. Ausbildungsjahr	450,00 €
im 2. Ausbildungsjahr	500,00 €
im 3. Ausbildungsjahr	635,00 €
Gesellenlohn im 1. Jahr	90 % vom Ecklohn
Gesellenlohn im 2. Jahr	95 % vom Ecklohn
Gesellenlohn ab 3. Jahr	13,78 €/h (Ecklohn West)
Gesellenlohn ab 3. Jahr	12,09 €/h (Ecklohn Ost)
Vorarbeiter	115 % vom Ecklohn
Mindestlohn	11,75 €/h
Einstiegslohn	9,75 €/h
Mindestlohn Ungelernte	7,85 €/h

Erschwerniszuschläge

- Ablaugen, Abbeizen oder Abbrennen alter Anstriche .... 10 %
- Arbeiten mit außergewöhnlicher Staubentwicklung oder Verschmutzung .... 10 %
- Auf- und Abbau von Gerüsten, über 1 Std. je Tag 10 %
- Arbeiten in engen Räumen (Kanäle, Schächte) ... 10 %
- Arbeiten mit Sicherheitsgurt, Fangleine etc. .... 10 %
- Stemm-, Bohrarbeiten, Wärmedämmung, Betonschutz über 1 Std. je Tag .... 10 %
- Arbeiten auf Gerüsten, Hängegerüsten über 20 m .... 15 %
- Arbeiten, die gesundheitsschädigend sind, bei denen Schutzmasken zu tragen sind .... 20 %
- Mehrarbeit, Überstunden über 39 Std. pro Woche .... 25 %
- Nachtarbeit zwischen 20:00 und 6:00 Uhr .... 25 %
- Nachtarbeit und Mehrarbeit .... 50 %
- Arbeit an Sonntagen .... 50 %
- Arbeiten an Sonntagen und Mehrarbeit .... 75 %
- Arbeiten an Sonntagen, Mehrarbeit und Nachtarbeit .... 100 %
- Arbeiten an gesetzl. Feiertagen (auch auf einen Sonntag fallend) .... 125 %
- Arbeiten an gesetzl. Feiertagen und Mehrarbeit .... 150 %
- Arbeiten an gesetzl. Feiertagen und Mehrarbeit und Nachtarbeit .... 175 %
- Obergrenze, wenn mehrere Erschwerniszuschläge zusammenkommen .... 30 %
- Besondere Zuschläge für Arbeiten in strahlungsgefährdeten Bereichen .... 45 %

Lohnsteuer, Solidaritätszuschlag – Auszug (2012)

	I/IV	II	III	V	VI
2172,00	259,58	229,75	65,00	495,83	528,66
SolZ	14,27	0,00	0,00	27,27	29,07
2175,00	260,33	230,50	65,66	496,83	529,66
SolZ	14,31	0,00	0,00	27,32	29,13
2178,00	261,00	231,16	66,16	497,83	530,66
SolZ	14,35	0,00	0,00	27,38	29,18
2238,00	275,50	245,33	76,83	517,33	550,66
SolZ	15,15	0,00	0,00	28,45	30,28
2241,00	276,16	246,00	77,50	518,33	551,66
SolZ	15,18	0,00	0,00	28,50	30,34
2244,00	276,91	246,75	78,00	519,33	552,66
SolZ	15,23	0,00	0,00	28,56	30,39
2358,00	304,75	274,00	99,50	557,50	591,83
SolZ	16,76	0,00	0,00	30,66	32,55
2361,00	305,50	274,66	100,00	558,50	593,00
SolZ	16,80	0,00	0,00	30,71	32,61
2364,00	306,25	275,41	100,50	559,66	593,83
SolZ	16,84	0,00	0,00	30,78	32,66
2457,00	329,33	297,33	118,50	590,50	625,66
SolZ	18,07	0,00	0,00	32,47	34,41
2460,00	330,08	298,83	119,66	592,50	627,66
SolZ	18,15	0,00	0,00	32,58	34,52
2463,00	330,83	299,58	120,33	593,50	628,83
SolZ	18,19	0,00	0,00	32,64	34,58
2472,00	333,16	301,75	122,16	596,83	632,00
SolZ	18,32	0,00	0,00	32,82	34,76
2475,00	333,91	302,50	122,83	597,83	633,00
SolZ	18,36	0,00	0,00	32,88	34,81
2478,00	334,66	303,25	123,33	599,00	634,16
SolZ	18,40	0,00	0,00	32,94	34,87

	I/IV	II	III	V	VI
2520,00	345,25	313,58	132,16	613,66	649,16
SolZ	18,98	0,00	0,00	33,75	35,70
2523,00	346,00	314,33	132,83	614,66	650,33
SolZ	19,03	0,00	0,00	33,80	35,76
2526,00	346,75	315,16	133,33	615,66	651,33
SolZ	19,07	0,00	0,00	33,86	35,82
2586,00	362,08	330,08	146,16	637,00	673,16
SolZ	19,91	0,00	0,00	35,03	37,02
2589,00	362,83	330,83	146,83	638,16	674,25
SolZ	19,95	0,00	0,00	35,09	37,08
2592,00	363,58	331,58	147,50	639,16	675,33
SolZ	19,99	0,00	0,00	35,15	37,14
2622,00	371,25	339,16	154,00	650,00	686,25
SolZ	20,41	0,00	0,00	35,75	37,74
2625,00	372,08	339,91	154,66	651,00	687,33
SolZ	20,46	0,00	0,00	35,80	37,80
2628,00	372,83	340,66	155,33	652,16	688,41
SolZ	20,50	0,00	0,00	35,86	37,86
2631,00	373,58	341,41	156,00	653,33	689,50
SolZ	20,54	0,00	0,00	35,93	37,92
2709,00	393,83	361,25	173,66	681,58	717,83
SolZ	21,66	0,00	2,33	37,48	39,48
2712,00	394,58	362,00	174,33	682,66	718,91
SolZ	21,70	0,00	2,46	37,54	39,54
2715,00	395,41	362,75	175,00	683,75	720,00
SolZ	21,74	0,00	2,60	37,60	39,60
3264,00	545,00	509,50	294,16	883,00	919,25
SolZ	29,97	0,00	16,17	48,56	50,55
3267,00	545,83	510,33	294,83	884,08	920,33
SolZ	30,02	0,00	16,21	48,62	50,61
3270,00	546,66	511,16	295,50	885,16	921,50
SolZ	30,06	0,00	16,25	48,68	50,68

Beitragssätze Sozialversicherungen
(2012, Arbeitnehmeranteil)

Krankenversicherung:
7,3 % allgemeiner Beitragssatz
0,9 % Arbeitnehmerzuschlag für Zahnersatz

Pflegeversicherung:
0,975 % allgemeiner Beitragssatz
0,25 % Kinderlosenzuschlag für Arbeitsnehmer ab 23. Lebensjahr

Rentenversicherung: 9,8 %
Arbeitslosenversicherung: 1,5 %